U0545077

從羽翼到寓意，鳥的神話、象徵、生態奧祕與人類千年想像

鳥類傳說

瑞秋·華倫·查德 & 瑪麗安·泰勒 著
顏冠睿 譯

by
Rachel Warren Chadd
&
Marianne Taylor

Birds

MYTH, LORE AND LEGEND

一叫寓憂愁；二鳴樂綿綿。

三聲慶結緣；四啾報新生。

五吱銀鈴搖；六喳金光閃。

七啼則為密言藏心賞……

目錄

鳥類的奇幻世界　8

鳥類與我們　10

雁鴨科
鴨子　12
鷺科
麻鷺　16
蒼鷺　18
鸛科
鸛鳥　22

寓言故事中智慧與不智的鳥類　26

鴉科
禿鼻鴉　28
杜鵑科
杜鵑　30
鶴科
鶴　34
燕科
燕子　40
鳩鴿科
鵓鴿　44
魚鷹科
魚鷹　48
雉科
公雞　52
松雞　56
鵪鶉　58
火雞　60
紅鶴科
紅鶴　62
啄木鳥科
啄木鳥　64

天氣預報家　68

鷸科
鷸　70
椋鳥科
椋鳥　72
鰹鳥科
鰹鳥　76
鵜科
鵜　78
戴勝科
戴勝　82

神聖之鳥　86

鷲鷹科
鷹　88
翠鳥科
翠鳥　94
雁鴨科
鵝　98

神話與宗教中的蛋　104

雁鴨科
天鵝　106
美洲鷲科
神鷹　110
鳩鴿科
鴿子　114
鴉科
寒鴉　120
隼科
遊隼　122
雀科
交嘴雀　126
金翅雀　128
潛鳥科
潛鳥　130
鶇科
夜鶯　134
知更鳥　136
鵜鶘科
鵜鶘　140
雉科
孔雀　144
雉雞　148
新世界鸚鵡科、舊世界鸚鵡科
鸚鵡　150

藝術中的符號　154

䴉科
朱䴉　156
蜂鳥科
蜂鳥　158
鳩科
藍鳩　162

世界各國的迷思　164
翠鳥科
笑翠鳥　166
蛇鵜科
蛇鵜　168
幾威鳥科
奇異鳥　170
垂耳鴉科
垂蜜鳥　174
夜鷹科
三聲夜鷹　176
主紅雀科
北美紅雀　178
鶴鴕科
鶴鴕　180

🪶 穿戴羽毛　184
鴉科
松鴉　186
杜鵑科
走鵑　188
鴯鶓科
鴯鶓　192
軍艦鳥科
軍艦鳥　196
響蜜鴷科
響蜜鴷　198
琴鳥科
琴鳥　200
嘲鶇科
反舌鳥　204
王鶲科
王鶲　208
天堂鳥科
天堂鳥　210
山雀科
山雀　214
鵎鵼科
巨嘴鳥　216
扇尾鶲科
鵲鴒扇尾鶲　218
鴕鳥科
鴕鳥　220

🪶 神話中的鳥類與半鳥類　224
咬鵑科
魁札爾鳥　226

善與惡　230
鷲鷹、美洲鷲科
禿鷲　232
百靈科
雲雀　236
海雀科
海雀　240
雨燕科
雨燕　242
夜鷹科
夜鷹　244
鳩科
鴿　246

🪶 詩意形象　248
鴉科
烏鴉　250
喜鵲　256
渡鴉　260
信天翁科
信天翁　264
海燕科
海燕　266
鷗科
鷗　268
黃鸝科
黃鸝　272
麻雀科
麻雀　274
鶲鶯科
鷦鶯　278
啄木鳥科
蟻鴷　282
鷸科
杓鷸　284
鴟鴞科、草鴞科
貓頭鷹　286
鷚鶯科
鷦鷯　292
鵐科
烏鵐　296

🪶 探索飛行　298

圖片來源　301

鳥類的奇幻世界

傳說中，鸛鳥帶來新生兒；鴿子象徵聖潔；烏鴉被視為邪惡的化身；禿鷲代表貪婪；而老鷹則橫跨四海，是力量的象徵。然而，為何鳥類自古以來便深深吸引著人類？為什麼不同文化中都發展出與鳥相關的神話與傳說，並賦予人性乃至於神力的特質呢？

本書透過數十種鳥類的描寫，探究鳥兒的外觀、叫聲或是行為，以及這些特質如何激發出眾多的故事和信仰。有些故事背景相當直觀；例如，鳥的身體顏色基本上會決定牠們的本質是「善良」（白色）還是「邪惡」（黑色），這種觀念跟基督教中天使與魔鬼的象徵意義不謀而合。同時，像是貓頭鷹或是夜鶯等，這類會發出淒涼叫聲的夜行性鳥類往往會令人聯想到死亡之象。

外表與聲音

南美洲蛇鵜（*Anhinga anhinga*）因其細長如蛇的脖子而有「蛇鳥」之稱，卻也因此背負了無端的惡名。牠修長的頸部、寬大的翅膀，以及猶如划槳般的奇特尾羽，使牠在飛行時看起來宛如一頭惡龍。同樣地，不同物種的禿鷲都擁有顯眼的皺皮光頭，大大地影響人類看待這種鳥類的想法。

相對而言，孔雀等鳥類的美豔則無庸置疑，人類往往將自身情感投射到動物身上，於是這類華麗鳥類伴有「驕傲」的形象。不論是在冰島還是印尼，神話或民間傳說中都能見到天鵝少女（swan maiden）的身影；而《醜小鴨》則是深受眾人喜愛的蛻變故事。不論是白鶴的優雅舞動，抑或是若粉若緋的紅鶴在熱帶的陽光下閃耀，散發如同鳳凰般的光澤，這些景象自然而然都會激發人類的想像力。

鳥啼聲在人類創意中經常扮演著重要角色，像是大麻鷺（*Botaurus stellaris*）的低聲鳴叫帶著悲哀與嘆息之感，不禁令人聯想到《舊約》中的「荒涼」景象；英國詩人羅伯特．布朗寧（Robert Browning）則詩意地描寫鶇鳥（*Turdus philomelos*）的叫聲就像「最初奔放的狂喜」，夜鶯（*Luscinia megarhynchos*）的鳴唱如同悠揚的歌聲。

雖然鳥叫聲跟人類聲音有些相似，但牠們其實是透過一個叫做鳴管的複雜器官來發聲。這套發聲系統效率極高，即使是嬌小的鷦鷯（*Troglodytes troglodytes*）也能發出遠超過其體型的響亮之聲，而歐亞雲雀（*Alauda arvensis*）甚至能連續鳴唱數分鐘不間斷。有些雀鳥還能同時產生兩種旋律，其樂音的層次與精緻度，往往超越人類所創作的任何樂曲。

神力

這些神祕、多變而美麗的鳥類，在許多文化中被視為是與神明交流的橋

樑。然而，更關鍵的是牠們的飛行能力，這讓鳥類又更一步昇華為接近天界或是跟神一樣的存在。

有些鳥類，像是鴯鶓（*Dromaius novaehollandiae*），由於翅膀過短，再加上胸骨上的龍骨太過狹小，無法支撐飛行的力量，因而無法展翅高飛；人們通常認為這些鳥類都是遠古邪惡計謀的犧牲者。

對古人而言，飛行是一種遙不可及的超凡能力，希臘神話中伊卡洛斯（Icarus）的故事正是人類妄想飛天、注定徒勞的典型例子。相較之下，鳥兒作為靈魂的使者，牠們除了能夠翱翔於天際，還能飛越洞穴、石縫等人類無法觸及的地方。

在中國，人們認為鶴能夠將靈魂引向永生；在其他文化中，鳥類也承擔著類似的角色。不論是作為死亡的先兆還是靈魂的使者，這些都是出自人類對於死亡的恐懼，而賦予鳥類的職責。在羅馬，當皇帝駕崩時，人們會放飛一隻老鷹，象徵牠帶走帝王的靈魂；在美洲原住民的信仰中，這個任務則由禿鷲擔任。基督教則以白鴿象徵復活，並以擁有白色羽翼的天使構築其天堂意象。

英國以及其他地方的民間故事經常引用聖經的記載來解釋鳥類的特徵。歐亞鴝（*Erithacus rubecula*）以及其他鳥類身上的紅色鳥羽是一種仁慈行為的展現，牠們在基督受難時，替他拔除頭上的荊棘而染上鮮血。相較之下，歐亞喜鵲（*Pica pica*）在世界被大洪水淹沒時，仍然在諾亞的方舟上吱吱喳喳，以及其黑白雙色的羽毛被視為未對耶穌的犧牲表示哀悼，因此受到「詛咒」。

語言與詩詞

鳥類的特性也深深地融入我們的語言當中。鷸鳥（snipe）被追逐時的飛行軌跡蜿蜒曲折，難以瞄準，所以英文中有「sniper」（狙擊手）一詞。貪吃的鰹鳥（gannet）整日無所事事，成天都在吃東西，以累積足夠的脂肪應付日後遷徙，因而「gannet」成為指稱貪得無厭的人的詞語。一群農場裡的母雞能夠和睦共處，是因為每隻雞都明白各自的「啄食順序」（譯按：因此「pecking order」有階級制度、尊卑分級的意思）。類似的例子不勝枚舉。

更重要的是，鳥類常成為詩歌創作的靈感來源，承載從哀傷到歡愉等各種人類情感。儘管這些意象未必反映鳥類本身的精神特質，卻說明牠們在文化中激發出的敬畏與想像。

正如本書所述，鳥類的神話與民間傳說可能經常是建立在誤解之上，並且充滿人類希望與恐懼的色彩；儘管如此，你會發現遍布世界各地的鳥類故事與信仰十分豐富，體現出數千年來人類對於此一令人驚豔物種的敬意。

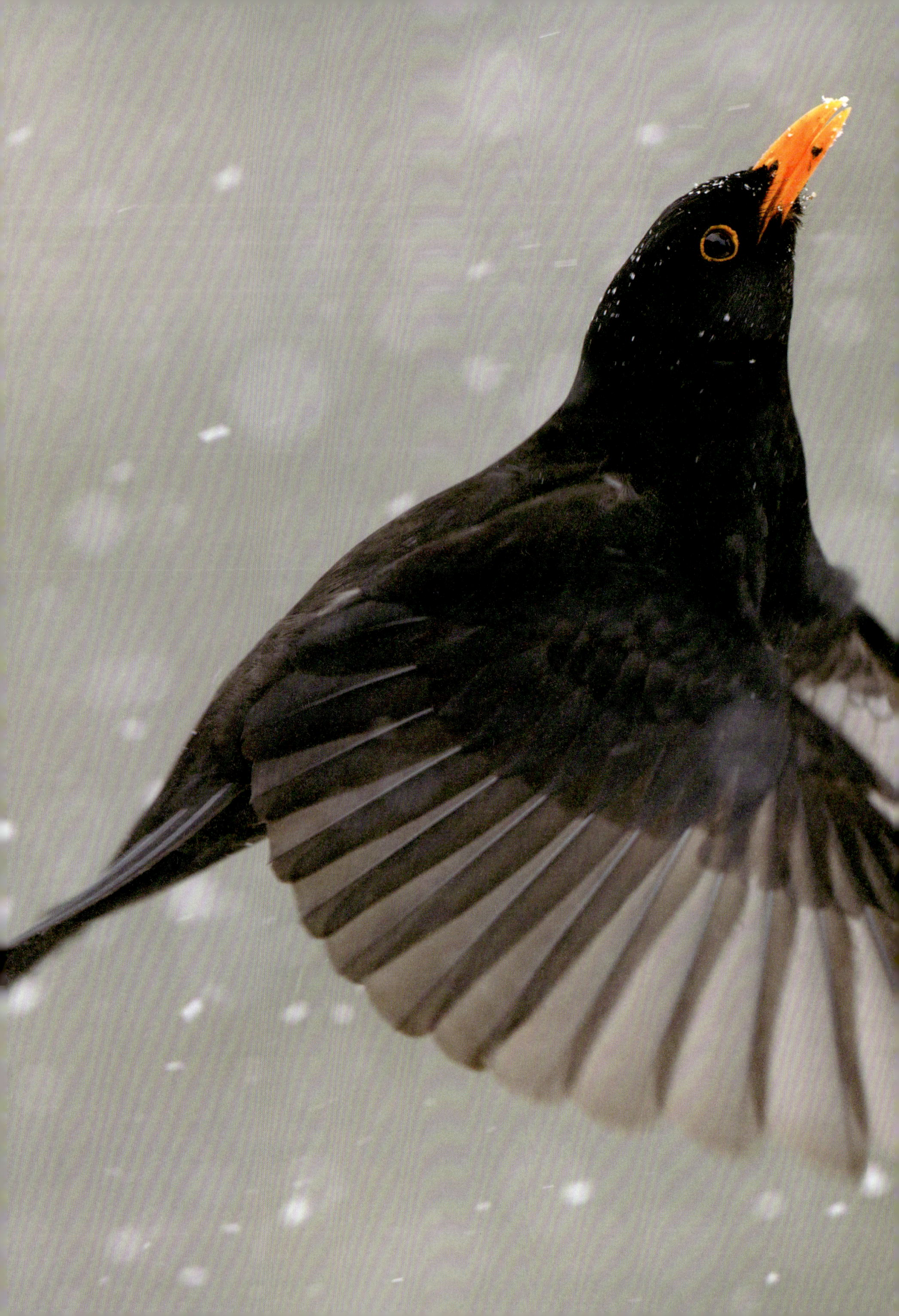

鳥類與我們

無論是歌聲悅耳的鶇鳥，或是叫聲刺耳的禿鼻鴉，有些鳥兒會在庭院中與我們為伴，有些在樹梢跳躍、於屋頂歇息，也有些以悠揚鳴唱帶領我們短暫逃離塵囂。燕子與神出鬼沒的杜鵑則像是溫暖的信使，預告夏日即將來臨；而鶴與鸛鳥等鳥類則是來自遠方的季節性訪客，其漫長遷徙的歷程令人讚嘆。還有一些鳥類，則成為我們農場裡親切的夥伴。這些鳥類的生活習性、外貌與鳴聲，不僅豐富了我們的日常，也啟發出無數色彩繽紛的故事與信仰。

鴨子 DUCK

雁鴨科 *Anatidae*

無論是唐老鴨還是達菲鴨，世界各地的人大多認為這些鴨子角色十分滑稽。在 2000 年初，來自英國的研究團隊走訪了七十個國家，探索引發人類笑聲的祕密，結果鴨子被封為地球上最搞笑的動物。隸屬於赫特福德大學（University of Hertfordshire）的「大笑實驗室」（LaughLab）有一項為期一年的實驗計畫，心理學家暨計畫主持人理查德·維斯曼（Richard Wiseman）表示：「如果你要講的笑話跟動物有關，用鴨子準沒錯。」

這很有可能跟鴨子移動的方式有關，特別是在陸地上走路。綠頭鴨（*Anas platyrhynchos*）以及其家禽的後裔物種都有大大的蹼狀腳掌，位於身體的後方，走起路來左搖右擺。雌綠頭鴨會發出「嘎嘎」的聲音，這正是卡通鴨子的經典叫聲。同時，綠頭鴨也是典型的「鑽水鴨」，會在淺水的水面覓食。當牠們把尾巴翹起來，頭部潛入水中搜尋泥底的食物和昆蟲時，模樣充滿喜感。

人類已經與鴨子一起生活好幾千年，許多野生鴨類在古埃及時期就已十分常見。大約在五千年前，埃及第一王朝的墓穴圖像便可見野鴨的圖案，其中包含尖尾鴨（*Anas acuta*）等冬季才會出現的物種被捕入網的樣子。與宴會有關的圖像也顯示，不論是烤鴨還是燉鴨，都是當時人們喜愛的佳餚。

強大的野鴨

然而，對於古代的人來說，鴨子不單單只是食物而已，牠們還是語言系統的一部分。在埃及象形文字中，尖尾鴨的圖像不僅代表這種鳥類本身，也用來

表示兩個子音。此外，鴨子的形象還出現在許多古代器物上，特別是與人類美感相關的器物，在這裡，鴨子是生育的象徵，也是性慾的展現。

這種連結大多跟女性用品有關，像是優雅的鴨型化妝挖勺與容器等；雖說如此，雄鴨的生殖能力也同樣備受關注。亞里斯多德（Aristotle）在《動物志》（History of Animals）一書中就指出，與多數鳥類不同，雄性野鴨擁有外顯的生殖器官。事實上，南美硬尾鴨（Oxyura vittata，下圖）就有著非常巨大的陰莖，甚至因此被收錄進金氏世界紀錄，其陰莖長度在完全翻出與展開時長達42.5公分，是現存鳥類中最長的。鴨子的馴化在古埃及已有記載，甚至可能更早起源於遠東。中國福建省出土的陶器顯示，早在約四千年前，人們便開始飼養鴨子作為食物來源。這些家鴨最初源自綠頭鴨，但在圈養環境中，由於穀物供應充足，牠們的體型逐漸變大、羽色逐漸變淡，並長出白色羽毛，逐步演化為我們今日所見的家鴨模樣。圈養的北京鴨（Pekin duck）在七週大時即可重達3.2公斤；而成年的野生綠頭鴨的體重很少超過1.4公斤。

忠貞的象徵

在中國，圈養的綠頭鴨常作為食物出現在餐桌上，實用性不言而喻，卻鮮少受到人們的敬重。然而，卻有一種鴨子可以得到人類敬仰的殊榮，那就是鴛鴦（Aix galericulata），一種色彩繽紛的棲鴨。人們相信鴛鴦與伴侶一生相隨、如膠似漆（但牠們其實只有在繁殖季節才保持忠貞），因此成為婚姻幸福的傳統象徵。在西藏、印度與蒙古，瀆鳧（Tadorna ferruginea；譯按：該鳥又名「黃麻鴨」或「赤麻鴨」）同樣象徵著忠誠，佛教徒甚至視其為神聖動物，僧侶所穿的袈裟顏色就與其羽毛顏色十分相似，皆為橙褐色。

正面象徵

下圖是「川秋沙」（Goosander），又稱「普通秋沙鴨」（*Mergus merganser*），其體型巨大、身體修長。雄性川秋沙體羽呈白色，頭部則為亮綠色；雌性則為灰色身軀，搭配銹紅色的頭部。對於北美洲的奧吉布瓦族（Ojibwe）來說，這種鳥類象徵韌性與堅毅。傳說中，川秋沙憑藉其堅韌的生命力，勇敢地度過北方各州嚴酷的冬季。南方的祖尼族（Zuñi）則認為，鴨子是靈魂歸鄉時的化身，同時也代表著豐饒的生育能力。

在其他文化中，與鴨子有關的神話與傳說多半與牠們的水上技能有關。「如鴨子划水」便形容事業順遂、得心應手；「水過鴨背」則比喻羞辱或批評毫無作用，這源於鴨子羽毛的防水特性。鴨子會透過尾部基底腺體所分泌的油脂，以及一種稱為「絨羽」的特殊羽毛所產生的細粉來梳理自身鳥羽，這些絨羽的尖端會碎裂成為「粉絨羽」，藉此達到防水的功能。

美洲原住民的信仰

美洲原住民觀察到寬大、扁平的鴨喙特別適合從水中篩選、過濾出細小的植物和動物。在原民族群的創世神話中，鴨子曾經潛入混沌初開的海洋深處，將泥土帶出水面，從而孕育出大地。在約庫特族（Yokuts）的傳說中，鴨子甚至被認為是加州山脈的創造者。在遠古時期一場大洪水過後，大地被海水淹沒，一隻老鷹與一隻烏鴉不斷在一株樹樁周圍盤旋捕魚；某一天，一隻鴨子突然游到牠們身邊，跟著一起捕魚。不過，每當鴨子從水底浮出，牠的身上就會夾帶些許泥沙。

老鷹和烏鴉便開始思考，好奇鴨子能否帶出足夠的泥土，建造出一座島嶼。為了說服鴨子，牠們在樹樁的兩側放置魚作為誘餌，鼓勵鴨子堆積泥土。經過無數日夜的辛勞（以及無數多隻魚作為報酬），鴨子日復一日地潛入水中，終於讓水面逐漸下降。最終，老鷹和烏鴉各自一側的泥土堆疊形成了壯麗的山脈。由老鷹看守的東側山勢高聳，成為今日的內華達山脈；而由烏鴉守護的西側，則化為加州的海岸山脈。

良善的力量

綜觀歷史，鴨子的形象大多是溫和無害的，只有一個明顯例外。十三世紀，荷蘭菲士蘭省（Friesland）的斯特丁格人民（Stedinger）起身反抗周遭德國勢力的壓迫，教宗額我略九世（Pope Gregory IX）寫信斥責這些反叛者，指控他們崇拜魔鬼阿斯摩太（Asmodi），聲稱阿斯摩太「有時候會化作天鵝或是鴨子的型態」。斯特丁格人最終遭受血腥鎮壓，但這類指控顯然荒謬至極——將鴨子視為魔鬼的形象，實在讓人難以置信。

左圖 這是洛倫佐‧洛倫齊（Lorenzo Lorenzi）和維奧蘭特‧瓦尼（Violante Vanni）繪製的普通秋沙鴨彩色蝕刻版畫，出自薩維里奧‧馬內蒂（Saverio Manetti, 1723~1784）的《鳥類自然史》（*Natural History of Birds*），1776 年於佛羅倫斯出版。

麻鷺 BITTERN

鷺科 *Ardeidae*

相較於見到麻鷺的蹤影，我們反倒較容易聽到牠的聲音，牠是鷺科中生性較為害羞、身材結實且羽毛相對黯淡的成員。大麻鷺（*Botaurus stellaris*，右圖）體型健碩，羽毛為棕色，生活在歐洲密集的蘆葦沼澤地，其獨特的「歌唱」技巧聞名遐邇，人們通常將這種聲音描述成「咕嚕聲」；雄大麻鷺會在春季透過這種咕嚕聲來宣示地盤。這種低沉、單調的啼叫聲能傳播好幾公里，聽起來就像對著裝滿半瓶水的瓶口吹氣時所產生的空洞聲。

或許是因為這憂鬱的叫聲或樸實的外觀，大麻鷺在《舊約》中成為荒蕪的象徵。有人將大麻鷺的叫聲比作憤怒公牛的喘氣聲，有可能是因為這樣，所以牠的學名是 *Botaurus*（譯按：taurus 出自拉丁文，意思是小牛或公牛）。同樣地，大麻鷺在法語中也有「水牛」（Boeuf d'eau）的綽號，英文俗名也大多跟叫聲有關，像是「沼澤隆隆」（miredromble）或是「沼澤牛」（bog bull）以及畫面感十足的「打雷幫浦」（thunder-pumper）等等。中世紀時，人們相信麻鷺會把鳥喙插入濕地中喊叫，藉由水將咕嚕聲傳遞到更遠的地方。喬叟（Chaucer）的《巴斯太太的故事》（*The Wife of Bath's Tale*）就提到：

就如同麻鷺在泥潭中發出的咕隆聲，
她將嘴巴探入水面之下。

大麻鷺透過隱蔽的條紋羽毛進行偽裝，在淺水中緩步而行，尋找魚、蛙或者其他獵物。一旦受到驚嚇，牠會迅速採取直立姿勢，並抬頭將鳥喙指向天空，藉此讓羽毛上的條紋與周遭的蘆葦合而為一，因而較不容易被發現。另外，大麻鷺也算是部分夜行性動物，但牠在黎明與黃昏時刻卻最為活躍。

天空的凝視者

北美洲也有其原生的大型麻鷺，稱為美洲麻鷺（*Botaurus lentiginosus*）。跟大麻鷺一樣，美洲麻鷺也有喙朝天指的習性，所以被波尼族（Pawnee）稱為「sakuhkiriku」，意指「凝視太陽者」。關於牠的夜行特質，有個有趣的說法，據說牠的胸口會發出光芒，照亮夜間水面。這段傳說被收錄在 1829 年出版的《年輕女士之書：關於優雅娛樂、活動和尋求的指南》（*The Young Lady's Book: a manual of elegant recreations, exercises, and pursuits*）關於鳥類生活的章節中。

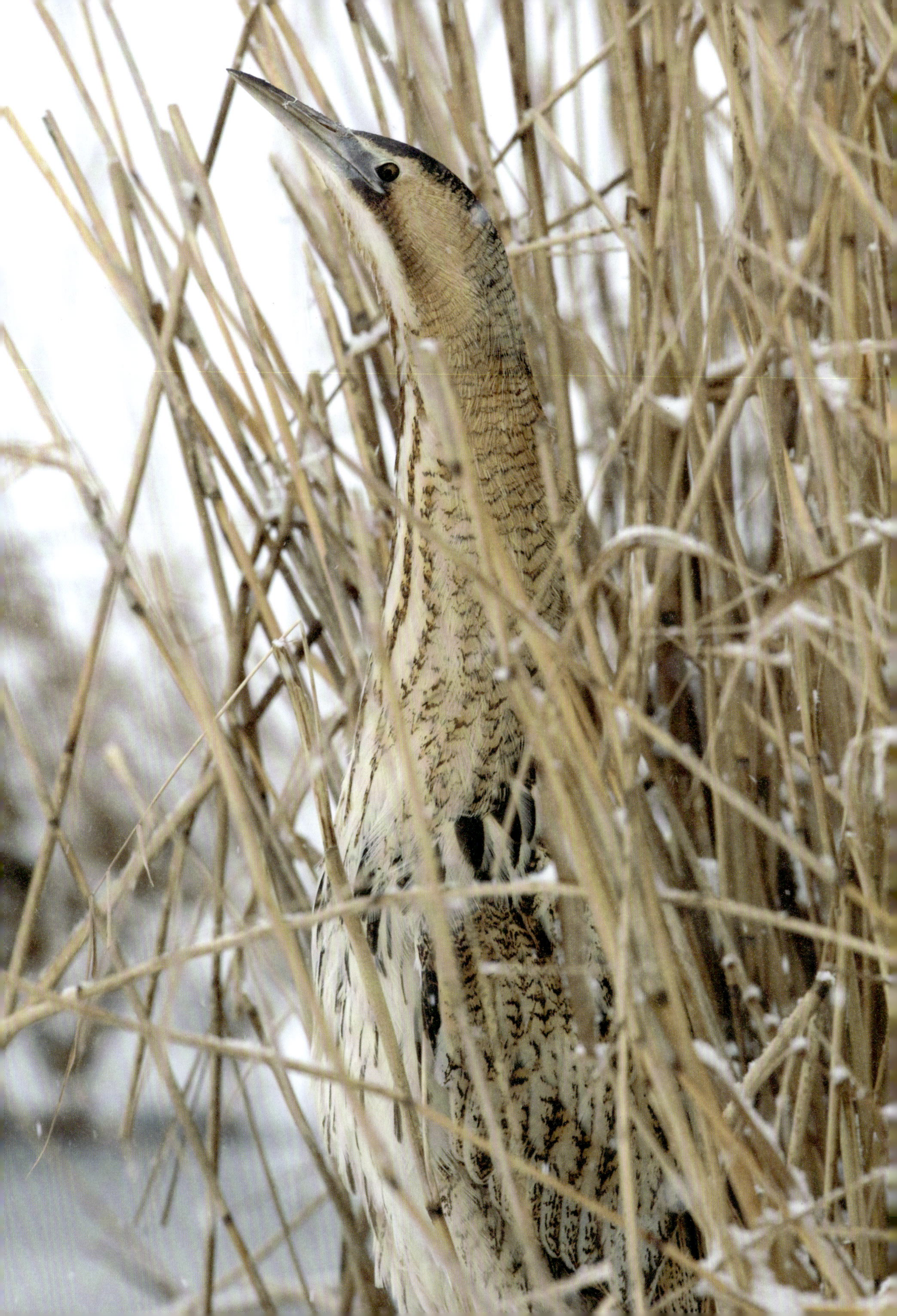

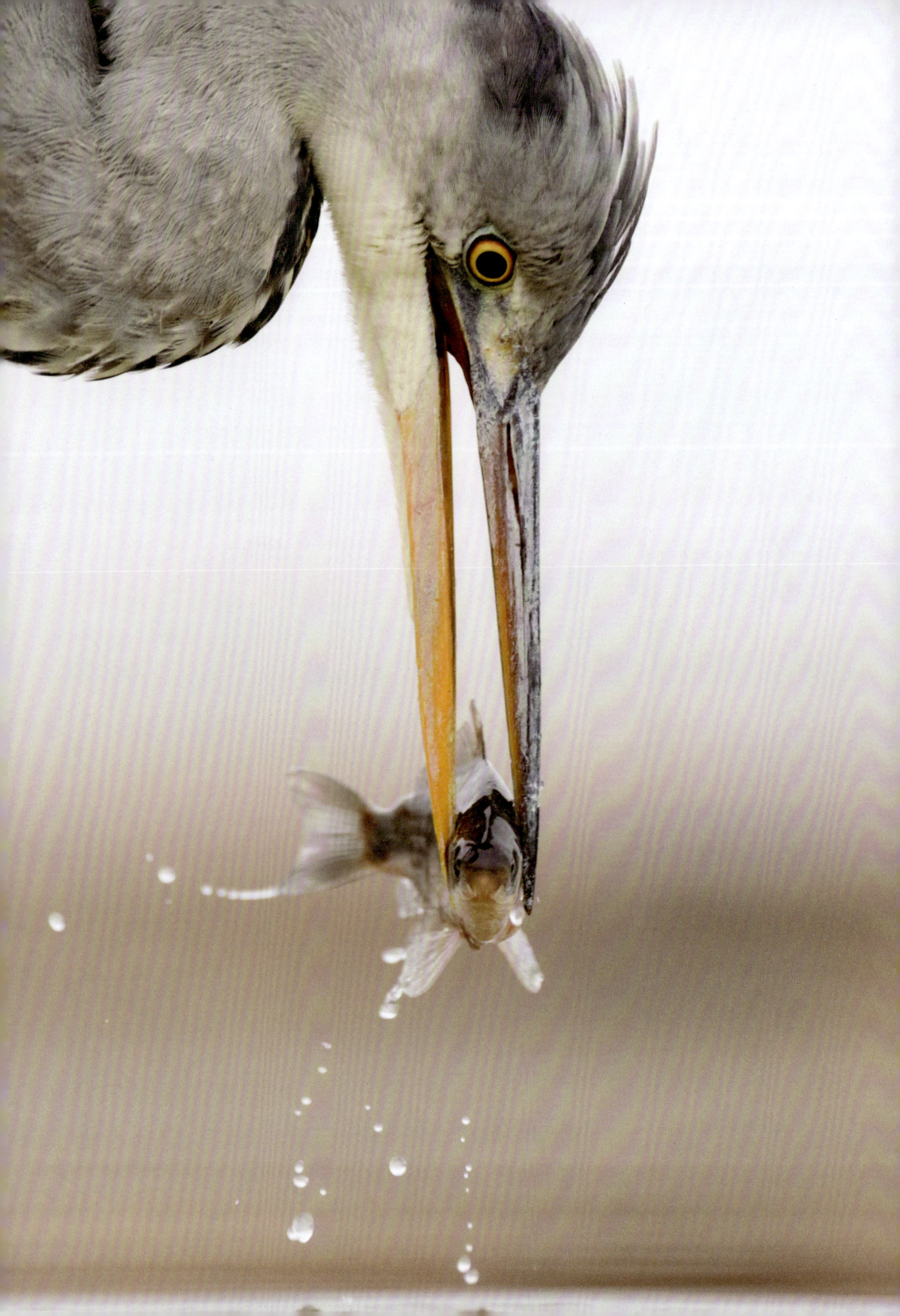

蒼鷺 HERON

鷺科 *Ardeidae*

優雅莊嚴的蒼鷺身上總帶有一種神祕氣息,牠是充滿耐心的漁夫,十分警覺地佇立在岸邊靜靜守候,等到獵物進到牠的攻擊範圍,就會使用長而尖銳的鳥喙捕捉。對某些人來說,蒼鷺高超的捕魚技巧令人稱奇;對其他人來說,這種鳥類,特別是東方大白鷺(*Ardea modesta*),是純潔無瑕的象徵。

早在西元前十六世紀的古埃及,貝努鳥(Bennu)便常被描繪成帶有雙羽冠的蒼鷺形象。貝努鳥是埃及神祇,與最初的創世神亞圖姆(Atum)以及太陽神拉(Ra)息息相關,也是冥界、重生以及繁衍之神歐西里斯(Osiris)的象徵。貝努鳥的外型可能源自灰鷺(*Ardea cinerea*,左圖),一種常年棲息在尼羅河潟湖以及草沼地帶的鳥類;也可能來自高大的巨鷺(*Ardea goliath*),牠擁有深灰色羽毛與深栗色的頭部、頸部和羽冠,身高可達 1.5 公尺,氣勢非凡。另外,貝努鳥的形象也可能是參考一種在埃及極為罕見、現已滅絕的貝努鷺(*Ardea bennuides*),這種鳥類的骨骸於 1990 年代在阿布達比附近島嶼上的烏姆納爾(Umm al-Nar)集體墓地中挖掘出土。

創造之鳥

在埃及的創世神話當中,貝努鳥飛越混沌之水努恩(Nun),降落在原始丘奔奔石(Benben mound)之上,並發出第一聲嘹亮的啼鳴,打破太初的寂靜,世界由此誕生。貝努鳥自然而然地誕生,這種現象與復甦、新生以及尼羅河每年氾濫的肥沃土壤緊密相連。有時候,人們會將貝努鳥描繪成站在旭日之下的小型長青鱷梨樹的枝頭,這是位於太陽城赫利奧波利斯(Heliopolis)的埃及「生命之樹」;有時候則是站在奔奔石上或是柳樹下,因為柳樹是歐西里斯的神聖之樹。後來,在古希臘文化中,貝努鳥也與神祕的不死鳥(Phoenix)產生關連。

右圖 約 1800 年繪製的插圖,清楚展現巨鷺的樣子,牠們是世界上體型最高大的蒼鷺。

在加勒比海地區，泰諾族人（Taíno）也認為蒼鷺跟其他水鳥與世界的起源有著密切的關係。在一件前哥倫布時期的岩石雕刻中，有一隻看起來像大藍鷺（*Ardea herodias*）的鳥在原初的天空中翱翔。這些以魚為食的鳥類不僅與天空有著聯繫，也與大地息息相關。泰諾族人相信，他們至高無上的神祇椏雅（Yaya）在創造海洋和魚類之後，又創造出這些鳥類。

捕魚專家

在美國佛羅里達州，希契提（Hitchiti）部落流傳一則蜂鳥和蒼鷺的故事。數千年前，這兩個鳥類家族的王擔心魚數量不足，難以餵養族群，於是蜂鳥王提議進行一場比賽：誰能最快飛到老樹頂端，誰就能擁有所有的魚。蜂鳥王雖然努力飛行，但無法抗拒沿途美麗花朵的誘惑，一次又一次停下來吸食花蜜——花蜜與昆蟲是蜂鳥的主要食物來源。相較之下，蒼鷺王在比賽中筆直穩定地飛行，確實地降落在牠們說好的目標樹上，替家族贏得比賽，從此能夠盡情享用河流與湖泊中所有的魚。

蒼鷺的確是絕頂聰明的漁夫。在美國、日本以及非洲，人們發現綠簑鷺（*Butorides striata*）會使用誘餌來捕捉獵物。這種鳥會把昆蟲、色彩鮮艷的羽毛，以及牠們不吃的爆米花或麵包等人類食物拋入水中，吸引魚的注意。美洲原住民部落一直很欽佩蒼鷺的捕魚技巧。易洛魁族（Iroquois）相信，如果看到一隻蒼鷺，尤其是莊麗的大藍鷺，那麼該次狩獵會十分成功。這種鳥同時也象徵著智慧與耐心，源自牠們在捕食前，通常會獨自靜靜地守候在河流、湖泊或池塘邊的習性。

同樣地，灰鷺在愛爾蘭代表著沉思與內心的平靜，殺害這種鳥可能會帶來不幸。然而，在物資匱乏的時期，人們還是會吃蒼鷺；有些人認為，把魚餌浸泡在煮過蒼鷺的湯汁中可以提升效果，進而增加漁獲量。

為了果腹與羽毛

從中世紀到十九世紀，英國人會獵捕並食用蒼鷺，並在十六世紀將其列為皇家獵鳥。牠們也曾被用來與獵鷹進行搏鬥。蒼鷺的別名是「蒼鷺鋸」（heronshaw），那句「分不清楚老鷹或手鋸」（譯按：not to know a hawk from a handsaw 意指「沒有鑑別能力」）的諺語，就衍生自這個名稱。在莎士比亞的悲劇《哈姆雷特》第二幕中，這位悲劇英雄宣稱：「我瘋了！但是只有風向北北西吹的時候才瘋。如果現在吹南風，我就能夠清楚辨別老鷹或手鋸。」在古老的獵鷹競賽中，為了逃脫，野生的蒼鷺總是會奮力高飛，比那些受過訓練的猛禽飛得更高，無意中帶給自己不太光彩的怯懦形象。

相較之下，在遠東地區，另一種蒼鷺——東方大白鷺，其美麗的身影受到

美麗羽毛的生命代價

東方大白鷺以及西方大白鷺（*Ardea alba*）因其潔白華麗的羽毛，在羽毛貿易中付出慘烈的代價。十九世紀間，成千上萬隻白鷺與其他鳥類遭到獵殺，只為滿足西方女性對帽飾上精美羽毛的需求。由於繁殖季節的羽毛最為華美，這場獵殺因此更加殘酷，導致許多物種幾近滅絕。這種殘害生命的貿易引發激烈反彈，不但掀起一波環保運動，也推動相關立法，全面禁止羽毛貿易。西方大白鷺也成為奧杜邦學會（National Audubon Society）的象徵，該學會於 1905 年在美國成立，致力於保護鳥類。

人們的尊崇。這種純白色的鳥身長約 1 公尺，展翼可達 1.65 公尺。在一則西伯利亞的神話中，東方大白鷺會幻化成美麗的少女。在韓國，這種鳥象徵著優雅，超凡脫俗。在日本，歷史超過千年的傳統白鷺之舞（Shirasagi-no-mai）每年都會在淺草寺舉行。這種舞蹈模仿大白鷺求偶時的華麗姿態，最初的表演目的是為了驅除瘟疫，並且淨化即將離開人世的靈魂。

鸛鳥 STORK

鸛科 *Ciconiidae*

在歐洲民間傳說中，白鸛（*Ciconia ciconia*，上圖）是一種體型碩大、以白色羽毛為主，並有紅色雙腳、翅膀邊緣呈黑色的鳥類。自古以來，牠們就是用來美化生命起源相關故事的重要角色。「鸛鳥送子」的傳說歷史悠久；十九世紀，漢斯・克里斯汀・安徒生（Hans Christian Andersen）出版《鸛鳥》（*The Storks*）後，這種鳥類出沒於未出生嬰兒靈魂棲息的沼澤、池塘和泉水邊，並從中挑選嬰孩形象的說法更加廣為人知。白鸛高大的體型、細心的育兒行為，以及在房頂築巢的習慣，讓牠們得到送子使者的角色。這個概念深植人心，所以小嬰兒脖子後面或是額頭上的小胎記至今仍被稱作「鸛痕」（stork mark）。

在德國和歐洲其他地區，人們深信若見白鸛飛越自家屋頂，不久後將有新生兒降臨。綜觀歷史，這種信仰並非空穴來風，因為白鸛每年春天自南方遷徙返回歐洲築巢，恰好與前一年的夏至相隔九個月；而夏至在傳統上是慶祝生育力的日子，同時也是年輕愛侶親密互動的奇幻時刻。

吉兆

在歐洲各地，鸛鳥長久以來被視為吉祥的象徵，並受到人們特別的保護。白鸛不僅僅是立陶宛的國鳥，也是西班牙與烏克蘭諺語中的「好運使者」。對古希臘人來說，如果女子能與鸛鳥交好，她就會得到一顆珍貴的寶石作為獎賞。人們也認為鸛鳥能夠驅蛇，殺害鸛鳥會被處以死刑。

在荷蘭、德國和部分東歐國家，人們鼓勵鸛鳥在屋頂築巢，以期為家中帶來好運與和諧。鸛鳥每年都會返回之前築巢的煙囪、塔樓、電線桿、牆壁、尖頂和樹木等地，並逐年增建，使得巢穴寬度可達 2 公尺，深度至少 3 公尺。

或許是因為巢穴位置顯眼，人類才得以長期觀察鸛鳥的育兒技巧。雄鳥與雌鳥會輪流孵蛋，並共同餵養雛鳥直到牠們八至九週大。即使幼鳥已能飛翔，仍會回巢覓食。傳統上認為鸛鳥也會照顧其他鳥類的幼雛（但這是錯誤觀念），人們相信鸛鳥在遷徙時會把其他較小的鳥類背在身上，例如長腳秧雞（Crex crex）。關於此一現象的故事在西伯利亞、埃及、克里特島以及北美地區廣為流傳。

數千年來，人們觀察著鸛鳥在遷徙前大量聚集、準備展開漫長旅程的景象。正如《耶利米書》（Book of Jeremiah）所記：「天上的鸛鳥知曉她的時節。」

雖然在現實生活中，白鸛除了鳥喙的敲擊聲外，並無明顯的鳴叫聲，但在北歐的傳說中，牠們曾出現在耶穌受難的場景，並哭喊著：「Styrket！Styrket！」，也就是「賜予力量」的意思。

凶兆

儘管經常被賦予聖潔的特質，但是許多鸛鳥的物種外觀或是習性卻相當不討喜，例如有些鸛鳥為了散熱，會在自己粗糙的腿上排便等。非洲禿鸛（Leptoptilos crumenifer）光禿的頭部、黑色的背部和翅膀宛如披著斗篷，加上其食腐習性，常被戲稱為「送葬者之鳥」，堪稱世上最不討喜的鳥類之一。1970年代，德州南部里奧格蘭德山谷（Rio Grande Valley）曾出現一隻引發恐慌的醜陋「怪獸鳥」，後來鳥類學家判定這可能是一隻迷路的裸頸鸛（Jabiru mycteria），是一種來自墨西哥、中美洲以及南美洲的鸛鳥，其外形高大且頭頂無毛，並有紅色的脖子。

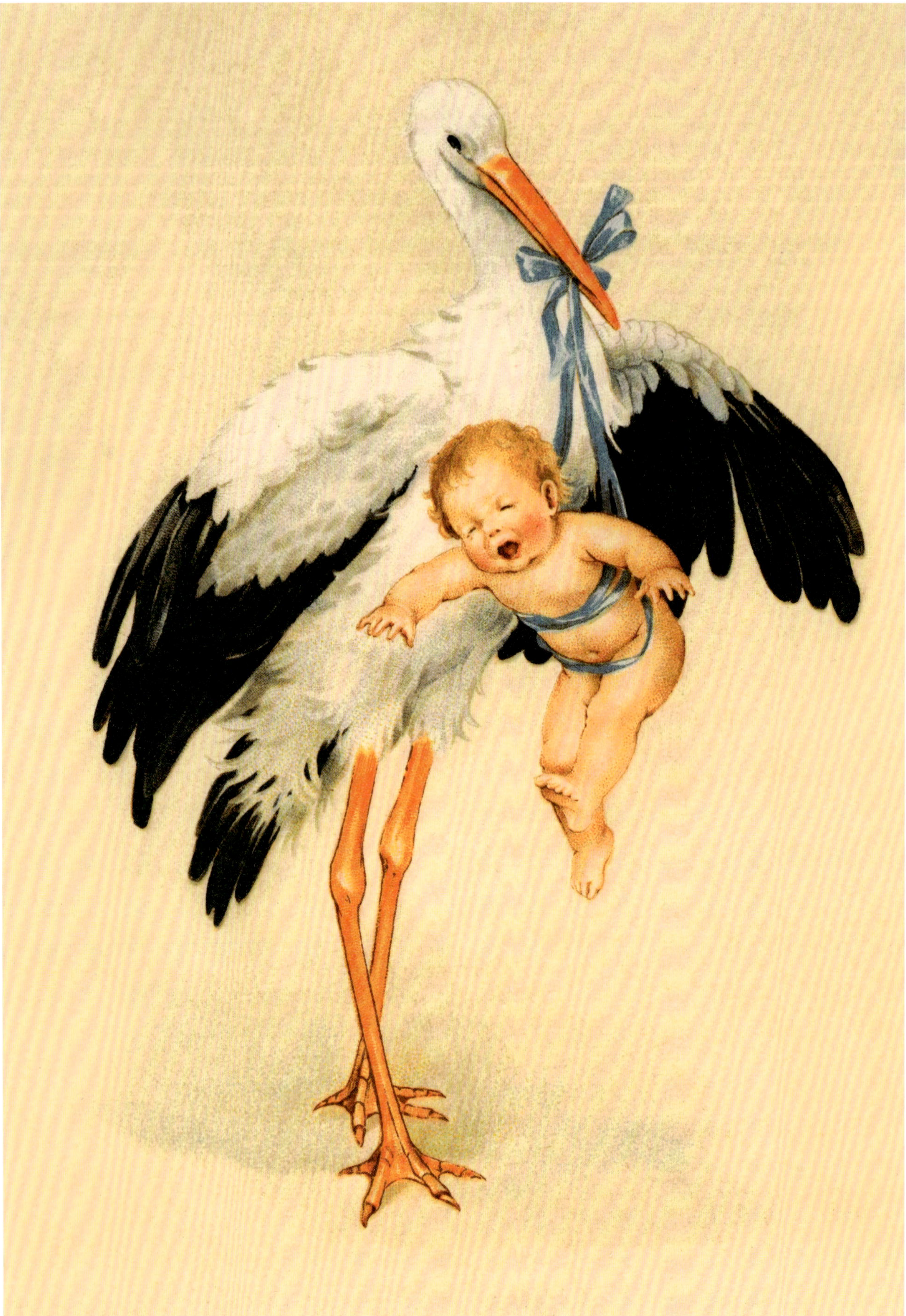

位在澳洲北部的原住民部落辛濱加（Hinbinga）禁止已婚男女食用黑頸鸛（*Ephippiorhynchus asiaticus*），因為他們相信這會導致胎兒抓傷子宮壁，危及母親生命。在《利未記》中，白鸛也被列為「不潔之物」，因其常以蛇、蜥蜴、蟾蜍及各種嚙齒類動物為食，這些都被視為「不潔」，所以以牠們為食的鳥也跟著歸類成「不潔之鳥」。

其他種類的鸛鳥也會以腐肉為食。印度瀕危物種大禿鸛（*Leptoptilos dubius*）就是著名的雜食性動物，常跟禿鷲以及鳶鳥一起出現在動物屍體以及垃圾堆附近覓食；而且根據紀錄顯示，牠們什麼都吃，從活雞到鞋子。

治癒的力量

大禿鸛因被視為「不潔之鳥」，所以很少被人們獵捕，但牠的肉有時候會被拿來製作民俗藥物，用以治療麻風病。或許因其善於捕蛇，人們相信大禿鸛具有解毒之效，能治療蛇傷。另有說法認為，大禿鸛頸下垂囊內藏有蛇牙，摩擦傷口可阻止蛇毒擴散。印度人也相信其頭部藏有「蛇石」，敷於蛇咬處能吸出毒素。但這種石頭十分稀有，因為若要取得蛇石，就必須要確保殺死大禿鸛的時候其鳥喙不曾碰觸到地面；一但牠的鳥喙觸地，囊袋內的蛇石就會消失不見。

拯救鸛鳥

亞洲大禿鸛數量銳減，一般認為與衛生條件改善、新型害蟲防治法及棲息地減少等因素有關，非洲其他鸛鳥也面臨類似情況。在歐洲和美國，農藥使用與濕地排水工程同樣影響了鸛鳥的繁殖。

然而，由於鸛鳥的形象極為正面，所以相關的保育運動逐見成效。西班牙透過設置人工巢穴來取代在建設過程中被破壞的鳥巢，使白鸛的數量顯著回升；瑞士在過去四十年間也積極推動白鸛的繁殖計畫。在美國，林鸛（*Mycteria americana*）也從「瀕危」降級為「受威脅」物種。黎巴嫩民眾對獵殺遷徙鳥類的盜獵行為日益反感，紛紛出聲譴責。黎巴嫩生態運動主席保羅・阿比・拉什（Paul Abi Rached）相信，鸛鳥遷徙可成為該國「最美麗的生態旅遊資源」，並表示：「如此壯觀的鳥類遷徙景象無與倫比，是大自然賦予我們的奇蹟。」

左圖 二十世紀初期的復古彩色插畫，反映出廣為人知的古老迷思，認為鸛鳥會帶來新生兒。

寓言故事中智慧與不智的鳥類

從古至今,人類在觀察大自然的同時,也在創造寓言故事;在這些道德故事中,所有的動物都會說話,並且擁有人類的特質,以教導其他人正確的生活方式。包括十九世紀東方學者理查德・伯頓(Richard Burton)在內的學者甚至認為,寓言故事能夠反映出人類對於自己在自然界位置的直覺認知;內心深處,我們依然擁有動物祖先的喙與爪。

鳥類寓言廣泛存在於世界主要宗教和信仰體系中,直至今日的世俗作品中亦可見其蹤影。其中最為流傳久遠、且常以多種形式出現的,源於閃米特文化,但現存規模最大的故事集,分別是希臘奴隸伊索(Aesop)的作品,成於西元前 600 年左右;以及西元前三世紀的梵文文本《比德佩寓言》(*The Fables of Bidpai*),又稱《五卷書》(*Panchatantra*)。

烏鴉以及渡鴉(*Corvus corax*)以及寒鴉(*Corvus monedula*)等鴉科鳥類,雖然外表並不亮眼,但都以智慧著稱,牠們是寓言故事中最常見的鳥類,常扮演麻煩製造者的角色。就跟其他許多鳥類一樣,寒鴉會收集其他小鳥掉落的羽毛來搭建自己的巢穴,這種行為成為伊索寓言故事《寒鴉與眾鳥》(The Jackdaw and the Birds)的靈感來源。在故事中,寒鴉為了在宙斯面前展現最美麗的姿態,便用借來的羽毛妝點自己;然而,在牠贏得眾神的讚賞後,這些漂亮羽毛的原主人紛紛把羽毛取回。伊索藉此告誡世人,竊取他人的裝飾最終只會自取其辱。

不同版本的故事內容或是寓意也都有所不同。羅馬寓言作家費德魯斯(Phaedrus)筆下的寒鴉則是使用藍孔雀(*Pavo cristatus*)的羽毛裝飾自己,而他的故事寓意則是德不配位是不智之舉。詩人賀拉斯(Horace)以及十七世紀法國哲學家尚・德・拉封丹(Jean de La Fontaine)則以此嘲諷剽竊。十九世紀初期,來自俄羅斯的伊萬・克雷洛夫(Ivan Krylov)推出新的版本,並且說道,就算披上孔雀的羽毛,寒鴉也永遠不可能成為孔雀家族的「一分子」。

在伊索寓言《兩隻公雞與老鷹》(The Two Cocks and the Eagle)中,老鷹

> 為了在宙斯面前成為最華麗的鳥兒，
> 寒鴉用借來的羽毛
> 妝點自己⋯⋯

的掠食者天性以及公雞的響亮啼聲交織在一起。在一場為了爭奪母雞的爭執之後，敗陣的公雞躲進灌木叢裡，戰勝的公雞則趾高氣昂地飛上牆頭啼叫，結果被老鷹捉走並吃掉。這個故事的就是在警惕世人，保持謙遜態度才是上策。在伊索另一則寓言《狐狸與烏鴉》（The Fox and the Crow）中，我們學到驕傲往往會導致墮落，愚蠢的烏鴉因輕信狡猾狐狸的甜言蜜語而丟失了食物。

古希臘詩人赫西俄德（Hesiod）在《老鷹與夜鶯》（The Hawk and the Nightingale）中要傳達的主要教訓就是，妄圖挑戰明顯比自己強大的對手是一種愚蠢的行為。雖然夜鶯擁有美妙的歌喉，並且不斷地懇求說自己體型太小，根本不夠吃，但老鷹還是將其捉來吃掉。在伊索更複雜的版本中，夜鶯提到只要老鷹能夠放過自己的雛鳥，牠願意為老鷹唱歌；但老鷹拒絕了這個提議，並表示自己沒有音樂也能好好生存，但不能沒有食物。

印度故事《貓頭鷹與回聲》（The Owl and the Echo）刻意著墨於貓頭鷹的夜行習性，而非其智慧形象。故事中，貓頭鷹對自己的聲音非常有自信，又看不慣夜鶯的歌喉比自己更好，此時牠聽到周圍傳來自己啼叫的回聲，以為是別的鳥在回應與讚美牠，於是這隻既愚蠢又自負的貓頭鷹整日啼唱，結果被其他鳥類嫌棄。詹姆斯・瑟伯（James Thurber）所寫的《自認是上帝的貓頭鷹》（The Owl Who Was God）故事中，貓頭鷹因夜視能力極佳，被其他動物推舉為領袖。不幸的是，貓頭鷹在白天視力奇差無比，把自己和其他追隨牠的動物帶向死亡。美國幽默作家以此告誡：「你無法永遠欺騙所有人。」

比德佩寓言故事《麻雀與蛇》（The Sparrows and the Snake）則展現出人類與鳥類之間的深厚聯繫。故事中，一群麻雀於屋簷下築巢，卻受蛇威脅，眾鳥只能相互慰藉。後來，牠們看到房屋主人使用細長的蠟燭點燈，一隻聰明的雄麻雀果斷地俯衝而下，叼走蠟燭，並在屋頂點亮火光；蛇被迫現身，善良的屋主見狀便將其除掉。

禿鼻鴉 ROOK

鴉科 *Corvidae*

禿鼻鴉（*Corvus frugilegus*）是體型偏大的黑色烏鴉，面部無毛呈白色，腿部覆蓋蓬鬆的羽毛，看起來就像是穿著「褲子」，叫聲嘶啞略帶鄉村氣息，主要生活在溫帶的歐亞大陸。這種鳥極具群居性，常在樹頂形成大型且喧鬧的群落，覓食時也總是成群結隊。相較之下，外形相似的小嘴烏鴉（*Carrion Crow*）則較為孤僻，正如英國俗諺所說：「一群烏鴉便是禿鼻鴉；單獨一隻禿鼻鴉，便是烏鴉。」大多數關於禿鼻鴉的民間傳說都源自英國。

土地的運氣

禿鼻鴉的巢穴在自然景觀中十分醒目，特別是在冬末繁殖季節，牠常在裸露的枯木樹枝上築巢，人們可以輕易看到牠的鳥巢。若自家土地上出現禿鼻鴉的巢，主人最好多加留意，因為一旦禿鼻鴉棄巢而去，厄運就會降臨。若原地主過世或搬去其他地方，新地主有責任向禿鼻鴉傳達此事並自我介紹，還必須承諾絕不允許其他人於此地獵殺牠們。假如新地主不遵循此一傳統儀式，禿鼻鴉就會遷離巢穴，災厄也將隨之而來。在《奇思妙想的飛行》（*Flights of Fancy*）一書中，作者彼得·泰特（Peter Tate）就記錄多起原地主逝世或離開時，禿鼻鴉紛紛飛離該地的案例。

虔誠之鳥

泰特亦提及一項有趣的信仰，認為禿鼻鴉會在耶穌升天節（Ascension Day）當天暫停築巢，安靜地待在樹上度過這一天，以示虔誠。另一個展現牠們「虔誠」的例子是，如果人們在復活節當天沒有換上新衣，以表示對該節日的尊敬，禿鼻鴉就會在他們身上排便。

人們相信禿鼻鴉充滿智慧，並具有預知未來的能力，相信牠們的行為如果出現變化，就代表天氣即將轉變。英文「parliament」（議會）一詞即指群聚的禿鼻鴉，鄉野傳說認為這種鳥會集合討論時事，並在必要時伸張正義。日本阿伊努人（Ainu）的民間故事則提及，如果把禿鼻鴉獻給神明，就能為部落帶來格外的好運。

右圖 禿鼻鴉的無毛白臉非常明顯，從約翰·古爾德（John Gould）的作品《大英鳥類全集》（*The Birds of Great Britain*，1873 年）中的印刷畫可以清楚地看到此一特徵。

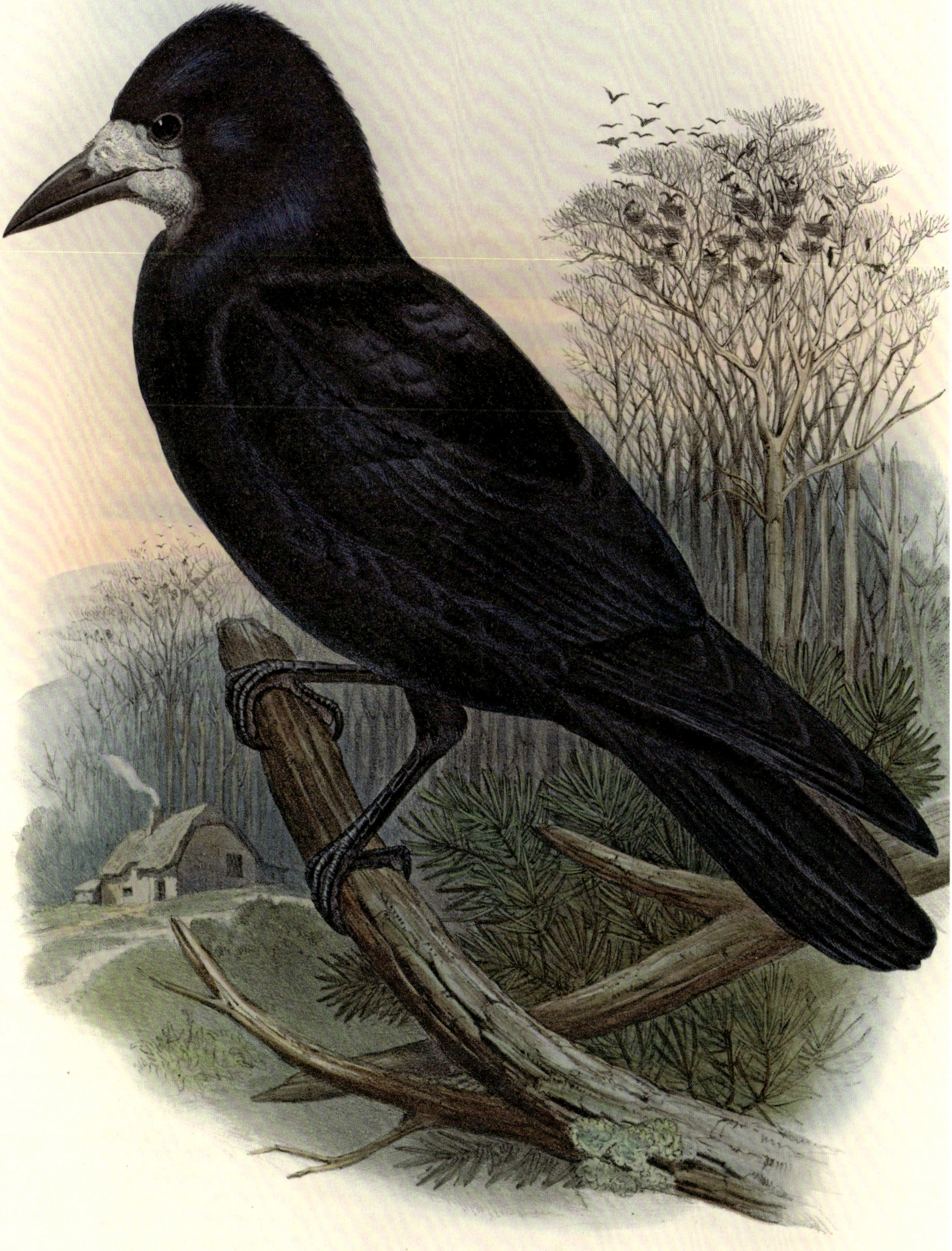

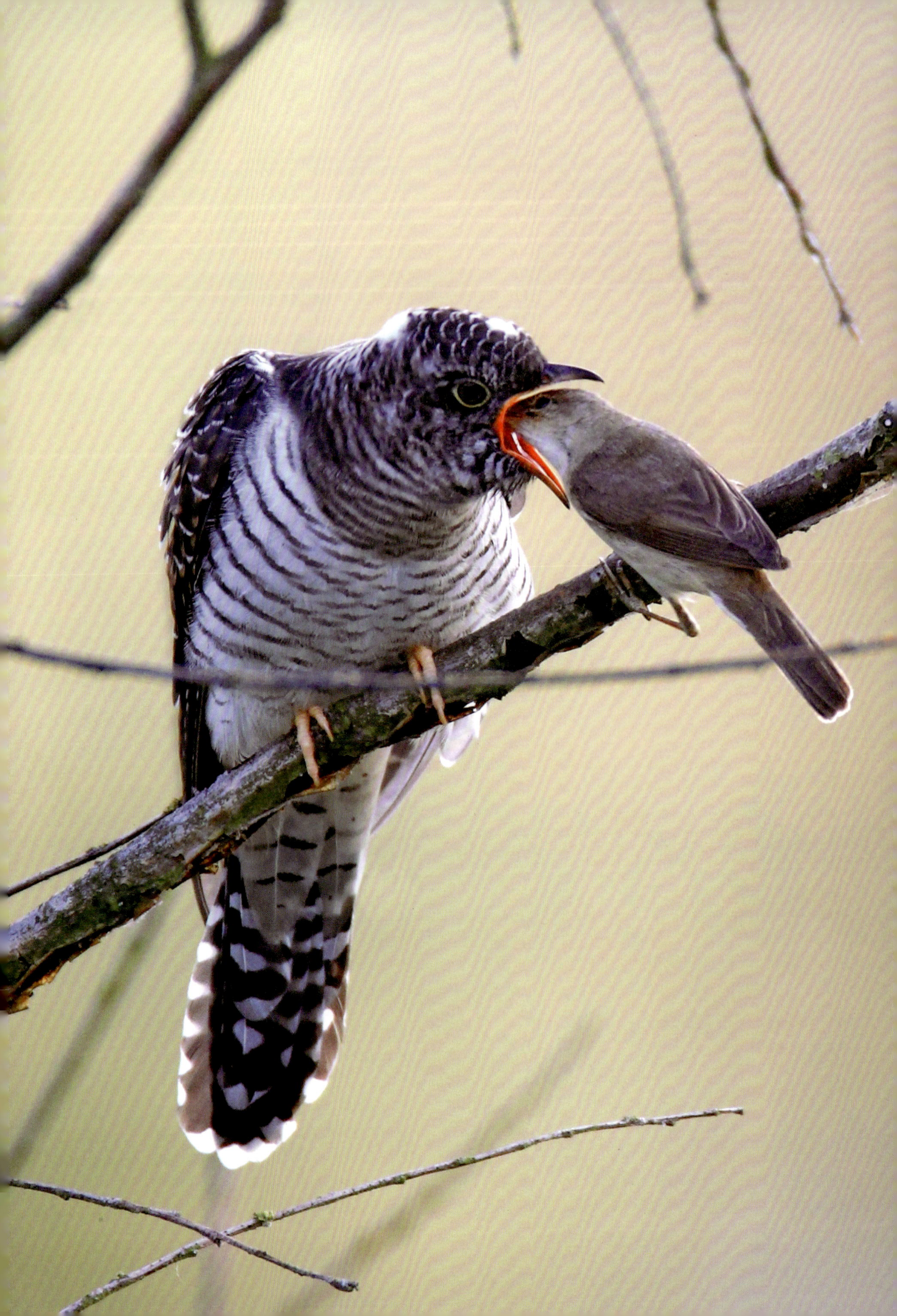

杜鵑 CUCKOO

杜鵑科 *Cuculidae*

在歐洲，每年聽到的第一聲大杜鵑（*Cuculus canorus*）啼叫被視為一件大事，這一現象也衍生出眾多諺語與俚語。剛從非洲過冬返回歐洲的雄性大杜鵑（譯按：又稱為「布穀鳥」），會用像是笛音般的雙音叫聲宣告牠的歸來，這種鳴叫聲是英國人最容易辨認出來的聲音。然而，令人憂心的是，自1970年以來，杜鵑鳥的數量已銳減62%。牠們廣泛分布於歐洲與亞洲，外觀典雅，羽色以銀灰為主，雌鳥有時帶有鏽紅色斑紋，乍看之下有點像猛禽。該屬其他鳥種則主要分布於熱帶雨林與草原，擁有豐富鮮豔的羽色與各異其趣的形貌。全球除南極洲之外，共有約一百五十種杜鵑鳥遍布各地。

命運之啼

在威爾斯，人們相信若在4月5日之前聽見大杜鵑的啼叫，將招致厄運；但若是在4月28日當天聽見牠的鳴聲，則象徵榮華富貴即將降臨。此外，若在聽見杜鵑鳥啼叫時，口袋裡剛好有硬幣，便被視為好運之兆；反之，若口袋空空，則預示未來一年可能財運不佳。同樣地，在蘇格蘭、法國以及德國等地，若在飢餓狀態下聽見杜鵑的啼聲，則被視為凶兆；而在挪威，如果少女在吃早餐前聽到杜鵑鳥的聲音，就是一種不祥之兆。古羅馬學者老普林尼（Pliny the Elder）留給後世一則複雜又費解的建議，提到人們一旦在春天聽到杜鵑的鳥啼聲，就必須馬上放下手邊的工作，並且將當時右腳所踩的泥土挖起來，撒在想要驅除跳蚤的地方。

許多文化都高度重視杜鵑鳥。據說宙斯（Zeus）在奧林帕斯（Olympian）的鳥園中飼養了一隻杜鵑，甚至在追求赫拉（Hera）的時候化身為杜鵑鳥的型態。瑞典人慶祝愛神芙蕾雅（Freya）的慶典就辦在春天，這跟杜鵑鳥飛回當地的時節息息相關；印度教徒認為杜鵑是所有鳥類中最聰明的，擁有預知未來的神力。在印度，人們認為杜鵑跟降雨有關，每年春天，一旦杜鵑鳥出現，就代表雨季即將開始。

不負責任的育兒行為

從人類的觀點來看，大杜鵑有著一些在道德上備受批判的行為。多數杜鵑屬的鳥類是寄生繁殖者，牠們會把自己的蛋放在其他鳥類的巢中，讓這些不知情的宿主鳥撫養自己的雛鳥。隨著演化發展，杜鵑鳥的蛋已跟宿主鳥的蛋極為相似，因此這種欺騙行為通常不會被發現。

上圖 雌大杜鵑選擇在蘆葦鶯的巢中下蛋，杜鵑鳥蛋就放置在其他三顆較小的鳥蛋旁邊；侵門踏戶的小杜鵑鳥一旦孵化，就會把宿主鳥的鳥蛋通通丟掉。

　　每年從非洲避冬歸來後，雌大杜鵑會挑選特定區域作為目標，這些地點通常擁有數個牠偏好的宿主鳥巢，也會吸引正在尋偶的雄鳥前來。大杜鵑成功交配後，雌鳥會趁宿主鳥離巢時，偷走一顆蛋，再將自己的蛋悄悄放入原位；此時雄鳥則負責轉移宿主的注意力。這樣的寄生行為每季可重複十次以上，且雌雄雙方的「合作」往往在短短數週至數月內完成，有些雄鳥甚至在六月中旬便已啟程南返。成年杜鵑會把蛋寄養在歐亞蘆葦鶯（*Acrocephalus scirpaceus*）、草地鷚（*Anthus pratensis*）以及其他幾十種偶而被利用的宿主鳥的巢中。每隻大杜鵑雛鳥在孵化後的幾個小時內，便會將宿主的蛋或雛鳥推出巢外，好讓自己獨占所有的照料與食物。牠們迅速成長，體型甚至遠超毫無察覺的宿主雙親，並於秋季展開屬於自己的遷徙旅程。

　　這種欺騙整個系統的能力產生出片語「cuckoo in the nest」（不速之

客），用來描述未被察覺到的闖入者。同時，「cuckoo」（杜鵑）這個詞也跟「cuckold」（戴綠帽）相關，指的是在妻子外遇關係中，那位毫不知情、受辱的丈夫，而非指妻子的情夫。有趣的是，這個字的拉丁文字根「*cuculus*」既是杜鵑的意思，也可用來指通姦者，這兩個不同字義之間的聯繫可以在莎士比亞的作品《愛的徒勞》（*Love's Labour's Lost*）第五幕第二場中看到：

> 那時候，杜鵑鳥在每一棵樹上，
> 嘲笑著已婚的男人；因為牠不斷地唱著，
> 布穀！布穀，布穀！——喔，這令人恐懼的字啊
> 對於已婚者的耳朵來說非常不舒服啊！

然而，人們普遍喜愛杜鵑鳥，所以針對牠們這種寄生行為提出許多充滿同情的解釋。波西米亞的農民認為，杜鵑之所以無家可歸，是因為牠們在聖母的聖日工作，因此遭受懲罰。亞里斯多德相信，其他鳥類代替杜鵑扶養幼鳥是一種慈善義舉，因為雌杜鵑太重，沒有辦法安全地孵化自己的蛋。的確，大杜鵑在飛行時看起來略顯笨拙，棲息時也常垂著雙翅，彷彿連將翅膀撐起的力氣都沒有。

笨蛋與仙子

或許是因為這種笨拙的形象，所以會有一些與大杜鵑有關，但不太光彩的民間故事。在蘇格蘭，大杜鵑有時被稱作「gowk」，這個字來自古諾斯語（Old Norse）中的「gaukr」，意指杜鵑鳥；但在蘇格蘭語中，「gowk」也是「呆子」的意思。蘇格蘭的愚人節（傳統上是 4 月 13 日）被稱為「Gowk's Day」。大人會在這天捉弄調皮的小孩，叫他們去做一些沒有意義的差事。蘇格蘭各地（以及英國部分地區）有許多立石，當地人將之稱為「Gowk stane」，傳統上跟當地的春季祭典或是慶祝活動有關。

如今，愚笨或許不再被視為一種美德，卻隱含著一種被神祕力量或仙靈所觸及的特別含義，這解釋了為什麼愚蠢的人會對現實視而不見，因為他們生活在一個更為神祕的領域當中。這就是為什麼亨利·凱瑞（Henry Cary）在翻譯古希臘作家阿里斯托芬（Aristophanes）的劇作《鳥》（*The Birds*）時，將劇中想像的天空世界翻為「雲中杜鵑之地」（Cloud-cuckoo Land）。與杜鵑鳥有關的作品還包括英國民歌《杜鵑》（*The Cuckoo*），以簡潔而鼓舞人心的歌詞著稱：「杜鵑是隻美麗的小鳥；她一邊唱歌一邊飛翔；她帶給我們喜訊，且從不說謊。」

鶴 CRANE

鶴科 *Gruidae*

有些鳥類彷彿天生就能夠吸引眾人目光。雖然灰鶴（*Grus grus*）以及其他遍布於世界各地的鶴科物種外型可能不算最為鮮豔，但牠們的體型、優雅的姿勢、振奮人心的叫聲、長途遷徙以及華美的姿態等，自古以來就讓人醉心不已。從愛琴海（Aegean）地區到遠東、澳洲以及美洲大陸等，世界各地的文化中都可以發現跟鶴有關的神話。

在今日土耳其境內的新石器時代遺址查塔爾胡尤克（Çatalhöyük）中，發掘出一幅距今八千年以上的壁畫，畫中描繪一對頭部高昂、相互對望的鶴。在該遺址出土的原始鳥骨頭也顯示當時的居民會使用鶴的翅膀作為儀式舞蹈的道具；這種在表演中模仿鳥類姿態的做法自古有之，且至今仍延續不輟。

世界各地的鶴舞

根據古希臘作家普魯塔克（Plutarch）的記載，忒修斯（Theseus）擊敗米諾陶（Minotaur，又譯為「牛頭怪」）之後，在提洛島（Delos）上跳起象徵勝利的鶴舞「傑拉諾斯」（Geranos）。鶴是眾神信使荷米斯（Hermes）的神聖之鳥。西元前200年的岩石雕刻上，也描繪了一隻鶴站在克里特式迷宮（Cretan-style）旁（譯按：根據神話記載，忒修斯是在克里特國王建立的地下迷宮中擊敗牛頭怪。），這印證了舞蹈與古老神話之間的連結。不僅如此，其他地區也都有關於鶴舞的紀錄，像是西伯利亞原住民奧斯特亞克族（Ostyak）以及非洲的巴特瓦族（Batwa）；另外，在古代中國的葬禮習俗、澳洲原住民召喚夢時代（Dreamtime）傳說的傳統舞蹈「寇若貝里」（corroboree），還有日本沖繩（Okinawa）的收穫節慶祝活動中，都能看到鶴舞的蹤影。韓國至今仍保留著以丹頂鶴（*Grus japonensis*）求偶動作為基礎的古老儀式舞蹈，如下圖。

> **遷徙的奇蹟**
>
> 對於這種善於交際、充滿活力且壽命極長的鳥類,人類自然會產生一種特別的親近感,並對牠們的生活方式充滿好奇。鶴群以 V 字隊形展開季節性的長途遷徙,頸部與雙腿筆直伸展,使身體呈現流線的姿態,這壯觀景象自古以來便令人著迷不已。亞里斯多德在其著作《動物志》中,便詳細記錄鶴群的遷徙行為,他寫道:「鶴群會從地球的一端遷徙到另外一端……因為要飛行很長的距離,所以會展現出很多謹慎的行為;牠們會飛得極高,以便看得更遠;若遇雲層或寒氣逼近,便會降低高度、稍作休息。鶴群最前方會有一隻帶頭的領路者,隊尾的鶴則負責發出鳴聲以傳遞訊號,確保整個鶴群皆能聽見。當牠們降落休憩時,多數鶴會將頭藏於翅膀下,用單腳站立休息,並輪流換腳;但負責領隊的鶴會伸長頭部、保持警戒,如果發現任何異狀,就會發出警告聲喚醒同伴。」

對於鶴來說,這種壯麗的舞蹈並不僅僅是求偶,或許也包含著玩耍的成分。鶴從幼年時期就會聚在一起,用那雙纖細的腿輕盈跳躍、鞠躬,並且展翅拍打、加速衝刺,並透過細長彎曲的氣管發出響亮而悠長的鳴叫聲,有時甚至會將小樹枝或羽毛拋向空中。在蒙古的秋天,人們曾看到數千隻的簑羽鶴(*Anthropoides virgo*)聚在一起翩翩起舞,顯然只是單純為了享受舞動的喜悅。

充滿警覺的鳥

過去就有觀察紀錄指出,這些聰明的鳥類在夜間會安排「哨兵」站崗。哨兵鶴需單腳站立(正如鶴常見的姿態),另一隻腳則握著一顆石頭,目的是一旦不小心打瞌睡,石頭掉落時會驚醒自己。這種有趣的想法在紋章學中延續並保留下來,鶴通常被描繪成握著一塊石頭,在法語中稱為「vigilance」(警戒),以象徵這種特質。還有另一種古老的信仰認為,鶴會吞食小石頭作為鎮

壓物,以便在強風中保持穩定的飛行方向。這個想法可能是參考某些鳥類藉由吞進小石頭來充當「牙齒」而來,這些石子可以幫助碾碎、分解砂囊中的食物;有相關的迷思認為,若鶴把這些石頭吐出來,可以用來檢測黃金。當然,正如亞里士多德所言,這當然是「虛構的」。

俾格米戰爭

古時候還流傳著一些更為奇特的遷徙傳說。在《伊利亞德》(*Iliad*)中,作者荷馬(Homer)描寫鶴群在遷徙途中與俾格米族(Pygmy)發生衝突的故事。這群身形嬌小的部落居民據說居住在圍繞大地流淌的歐開諾斯河(River Oceanos)河岸邊。據傳,引發衝突的原因是俾格米族的美麗公主格拉娜(Gerana)因對女神阿提米絲(Artemis)與赫拉不敬,被變成一隻鶴,最終不幸被自己的族人誤殺。

在美洲原住民的神話中,也能找到鶴與矮人之間的戰鬥故事。傳說一群名為楚帝格維(Tsvdigewi)的矮人族群,身高僅及常人膝蓋,曾在契羅基族(Cherokee)的指導下學會如何對抗巨型鳥類。這些矮人成功突襲鳥巢並奪走鳥蛋,未料巢的主人沙丘鶴(*Antigone canadensis*)及時趕回,展開反擊,最終將楚帝格維人全數殲滅。

鶴的確是相當具攻擊性的鳥類。牠會謹慎地守護自己的地盤,不讓其他鶴進犯;還會保護自己的巢穴與雛鳥,抵禦掠食者的威脅。必要時,牠甚至會縱身而起,以銳利的爪子與長喙進行攻擊。不過,這些行為大多屬於警告性質,鶴通常會透過各種威嚇姿態(如低伏不動)來迫使入侵者退讓,而非真正進入激烈衝突並造成雙方受傷。除非受到挑釁,否則鶴極少主動攻擊人類。

天界之鳥

事實上,在全球各地的文化當中,人們普遍認為鶴是美德的象徵。因為牠能夠高高飛上天際,所以許多神話和傳說將鶴與天堂連結。有紀錄顯示,灰鶴能在喜馬拉雅山脈上翱翔,飛行高度高達10,000公尺。北美洲的普埃布洛族(Pueblo)相信,沙丘鶴會在雲端築巢,並取用雲層中的水氣做為水源。

對於澳洲原住民而言,鶴在創世故事中扮演重要的角色,負責點燃太陽的光焰。在這個傳說中,鶴跟鴯鶓在夢時代這個充滿神祕的時空中爭論不休。鶴抓起一顆鴯鶓的巨蛋,將其拋向天空。巨蛋的蛋黃爆裂成為火焰,點亮整個宇宙,為大地帶來第一道曙光。

對於西伯利亞的原住民來說,雪白色的西伯利亞白鶴(*Leucogeranus leucogeranus*)象徵太陽、春天的到來,以及天界的靈魂。在凱爾特傳說中,灰鶴屬於月之鳥,與薩滿的精神旅行以及深層奧祕息息相關。在東方的藝術與

文學中，常見仙人乘坐丹頂鶴背的形象。在中國與日本，丹頂鶴在野外壽命可達四十歲以上，因而成為長壽與吉祥的象徵。

婚姻忠貞

跟白鸛一樣，鶴因一夫一妻的制度與細心呵護幼雛的行為，在遠東與印度也成為忠誠與婚姻美滿的象徵。東方人普遍相信，赤頸鶴（*Antigone antigone*，下圖）不僅一生一世只忠於一個伴侶，如果伴侶死亡，牠也會悲慟至死。在印度古吉拉特邦（Gujarat），新人有時會被帶去探訪這些忠貞的鳥類，以作為楷模；日本婚禮則有摺一千隻紙鶴為新婚夫妻祈福的傳統。

舞伴

近年來，全球各地的鶴群數量明顯減少，原因包括棲息的濕地因農業開發與建設工程而遭到破壞，加上農藥的使用對牠們造成嚴重傷害。然而，也許正因鶴在神話與文化中象徵意涵深遠，牠們的存續對許多人而言意義非凡，因此各地的保育行動漸漸展現成效。

和平的象徵

紙鶴之所以成為世界和平的象徵，源自一位在廣島核爆中倖存的日本少女。1945年，佐佐木禎子（Sadako Sasaki）在核爆中奇蹟生還，但在1950年代，年僅十一歲的她被診斷出患有白血病。在得知摺紙鶴可以實現願望的傳說後，她便開始動手摺紙鶴，除了希望自己能夠康復外，還祈求世界和平：「我會在你們的雙翅上寫下和平，讓你們帶著這份祝福飛向全世界。」

禎子在1955年病逝前，已摺出一千多隻紙鶴。她的故事感動了身邊的同學，並為她發起一項運動，紀念所有受到核爆影響的孩童。禎子的形象與訴求並未因為她的離世而停止，在廣島和平紀念公園內，一座佐佐木禎子手持黃金紙鶴的雕像於1958年落成。她的故事不僅感動人心，還促進人們對於丹頂鶴這種瀕危動物的保育工作。

在美國，一位致力拯救鶴類的研究者甚至締造了一段動人的傳奇。1970年代，高大優雅的美洲鶴（Grus americana）瀕臨絕種，鳥類學家喬治·阿奇博德（George Archibald）得知聖安東尼奧動物園（San Antonio）有一隻美洲鶴泰克絲（Tex），因由人類飼養長大而認為自己也是人類，對交配繁殖毫無興趣。阿奇博德因此啟動一項驚人的實驗：親自向泰克絲求愛，希望藉由人的求偶行為激發牠順利排卵，以便進行人工受精。

在春天來臨之際，阿奇博德把自己的床搬進泰克絲的窩，與牠共度夜晚、陪牠說話，並且與牠共舞。他這種新穎的做法奏效了。泰克絲很快地就產下一顆蛋，但這顆蛋未能成功受精。阿奇博德年復一年，持續堅持努力。終於在1982年，泰克絲順利生產出一隻小鶴，名叫「驚奇」（Gee Whiz）。

泰克絲後來不幸遭浣熊襲擊身亡，為這段故事增添一絲感傷，也深深打動了全美國人民的心，並促使美洲鶴的保育工作出現重大轉機。雖然牠們至今仍列為瀕危物種，但如今在野外已可見到數百隻美洲鶴，人工飼養與繁殖亦逐漸有成。

2013年，阿奇博德因為在國際鶴基金會（International Crane Foundation）的傑出貢獻，榮獲奧杜邦協會（National Audubon Society）所頒發的丹·W·盧夫金（Dan W Lufkin）環保領袖獎；與此同時，小鶴「驚奇」已經生下許多雛鳥，其中有一隻還是在野外繁殖的。「我會將這些幼雛稱作是我的鳥孫子。」阿奇博德開玩笑地說道，並且對於這些雛鳥的血統感到自豪。「血統」（pedigree）一詞就源於人類與鶴的歷史淵源，「Pied de grue」（鶴足）早在諾曼時期便用來形容族譜中分支的樹狀結構。

右圖 約1900年的有色照片，一位日本女性正在摺紙鶴。

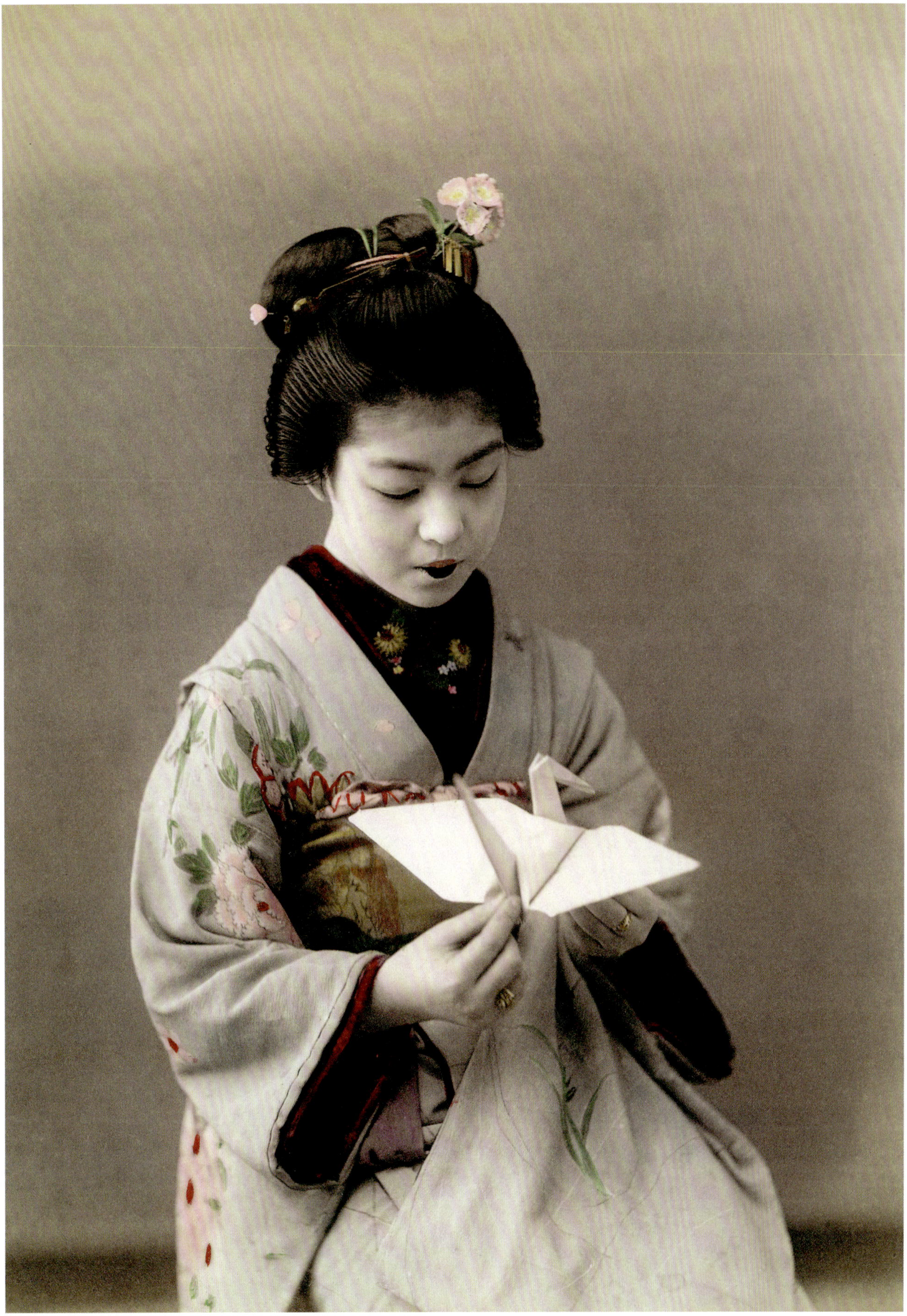

燕子 SWALLOW

燕科 *Hirundinidae*

如同杜鵑鳥，人們對遷徙的燕子首次現身的時間抱持諸多迷信。不過，燕子通常是先被看見，接著才會聽到牠的叫聲。有些物種以長途遷徙而聞名，特別是家燕（*Hirundo rustica*，上圖），這種輕巧敏捷的小鳥在夏季幾乎遍布整個北半球；冬季則大多聚集在南半球。俗話說：「孤燕不成夏」，在全球許多地區，燕子的出現象徵天氣轉暖以及美好時光即將來臨，甚至有個物種名為「喜燕」（*Hirundo neoxena*），又稱「歡迎燕」。

在德國黑森州（Hesse）有一項傳統，由塔樓上的守望者負責監控，留意第一隻歸來的燕子，接著再由鎮長正式宣布牠們的到來。在英國康瓦耳（Cornwall），人們會興奮地跳起來慶祝；但在蘇格蘭，人們會乖乖坐好，確保自己能夠第一眼看到燕子，這樣就能帶來好運；而在希臘羅德島，燕子的出現代表可以舉辦一場特殊節慶。

燕子很容易得到人們的喜愛，牠飛行的姿態優雅靈動，鳴叫聲十分悅耳且

令人振奮，且有個深得人心的習性——捕食蚊子以及其他會叮咬人的飛蟲。燕科家族約有八十種，其中體型較小、尾羽較短的燕子通常是岩燕（martin），但其實所有物種的燕子外觀大致相似，翅膀細長尖銳、雙腳與喙短小，尾羽分叉，腹部多為潔白色，上背羽色則多帶有優雅的紫色或綠色金屬光澤。

關於毛髮的禁忌

　　如其名所示，大家熟悉的家燕喜歡在建築物裡築巢，尤其是像穀倉這類開放且容易進出的場所。不過，如果牠們能找到進入的縫隙，例如半開的窗戶，也會選擇在民宅中築巢。在希臘，若燕子飛進屋內，必須立刻將牠捕捉、塗上油後再放飛，以驅除厄運。然而，若燕子選擇在屋外的附屬建物中築巢，則被視為吉兆，據信能帶來好運，並庇佑家宅平安。若家中有燕子築巢，千萬不要把剪下來的頭髮隨意亂放，因為一旦被家燕拿去鋪巢，頭髮的主人可能整個夏天都會頭痛不已。另一項與毛髮有關的奇特迷信來自愛爾蘭，當地人認為每個人的頭上都有一根「命運之髮」，如果這根頭髮被燕子拔走，那他這輩子都會活在厄運的陰影之下。這種想法可能跟燕子的習性有關，牠會俯衝攻擊太過接近自身巢穴的人。

石頭與燕子

　　燕子在許多宗教傳說中都扮演重要角色。西班牙有個說法，當耶穌被釘在十字架上時，其實是燕子前去移除他額頭上的荊棘，而非知更鳥；這也是牠的下巴和額頭都呈現紅色的原因，都是被鮮血染紅。俄羅斯的一則故事則描述，在耶穌受難之時，麻雀不斷地叫囂著：「耶穌還活著」，言下之意就是應該要讓耶穌受到更多折磨，而燕子則是哼唱著：「耶穌已經逝去」；因此，燕子得到祝福，麻雀則受到詛咒。伊斯蘭傳說解釋了燕子深叉尾羽的由來：因為牠在伊甸園裡冒犯了蟒蛇伊布力斯（Eblis），所以蛇就咬去其尾部中間的一塊作為報復。《古蘭經》則記載，一群燕子對試圖進犯聖城麥加（Mecca）的基督教軍隊投擲石頭，成功將之擊退。

　　燕子與石頭之間的關聯十分特殊。牠們築巢時會使用泥土作為材料，也常無意中將細小的石子帶入巢中，而人們相信這些「燕子石」具有幸運與療癒的力量。1847 年，美國詩人亨利・華茲華斯・朗費羅（Henry Wadsworth Longfellow）在其長詩《伊凡吉林》（*Evangeline*）中，就包含了一些與「燕子石」有關的詩句：

人們攀上穀倉的橫梁，尋覓那密集的燕巢；
雙眼殷殷期盼，欲尋那傳說中的神奇之石；

沉默與陰鬱

燕子有時候會跟「沈默寡言」或是「表達不清楚」等情況聯繫在一起。事實上，牠們一點也不沉默，只是其聲音既不宏亮也不具獨特性。在一則殘酷的希臘傳說中，好戰的色雷斯（Thracian）國王鐵流士（Tereus）割去妻子普羅克妮（Procne）的舌頭，之後普羅克妮被諸神變為燕子。美國新墨西哥州伊斯雷塔（Isleta）的原住民流傳一則故事，一位母親在懷孕時嘲笑了燕子，結果她的小孩一出生就無法發出任何聲音。

家燕常出現在牛群密集的田野，並在牛隻間低飛，捕食因牛隻移動而從草叢中驚擾出的昆蟲。法國人就有一種迷信，如果家燕從母牛的乳房下方飛過，那頭牛就會產出血而不是牛奶；在英國則有一說，如果家燕在牛棚中築巢下蛋，但是鳥蛋卻被破壞，那麼整個牛棚的牛隻都會產出帶血的奶水，這種情況會一直持續到人們採取補救措施才會停止，像是將奶水撒在十字路口上等。

> 傳說那是燕子從海岸銜來，為幼鳥重啟光明的寶物；
> 而能在巢中得此寶石者，乃命運眷顧之人！

在法國布列塔尼（Brittany），人們相信燕子體內藏有幸運之石。剖開這些倒楣的燕子肚子，就可以看到色彩各異的石頭，各自有不同的魔力——白色石頭能夠帶來愛情；綠色石頭能夠保人遠離險境；紅色石頭能夠療癒心神；黑色石頭則能帶來財富。

遷徙之謎

在亞里斯多德的時代，人們對於燕子的遷徙充滿各種誤解。當時普遍相信牠們會把自己埋進河岸的泥中或是水下，以這種方式冬眠來度過冬天。這種觀念可能來自燕子聚集在河邊蘆葦地築巢的行為：人們會在黃昏時刻看到燕子潛入蘆葦之中，隨後幾日都不會在白天看到燕子的蹤影，因此出現這樣的誤會。在英國諾福克（Norfolk），如果燕子聚集在某個屋頂上，代表著該房屋內有人即將去世；如果燕子都停在教堂上方，意味著這些鳥兒正在討論有哪些人會在即將到來的冬天裡死去。

右圖　十九世紀由喬治·格雷夫斯（George Graves）所繪的彩色版畫，圖中的家燕正俯衝捕捉飛行中的昆蟲獵物。

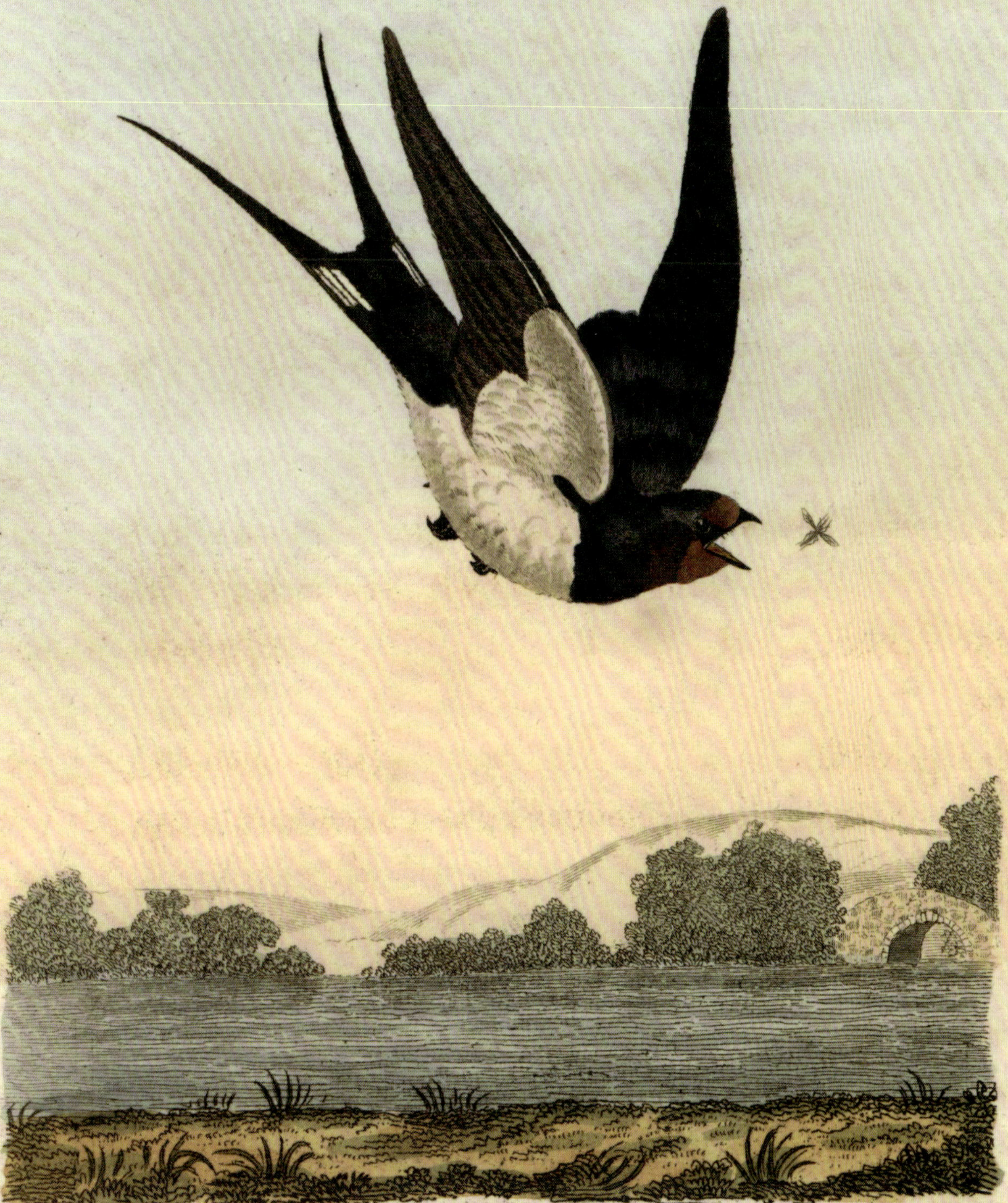

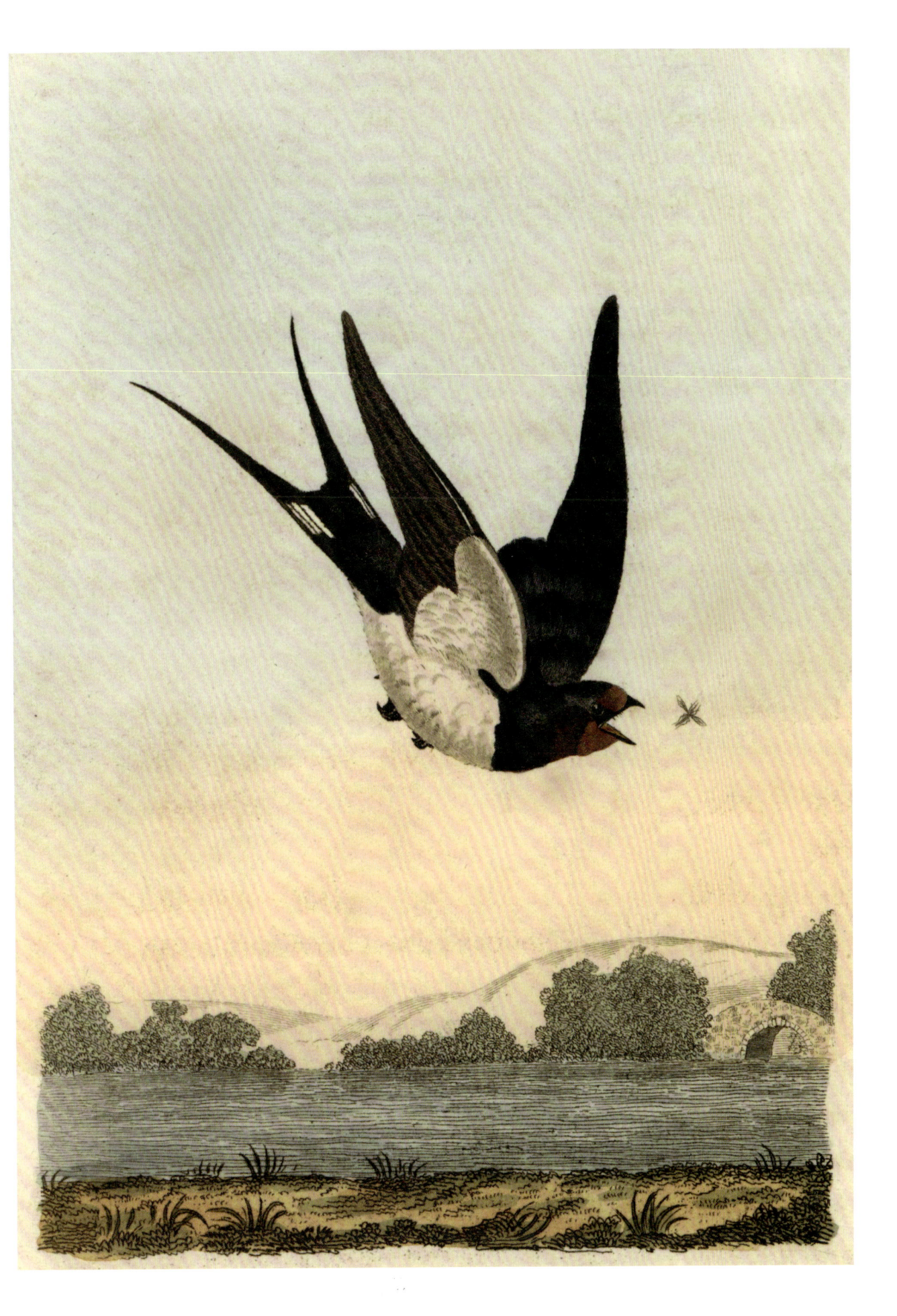

鶺鴒 WAGTAIL

鶺鴒科 *Motacillidae*

嬌小活潑的鶺鴒，因為獨特的型態、行為以及生活環境，激發出各地豐富的民間傳說與俗語。牠們廣泛分布於歐亞大陸以及非洲，不論是城鄉、田野、河岸、海邊以及湖畔，都能見到牠們的身影。牠們總是跑跑跳跳，大搖大擺地四處走動，長長的尾巴不停地上下擺動。有些物種的鶺鴒身披黑白羽毛，有些則是色彩斑斕，帶有鮮明的黃色、綠色以及藍灰色等；所有的鶺鴒都性情活潑，且叫聲清脆歡快。

洗碗盤

白鶺鴒（*Motacilla alba*）的英國亞種（*Motacilla alba yarrellii*，下圖）是一種十分常見的鳥，在英國幾乎全年可見。牠們有許多地方特有的名稱，其中大多都與「洗碗」有關；例如：「Molly washdish」（洗碗莫莉）、「Peggy dishwasher」（洗碗佩姬）和「dishlick」（舔盤子）等等。這些名稱來自白鶺鴒偏愛棲息於水邊的習性，牠常在水邊來回踱步，或在淺水區的石頭間跳躍，隨時準備撲向眼前的昆蟲，並且不斷上下點頭，模樣就像在洗碗一般。

如今，有許多賞鳥人士，特別是那些熱衷觀察鳥類遷徙的愛鳥人，會用「奇西飛越者」（Chiswick flyover）來稱呼白鶺鴒，因為牠們在移動的時候會發出響亮的「奇西」（chissick）叫聲。

吉普賽人稱白鶺鴒為「吉普賽鳥」，並流傳著一句話：「見到鶺鴒，便會

鬼鬼祟祟的惡魔

在愛爾蘭，白鶺鴒因其尾部不停地擺動而不太受歡迎，甚至被認為是惡魔的小跟班，其尾巴的擺動據說是因為沾染了魔鬼之血。傳說捕捉白鶺鴒的唯一方法是在其尾巴上撒鹽。這種陰暗的聯想也使人們對牠們產生敬畏，只有魯莽之人才敢破壞其巢穴或偷竊鳥蛋。然而，白鶺鴒的形象也有輕快的一面，一首愛爾蘭童謠便如此吟唱：「你那美麗的尾巴宛如精靈的時鐘」，以及「你那美麗的尾巴宛如精靈的魔杖」。

　　吉普賽人稱白鶺鴒為「吉普賽鳥」，並流傳著一句話：「見到鶺鴒，便會遇見吉普賽人。」白鶺鴒與人的關係密切，喜歡在農舍等建築物裡面築巢。這種鳥也經常出現在停車場，在地面或汽車水箱罩周圍搜尋被壓扁的昆蟲。到了冬天，白鶺鴒會在城市中心聚集棲息；牠們喜歡圍繞在人工燈光照射加熱的小型觀賞樹上，遠望過去宛如一團團毛茸茸的聖誕裝飾。

尾巴的故事

　　鶺鴒屬的學名「*Motacilla*」，指的是這種鳥持續不斷的動作，其字面上的意思就是「小小的活動者」。然而，一些鳥類學家曾誤以為這個學名是指「搖動的尾巴」，因此你會看到用來構成「指小詞」形式的後綴詞「-cilla」，在其他鳥類的學名中被錯誤地用來表示「尾巴」。舉例來說，白尾海鵰的學名「*albicilla*」原本是想表達「白色尾巴」，但實際上，其拉丁字義是指「小小的白色」。

世故圓滑的鶺鴒

　　日本鶺鴒（*Motacilla grandis*）跟英國的白鶺鴒一樣，對當地人來說一點都不陌生，並且在日本傳統的創世神話中扮演重要的角色。

　　創世神伊邪那岐（Izanagi，又作「伊奘諾尊」）與其伴侶伊邪那美

（Izanami，又作「伊奘冉尊」）準備創造大地；他們清楚知道這項任務必須透過男女兩性結合生育後代的常規方式才能完成。然而，由於他們先前並沒有過這樣的經驗，所以對於此一過程的具體操作方式不太清楚。幸運的是，一對鶺鴒剛好在這個時候出現，並現場實際示範男女交歡的過程。看完示範後，這對神祇便得以順利進行創世工作。

　　日本阿伊努人也在他們的創世神話中給予鶺鴒重要地位。在他們的故事中，地球最初是一片無法居住的沼澤地，並沒有適合人類的乾燥之地。因此，創世神便派下一隻鶺鴒，讓牠在泥土中奔走踩踏，形成水坑讓水匯聚在一起，並留下乾燥的高地。有鑑於此，阿伊努人視鶺鴒為神聖的鳥類。

追隨者與乘客

　　西方黃鶺鴒（*Motacilla flava*，右圖）以在歐亞大陸西部分布廣泛且擁有大量明顯不同亞種而廣為人知。牠們之間主要的差別在於雄鳥頭部的顏色，其色澤多變，包含白色、黃色、藍色、灰色，乃至於炭黑色以及漆黑色等。相較於英國的白鶺鴒，西方黃鶺鴒更常出現在鄉村，特別是在牛群覓食的田野之中。牠們會跟著牛隻行動，捕食受到牛群活動驚擾或是受到牛糞所吸引的蒼蠅。在某些自然保護區中，管理員會特別多撒播一些牛糞，希望能夠促進數量不斷減少的鶺鴒交配繁殖。這種鳥在英國被稱作「牛仔鳥」（cowbird），在法國稱為「牛皮」（vachette），德國則稱「Kuhstelze」。

　　黃鶺鴒是北歐候鳥，冬季會在非洲度過。德國作家阿道夫・艾伯林（Adolf Ebeling）曾在1878年造訪埃及，他很意外能在當地看到鶺鴒，遂向一位年長的阿拉伯人表示：「這種小鳥通常都是短距離之間快速飛來飛去，而非長途旅行；居然有辦法橫跨整個地中海，實在令人稱奇。」阿拉伯長者的回應則展現出一種極具魅力的民間信仰。

　　「那位貝都因人（Bedouin）以夾雜法語的阿拉伯語對我說：『尊敬的先生，難道您不知道這些小鳥是由大鳥載著飛越海洋嗎？』我笑了出來，但長者卻泰然自若地繼續說道：『這裡每個孩子都知道這件事，這些小鳥太過弱小，無法獨自完成漫長的跨海之旅。鶺鴒深知這點，所以會等待鸛鳥或是鶴等其他大型鳥類，然後在牠們的背上安頓下來。如此一來，鶺鴒就能夠跟著大鳥穿過海洋。而大鳥也樂於接受這些小小客人，因為牠們歡快明亮的鳴叫聲，能為漫長的旅途增添樂趣。』」

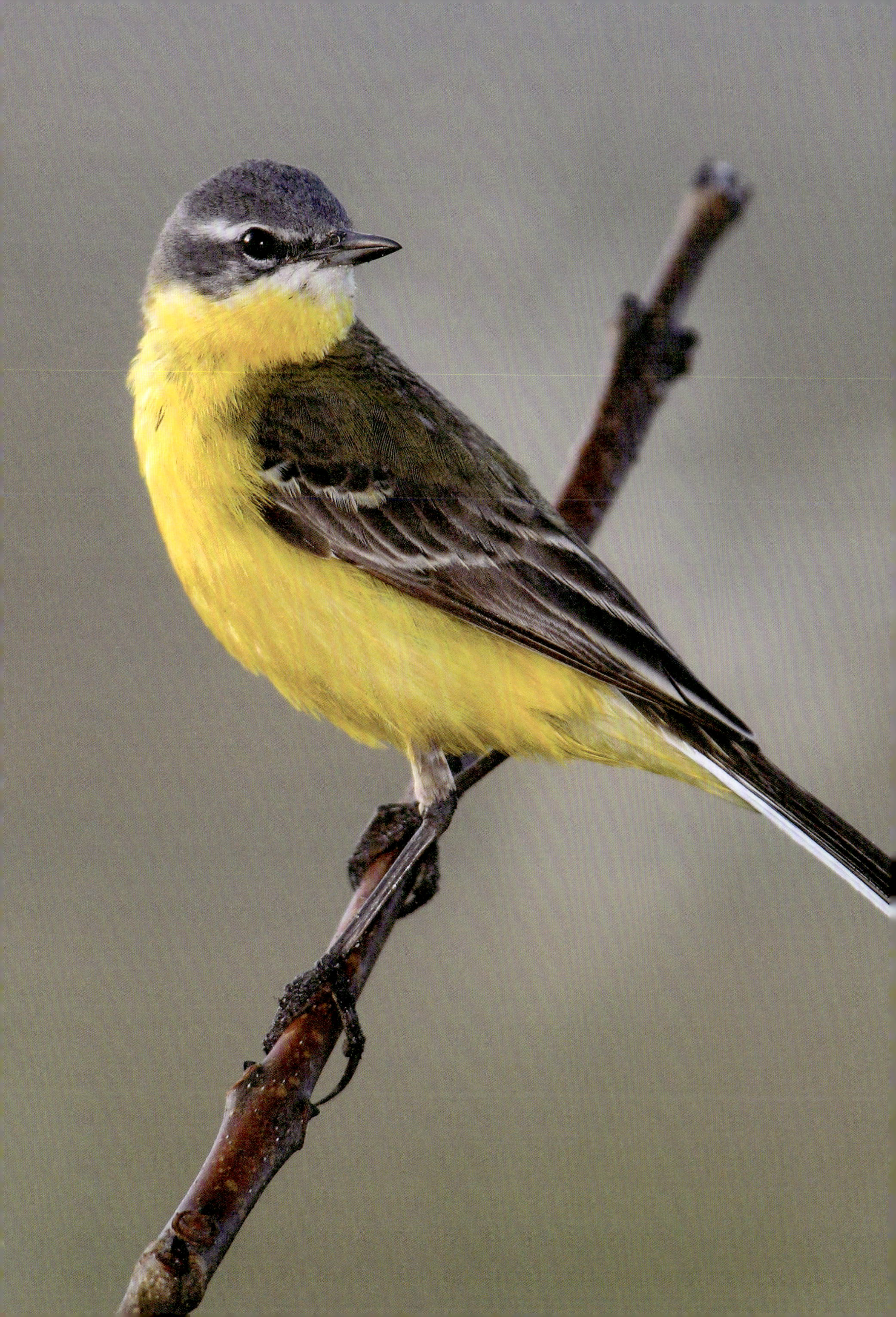

魚鷹 OSPREY

魚鷹科 *Pandionidae*

　　看到魚鷹（*Pandion haliaetus*，上圖）在平靜如鏡的湖面上盤旋，突然雙爪探入水中，接著在水花四濺中振翅而出，爪中緊抓著一尾奮力掙扎的魚，這樣的景象令人心跳加速，千百年來在世界各地激發出無數傳說與想像。由於魚鷹分布廣泛、適應能力強，所以在大西洋的兩岸，甚至是在澳洲，都能看到牠們的身影。在澳洲，東部魚鷹（*Pandion cristatus*）偶爾會被誤認為不同物種，但其實牠們與其他地區的魚鷹外形差異不大。

　　觀賞魚鷹狩獵，很容易會覺得這種鳥擁有超自然的力量。牠們外型俊朗挺拔，身型修長且擁有一雙大長腿，身披深巧克力色以及白色的鳥羽，具有明亮的金眼以及一頭時髦的羽冠。雖然魚鷹與鷹、鵟、鳶、雕等日行性猛禽同屬鷹形目（Accipitriformes），但是魚鷹有許多獨特之處，因此自成一科。

漁夫的祕密

　　魚鷹不會游泳，卻有很強的適應能力，為了以這種充滿戲劇性的方式抓魚，牠演化出粗糙且覆有鱗片的腳部、可反轉的外趾與銳利的長爪，用來增加抓握力，還有能夠在水下閉合的鼻孔。魚鷹還擁有強健修長的雙翼，有助於牠帶著獵物從水面升空，因為這些抓來的魚通常重量都不輕，並且總是不斷掙扎。對歐亞魚鷹（*Pandion haliaetus*）以及美洲魚鷹（*Pandion haliaetus carolinensis*）而言，這雙強大翅膀也提供了牠們進行長距離年度遷徙的動力。

　　魚鷹最卓越的捕魚技能之一，是牠能夠在反光強烈或波光粼粼的水面，清楚地看到水中的魚。魚鷹的視力極其敏銳，眼周的深色羽毛也有助於減少水面的眩光。早期由於人們對魚鷹的生理構造了解有限，遂衍生出種種奇想，認為牠之所以能成功捕到魚，是因為使用了某些「詭計」。在十二世紀的愛爾蘭，人們覺得魚鷹在飛行時會分泌出一種脂肪物質來吸引魚類；當牠潛入水中，羽毛上的油脂也具有相同效果。中世紀學者威爾斯的傑拉德（Gerald of Wales）也提到，魚鷹的兩隻腳構造截然不同：一隻腳擁有鉤狀爪子，可以用來捕魚；另一隻腳上有蹼，用來游泳。

　　在莎士比亞《科利奧蘭納斯》（*Coriolanus*）第四幕第七場中，軍事將領奧菲狄烏斯（Aufidius）提到他的戰友科利奧蘭納斯以及他們攻打羅馬的計畫時，出現以下這段對白：

我認為他與羅馬的關係；
如同魚鷹之於魚；
憑藉著與生俱來的權威就能征服。

　　在這段描述當中，魚顯然是自願投降於魚鷹之口。十六世紀英國劇作家喬治・皮爾（George Peele）也寫過類似的句子，他說魚群會「向上翻出光滑的肚子」，臣服於「高貴的魚鷹」。雖然其他文化不一定認為魚鷹擁有神力，但仍對魚鷹的捕魚技巧心懷敬意。據說玻利維亞的獵人甚至會將魚鷹的骨頭植入自己的皮膚之下，希望藉此得到一樣高超的捕魚技巧。

高地上的朋友

　　在某些佛教故事裡，魚鷹被尊為萬鳥之王。像是《佛本生故事集》中的短篇故事《魚鷹本生》，講述一隻雄鷹向雌鷹求婚，雌鷹答應了，但前提是雄鷹必須找幾個朋友來幫忙守護牠們的幼雛以及島上的巢穴。雄鷹第一個就去拜託萬鳥之王魚鷹，魚鷹也爽快地答應擔任守衛的角色。沒過多久，魚鷹就派上用場，整個晚上都在幫忙滅火。這場火災起因於一群人來到島上，意圖趕走老

魚鷹與惡棍

許多美洲原住民都對魚鷹懷有崇高敬意。他們對這種鳥類的尊重程度絲毫不亞於白頭海鵰（Haliaeetus leucocephalus）以及金鵰（Aquila chrysaetos），並視魚鷹為守護者。然而，在米克瑪克（Micmac）部落所流傳的《魚鷹與惡棍》（The Fish-hawk and the Scapegrace）故事中，魚鷹卻一點也不光彩。故事講述魚鷹碰上一個「惡棍」的過程，這名惡棍可能也是一種潛水鳥，兩者都是一等一的捕魚高手，但前者善於高空飛行，驕傲自負；後者則較擅長游泳，飛行能力較弱。有一次，這名惡棍暗示自己的技巧跟魚鷹幾乎相等，魚鷹氣炸了，決定展開報復。魚鷹慫恿惡棍把食物帶給當地的人類部落，並表示這麼做會受到人們熱烈歡迎；但同時，牠卻背地裡通知部落族人，說惡棍會帶來有毒的食物。結果部落族人紛紛排斥惡棍，還把魚鷹當作是擁有預知能力的偉大魔法師，向牠致敬。魚鷹後來又設計了一個更複雜的計謀，欺騙部落將遭巨人襲擊。但是魚鷹的謊言終究被拆穿，被視為騙子。

鷹夫婦並掠奪巢穴。魚鷹在烏龜與獅子兩位盟友的協助下，成功趕走這些入侵者。故事最後，雌鷹還念了一首詩，表達感謝並頌揚友誼的價值。

失落與重生

從十八世紀開始，由於英國與愛爾蘭等地的地主不願意分享漁獲，所以無情地追殺魚鷹。不久之後，魚鷹便徹底消失，於十九世紀初從愛爾蘭最後的繁殖地消失，英格蘭則在 1840 年，蘇格蘭則在 1916 年。難怪葉慈（Yeats）在其 1889 年的作品《葦間風》（The Wanderings of Oisin and Other Poems）中，以魚鷹象徵悲傷。然而，魚鷹在 1950 年代又再次重返蘇格蘭，其數量至今持續蓬勃並擴散到其他區域。現在，幾個較為著名的巢穴都安裝著網路攝影鏡頭。透過這些錄製的影片，人類得以一窺魚鷹的生活以及牠們情感生活中的豐富細節，這些細緻的內容有時候非常奇特，遠比這種迷人鳥類的傳說或傳統還要令人稱奇。

右圖 由約翰・詹姆斯・奧杜邦（John James Audubon）所繪，一隻魚鷹正用牠長而有力的利爪緊緊抓住獵物。

Fish Hawk. male
Falco haliætus
Fish. Vulg. Weak-Fish

公雞 COCKEREL

雉科 *Phasianidae*

公雞，也就是雄性的家雞（右圖），最讓人印象深刻的就是牠清晨那一聲聲響亮的啼叫、亮眼的羽毛，還有頭上那顆紅通通的雞冠。在古希臘時期，公雞被當成光明的象徵；甚至在更早之前，波斯帝國的祆教徒（Zoroastrian）也給了牠一樣的地位。大家最熟悉的公雞特徵，大概就是牠的叫聲了。在伊斯蘭教中，公雞的啼叫還被列為真主阿拉（Allah）最喜歡的三種聲音之一。這種外型華麗的鳥大概四個月大時，就會開始在清晨拉長脖子、豎起雞冠開始啼叫，通常是在黎明前兩小時就開嗓，整天也會不定時叫個幾聲。其實，公雞叫不只是因為天亮了，牠是在宣示「這裡是我的地盤」，有時候看到食物或受到其他刺激也會啼叫。

家雞一般被認為是從紅原雞（*Gallus gallus*）或顏色比較沒有那麼鮮豔的灰原雞（*Gallus sonneratii*）演化而來；最早大概是在印度河流域文明時期（差不多西元前 3000 到 1500 年）就有人開始飼養牠們了。這兩種原雞原本就生活在印度和鄰近地區，是那邊的原生種。因為牠們會跑到人類住的地方附近覓食，找穀物或其他東西吃，所以很容易就被抓住；加上牠們本來就是群居動物，人類可能也是為了雞蛋，才開始大量捕捉牠們。

驅趕邪惡靈體

在印度河流域沿岸一座大型古城摩亨約達羅（Mohenjo Daro）中，考古學家發現一枚刻有公雞圖案的印章。還有證據顯示，這座城市的原名可能是「Kukkutarma」，意即「雞之城」（City of Cocks）。當時這裡可能是公雞交易的中心，也有可能是歷史上最早的鬥雞場，讓各路公雞來這裡一較高下。

差不多在這個時期，公雞成為波斯地區祆教的聖鳥，被認為能驅邪避災。此後多個文明也延續這種信仰，相信牠能帶來好運，或在某些情況下預示厄運。相較之下，雖然母雞是重要的雞蛋來源，卻很少出現在神話故事中，通常只被賦予慈母的形象。

公雞跟日光的關係密切，使牠在古希臘與羅馬時期，成為太陽神阿波羅（Apollo）的聖鳥。這種鳥類在歐亞大陸也普遍受人景仰，甚至被納入中國的十二生肖，位列第十。從羅馬到遠東，各地文化普遍都認為公雞清晨的啼叫能驅除邪靈。然而，在愛爾蘭，如果公雞在午夜時分發出叫聲或是對著門窗啼叫，則是一種死亡的預兆。在基督教文化中，晨間的雞啼聲會令信徒回想起耶穌在受難前夕，使徒彼得三次否認認識耶穌的情景；應證基督的預言：「……

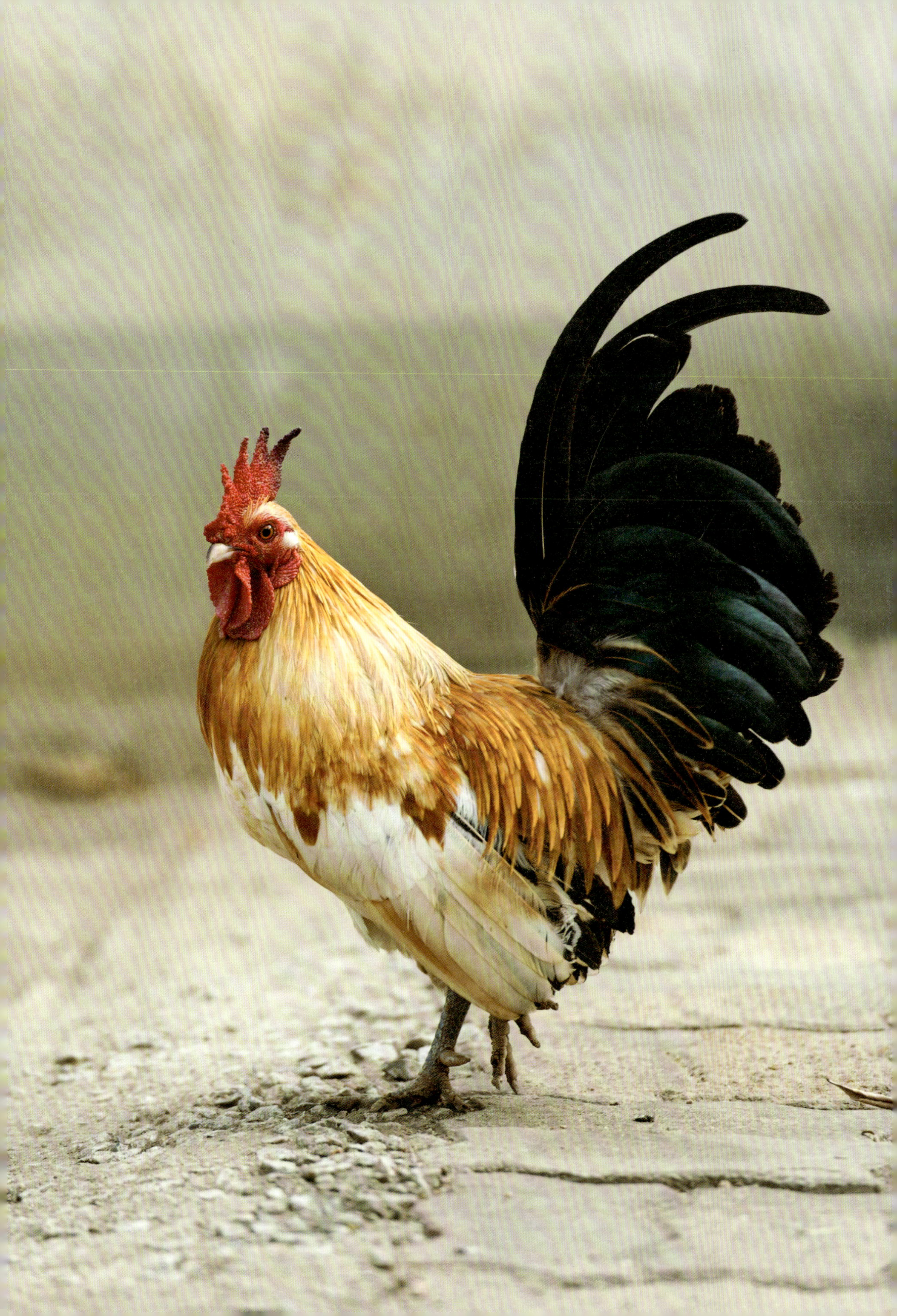

今夜雞叫以先，你要三次不認我。」（馬太福音 26:34）。因此，教堂尖塔上的風向雞不僅是裝飾，還是對基督徒的一種警醒，提醒他們要堅定信仰。

有一種廣為流傳的說法認為，在聖誕節當晚，公雞會整夜啼叫。莎士比亞在悲劇《哈姆雷特》（*Hamlet*）第一幕第一場中，就提到哨兵馬塞盧斯（Marcellus）說鬼魂正是在公雞鳴叫時消失的：

有人說，每當那個季節來臨，
也就是我們慶祝救世主誕生的時刻，
黎明之鳥就會整夜長歌……

警覺與預兆

公雞清晨的啼叫聲也讓牠成為警覺的象徵。在北歐神話中，公雞古林肯比（Gullinkambe）會在「諸神的黃昏」鳴啼，提醒人類世界即將終結，海水將淹沒大地，諸神也將一一殞落。希臘神話中的公雞就沒那麼光彩。據說牠守夜時打了瞌睡，就在牠沉睡之際，愛神阿芙蘿黛蒂（Aphrodite）背叛丈夫火神赫發斯特斯（Hephaestus），與情人戰神阿瑞斯（Ares）幽會。

公雞也常被用於預言之中。人們經常透過觀察自然界中動物的行為來進行占卜，而家禽則成為隨手可得、極具價值的觀察對象。古代的宗教官員，又稱為卜官，會根據這種鳥類啄食穀物的方式來判斷神明是否支持某項計畫。在古希臘，人們會將穀物放在具有特殊象徵意義的卡牌上，然後再根據公雞的啄食狀況推演出結論；而在古羅馬，人們則是依據神聖的雞群對於穀物的貪食程度來判斷某一預兆的吉凶。

治癒的力量

羅馬人曾用雞的內臟占卜未來，而在過去幾百年間，許多宗教也將公雞作為祭品獻給神明，像是古巴的桑特里亞教（Santería）、巫毒教、猶太教以及印度教等。此外，雞肉自古亦被視為具有藥用價值。老普林尼就曾開立處方，推薦病人食用雞高湯以及「使用老公雞熬成的湯，加重鹽分」來治療痢疾。

在十七、十八世紀的英國，人們普遍認為公雞啤酒（cock ale）能夠治百病，舉凡咳嗽或是肺結核均有效；這種酒是使用煮熟的公雞膠凍或是碎肉，混合葡萄乾、香料以及啤酒調製而成。現代的科學研究也證實，雞湯確實可以有效緩解普通感冒的症狀。

然而，不論是公雞還是母雞，最廣泛且重要的用途就是作為食物來源。全球家禽的消耗量極高，僅次於豬肉。每年約四百億隻家禽被食用，總肉量高達九千四百萬噸。

鬥雞

「啄食順序」（pecking order）一詞出自雞的覓食行為，公雞跟母雞會各自建立出一套社會階層制度。公雞不僅會強烈保護自己的母雞，對自己的領地也具有高度防衛性。在古中國、波斯以及印度等地，人們對公雞的勇氣推崇備至，樂於觀賞牠們激烈的爪牙交鋒。公雞不僅是勇氣的象徵，也代表著性能力，所以男性的生殖器官有「雞巴」的別名。同時，公雞的睪丸也被認為是一種強效的壯陽藥。

傳說中，雅典將軍特米斯托克利（Themistocles）在率軍討伐波斯王薛西斯（Xerxes）途中，曾停下來觀看兩隻公雞激烈戰鬥，並且以其不屈不撓的精神來鼓舞士兵。後來，雅典在該場戰役中擊退波斯軍隊，為紀念這場勝利，特米斯托克利下令雅典每年舉辦一次鬥雞活動。

鬥雞是一項廣受歡迎的運動，出自羅馬與不列顛遺址的考古發現指出，這種活動具有儀式意義，也是一種娛樂形式。時至今日，峇里島上仍保有鬥雞的傳統，作為印度教動物祭（Tabuh rah）儀式的一環，透過灑血來安撫靈魂與神明。而在印度某些地方，還流行公雞占星術（Kukkuta Sastra），根據鬥雞的結果以預測未來。

上圖 在龐貝古城發現的一幅馬賽克畫，描繪激烈的鬥雞活動。

上圖 一名泰國男子正在清洗公雞，是鬥雞活動的準備儀式之一。

松雞 GROUSE

雉科 *Phasianidae*

在冰島的傳說中，體型中等的松雞叫岩雷鳥（*Lagopus muta*），曾違抗聖母瑪利亞的命令，拒絕穿越火海。因此，這種生活在北極、歐亞北部與北美的鳥類得以保住牠那覆滿羽毛的腳掌——這正是岩雷鳥與其他松雞的最大區別，也讓牠能夠在雪地上行走。然而，為了懲罰岩雷鳥的不服從，聖母瑪利亞詛咒岩雷鳥成為人們狩獵的目標。不過她也給了牠一項恩典，讓岩雷鳥的羽毛在冬天時可以從棕灰色轉為白色，好融入雪景、躲避危險。

對冰島人來說，岩雷鳥是冬天的象徵。當地人會在聖誕節舉行拔河比賽，對戰雙方分別是代表冬天的岩雷鳥（冬天出生的男子）以及代表夏天的鴨子（夏天出生的男子）。如果岩雷鳥隊獲勝，代表當年的冬天會特別漫長。

阿岡昆族（Algonquin）的松雞傳說也和「不聽話」有關。據說惡作劇之神瑪納博佐（Manabozho）為了懲罰不聽話的披肩榛雞（*Bonasa umbellus*），下令讓牠禁食十一天，並且在牠的尾羽上留下十一個斑點當作記號。

激勵人心的舞蹈

像是黑琴雞（*Lyrurus tetrix*，右圖）、松雞（*Tetrao urogallus*）以及艾草松雞（*Centrocercus urophasianus*）等裝飾性雄鳥在求偶時，身上華麗的尾羽扮演著非常重要的角色。到了繁殖的季節，黑琴雞會聚集在一起，每隻雄鳥各據一方，展開並豎起自己的尾羽，不時跳躍或是威嚇其他對手，有時候甚至會大打出手，以吸引雌鳥的注意。體型較大的松雞也是一樣的豔麗，其求偶舞還會伴隨著迷人的連續啼聲，聲音的變化會從最剛開始的點擊短音，到後來的「咔嚓」聲，最後還會發出沙沙的迷人叫聲。巴伐利亞（Bavarian）的民俗舞蹈擊拍舞（Schuhplattler）據說就是模仿這種鳥類的聲音和動作，舞者會用手拍打鞋底，發出聲音。

同樣地，艾草松雞在求偶時會膨脹頸部的囊袋，讓自己的厚重純白頸羽顯得更為蓬鬆，同時展開黑白相間的尖形尾羽；據說，這些動作可能啟發出一系列的美洲原住民儀式舞蹈。

在北美洲跟歐洲，松雞是常見的狩獵目標。這些鳥類通常會躲在密集的灌木叢裡，像是帚石楠等；牠們一旦受到驚擾，就會手足無措、一陣亂飛。有些人認為英國的紅松雞（*Lagopus lagopus scotica*）驚飛時所發出的警叫聲「ack-ar-ar ack-ack-ack」是在譴責追捕者；這很可能是「grouse」（抱怨）一詞的由來（譯按：松雞的英文也是「grouse」）。

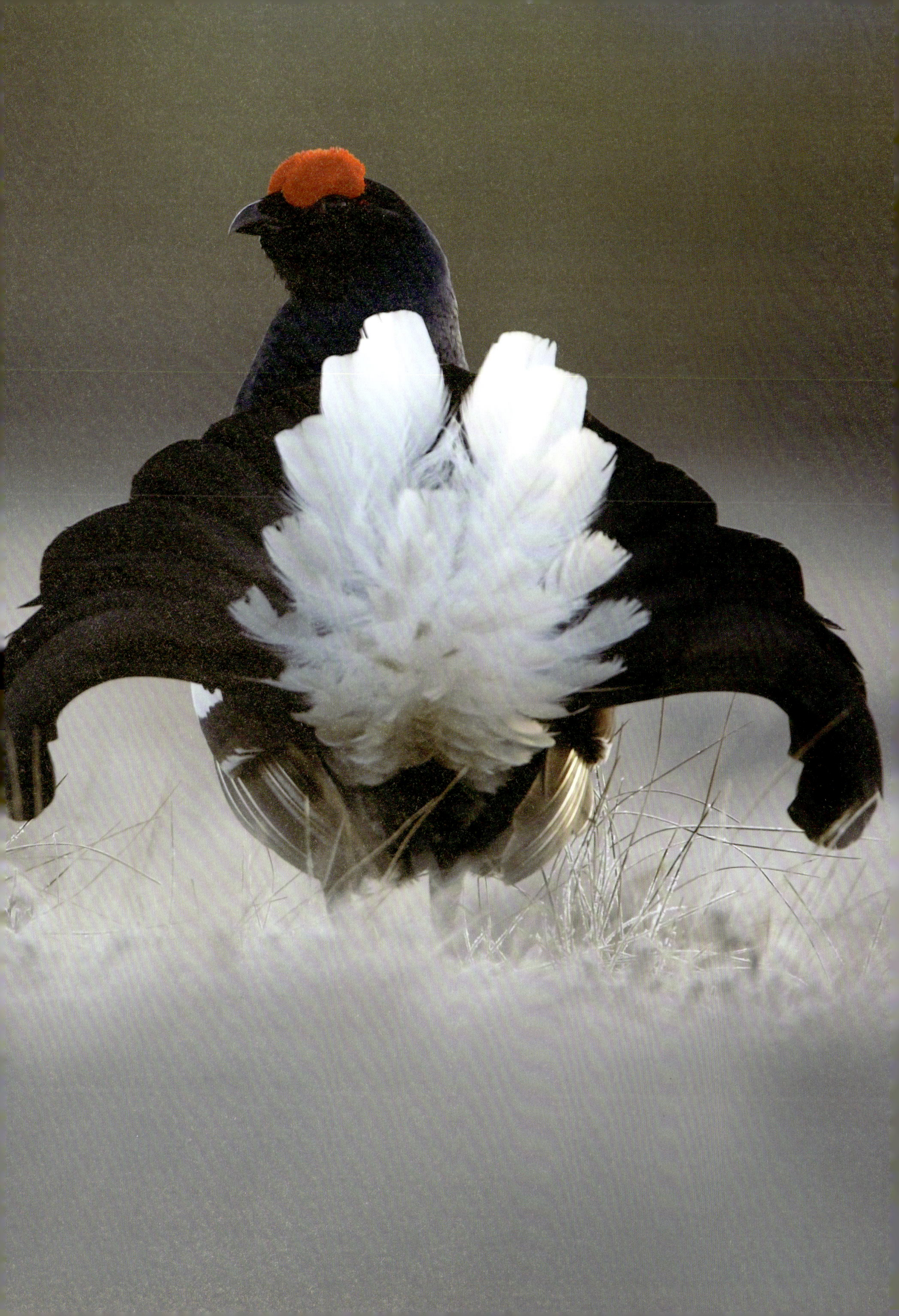

鵪鶉 QUAIL

雉科 *Phasianidae*

就跟雉科家族的其他成員一樣，普通鵪鶉（*Coturnix coturnix*，右圖）最廣為人知的莫過於牠那鮮美的肉質，小巧且帶有斑點的鵪鶉蛋在全球許多地方都被視為珍饈佳餚。這種候鳥在古埃及就被當作食物。在許多古王國以及中王國時期的陵墓畫作中，可以看到鵪鶉在田野間捕食昆蟲、找尋種子，或是落入人們的網子之中。在一個用來提供逝者食物的碗裡，便刻有一封距今四千年的「致亡者之書」（letter to the dead），名叫賽比斯（Shepsi）的埃及人提醒他的母親：「身為您的兒子，我曾為您奉上七隻鵪鶉作為食物。」

鵪鶉會在秋季飛越地中海，抵達中東地區時往往已經筋疲力竭，成為易於捕捉的獵物。根據《舊約》記載，曾有兩次大批遷徙中的鵪鶉降落在沙漠中短暫歇息，結果成為正在出埃及途中的以色列人得以飽餐一頓的食物來源。

古羅馬作家老普林尼在其著作《自然史》（*Natural History*）中提出警告，遷徙的鵪鶉數量龐大，甚至可能對船隻構成威脅：「……牠們常在夜間棲息於船帆之上，使船隻下沉。」雖然這種說法略顯誇張，但當時的鵪鶉群數量很可能遠勝於今日。

普通鵪鶉體型豐滿、色澤棕黃，並且擁有一對比一般獵鳥還要大的翅膀；但是牠們很容易疲累，遷徙的時候還要分段進行。一則民間故事描述鵪鶉群曾經希望選出一位領袖，帶領牠們完成遷徙之旅，結果最終找上了長腳秧雞，因此，長腳秧雞在法國有「Roi des cailles」或「Roi caille」的俗稱，意指「鵪鶉之王」。

性能力與生育力

在古希臘的文獻中，除了討論普通鵪鶉的遷徙狀況，還會聚焦在牠的其他特性上。一則神話就提到，為了讓懷孕的情人——女神勒托（Leto）躲避正宮赫拉的怒火，宙斯將她變成了一隻鵪鶉；這麼做也可能是為了讓她如鵪鶉產卵般輕鬆生下雙胞胎阿提米絲

左圖 西元三世紀或四世紀的科普特（Coptic）埃及紡織品，繡有鵪鶉的圖案。

與阿波羅。雌鵪鶉往往與生育力息息相關,因為牠能產下大量的鳥蛋,有時候兩隻母鵪鶉就可以產出至少十八顆蛋。而雄鵪鶉則是出了名的多妻者,亞里斯多德在《動物志》中就特別提及牠「強烈的性慾望」。

　　這種羞怯的地面鳥因其響亮、清脆如滴水般的「whit-whit-whit」叫聲,有時也被暱稱為「Wet-my-lips」(潤我唇)。鵪鶉平時隱匿於濃密草叢中,如果受到驚嚇,就會在低空一陣亂飛,因此暴力一詞似乎與牠的形象格格不入。然而,儘管性情內向,鵪鶉在歷史上曾是勇氣的象徵。就跟公雞一樣,雄鵪鶉在古希臘、古羅馬以及中國曾被用於鬥鵪鶉比賽;在阿富汗跟巴基斯坦等地,至今仍有鬥鵪鶉的傳統。

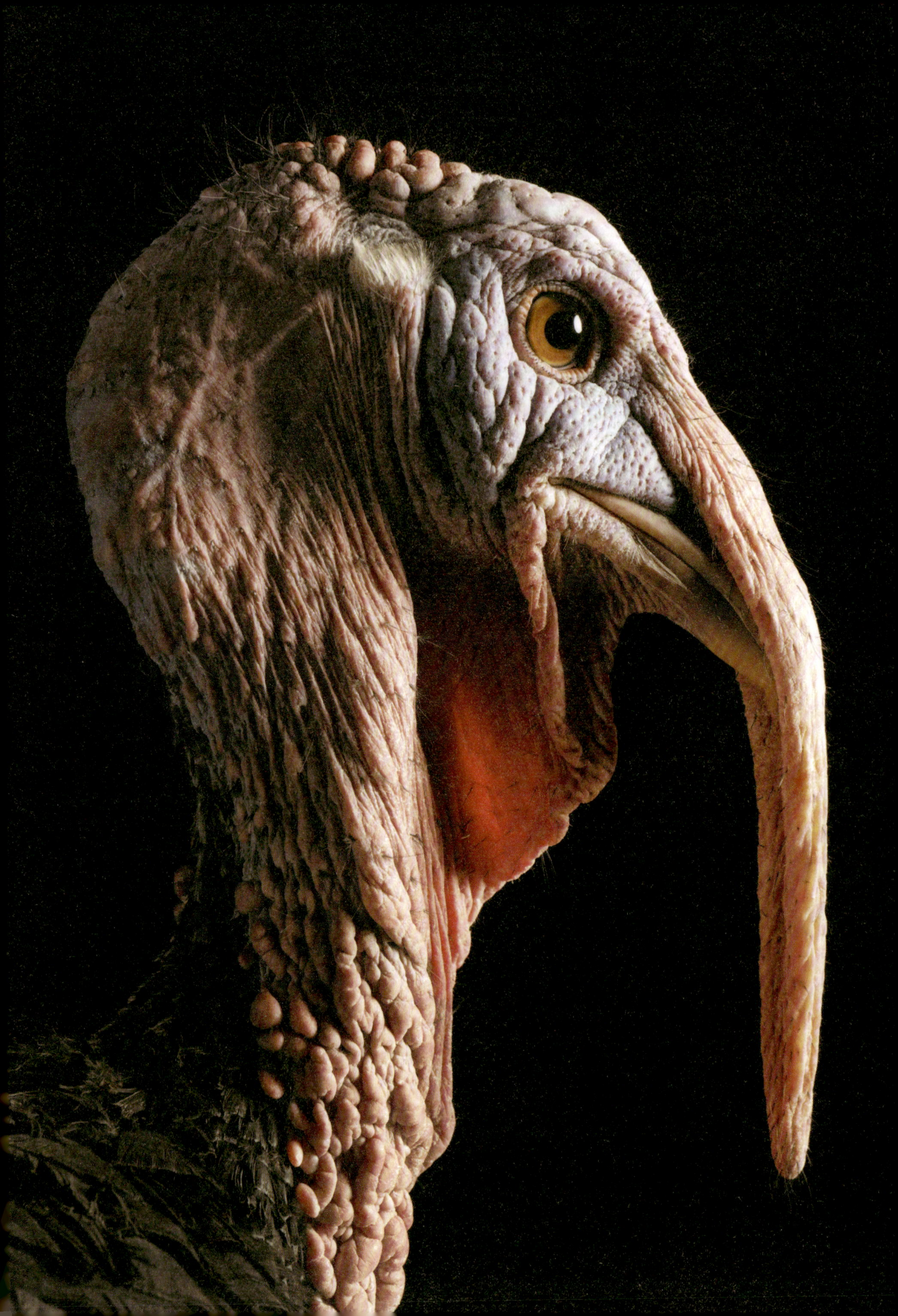

火雞 TURKEY

雉科 *Phasianidae*

提到火雞，就會聯想到各式節慶。尤其是在美國的感恩節晚餐上，火雞幾乎是不可或缺的一道主菜。這個傳統可以追溯到 1621 年，當時麻薩諸塞（Massachusetts）殖民地的居民打獵野禽，開心慶祝他們的第一個豐收。而在英國，火雞從十九世紀開始就成為聖誕餐桌上的「標配」。

野生火雞（*Meleagris gallopavo*）體型較為高瘦，是目前人類豢養的火雞的祖先，而且飛行速度非常快，在美洲原住民文化中具有特殊意義。在阿帕契族（Apache）的神話中，火雞代表智慧和仁慈，還跟玉米和農耕密切相關。有不少傳說都在解釋火雞為什麼長得這麼特別。例如，契羅基族的記載指出，雄火雞脖子上那塊鬆垮的紅皮膚其實是偷來的，那原本是北美泥龜的頭皮。隨著火雞年紀增長，那塊皮會越來越大，打架的時候還會變成鮮紅色。南美洲的神話則說，創世神瑪古奈瑪（Makunaima）的兒子錫古（Sigu）摩擦木棒起火，火雞誤以為那團火是螢火蟲，一口吞下，結果脖子就變紅了。

在普埃布洛族的故事裡，遠古時期一場大洪水產生泡沫，將火雞的尾羽染上顏色；這故事可能是根據當地的一個物種——帶有白色覆羽的普通火雞（*Meleagris gallopavo merriami*）。霍皮族（Hopi）的神話更近一步解釋為什麼火雞頭上無毛：世界第一次迎來黎明時，火雞想把太陽舉得更高一點，結果沒成功，反而把自己的頭燒禿了，所以才變成現在這副模樣。

光鮮毛羽

雖然火雞的頭光禿禿的，身上卻覆蓋著絢麗的彩色羽毛。在美國與墨西哥境內，各種火雞物種的毛色各異，包含銅棕色、綠金色以及藍綠色等，尤其是在雄火雞或稱「公火雞」（tom）身上的毛色，比體型較小的「母火雞」（hen）還更加鮮明。人們最早馴化火雞是為了牠的羽毛，而非火雞肉；這可以追溯到西元前 800 年的墨西哥，大概六百年後，美國西南部的人也開始圈養火雞，這也是哥倫布來到新大陸之前，人類唯一飼養的美洲鳥類。牠們的羽毛常用在宗教儀式中，像是綁在祈禱棒上（如上圖），還會做成披風或毛毯。

現在我們常看到的那種胖胖、不太會飛的火雞（如左圖），常常會被拿來比喻講話模糊不清或是有點傻傻的樣子。不過其實在歷史上，火雞的形象是蠻正面的。1784 年，班傑明·富蘭克林（Benjamin Franklin）就說火雞比白頭海鵰（*Haliaeetus leucocephalus*）「更值得尊敬」，因為他覺得白頭海鵰「品行惡劣」。根據他的說法，火雞「是一種勇敢的鳥類，若有身著戎裝的英國衛兵膽敢闖入牠的農場，牠會毫不猶豫地發起攻擊。」

紅鶴 FLAMINGO

紅鶴科 *Phoenicopteridae*

紅鶴在熱帶的炎炎高溫下涉水穿過湖泊與潟湖，緋粉色羽毛在陽光下熠熠生輝，不難理解為何紅鶴在傳說中與太陽以及火焰連結在一起。古世界的紅鶴，特別是分布廣泛的大紅鶴（*Phoenicopterus roseus*），出現在南歐、南亞以及非洲等地，很可能是古埃及神話中象徵太陽與重生的貝努鳥的靈感來源。紅鶴的聖書體文字除了代表這種鳥之外，還有「紅色」的意思。

古希臘人也根據其毛色為這種鳥命名。學名「*Phoenicopterus*」源自古希臘文「紫紅色」與「翅膀」（pteron）兩字的結合；這個名字不禁讓人聯想到與之相關的「不死鳥」（Phoenix）。「Flamingo」（紅鶴）有兩種可能的詞源。第一種來自西班牙文中的「flamenco」，這個字在現代除了指紅鶴外，也是一種熱情洋溢的舞蹈；似乎是在讚美紅鶴在求偶季節所呈現的壯觀場面，成千上萬的紅鶴聚集在一起，飛行、跑跳、伸長牠們細長的脖子，並揮舞著翅膀，但這種解釋有些牽強。另一種更為可能的來源是拉丁文的「flamma」（火焰），與不死鳥從灰燼中浴火重生的傳說相得益彰。紅鶴常在高溫的鹽地上築巢，周圍熱氣騰騰，看起來就像是在一團火焰中孵蛋，非常符合那種「從火中誕生」的感覺。

為什麼牠們是粉紅色？

這種優雅的鳥站立時常挺直身軀，偏好以一條細長的腿站立，看起來就像踩著高蹺；牠身上的顏色主要來自平常食用的富含 β-胡蘿蔔素的藻類，同時還會吃小魚、昆蟲以及甲殼類生物等。紅鶴會彎曲脖子潛入水中尋找食物，其蹼狀的腳會在泥沙中攪動，以幫助牠尋找食物；同時，牠還會翻轉複雜且彎曲的鳥喙，用來過濾和篩選水面的藻類。由於牠食物中的類胡蘿蔔素在各大洲中有所差異，因此加勒比海地區以及南美洲的紅鶴毛色會比非洲的更為鮮豔。

紅鶴家族有六個物種，其中四種生活在美洲。祕魯古莫切人（Moche）在精美的陶器上描繪紅鶴，很有可能是安地斯紅鶴（*Phoenicopterus andinus*）。在前哥倫布時期的墨西哥，阿茲特克人在慶祝狩獵季節的克喬利（Quecholli）節中，會用神聖的克喬利鳥的鮮紅羽毛裝飾箭矢和標槍，這種鳥很可能就是美洲紅鶴（*Phoenicopterus ruber*），如右圖。

右圖 約翰・詹姆斯・奧杜邦在《美國鳥類》（*Birds of America* 1826~1838 年）中描繪美洲紅鶴。

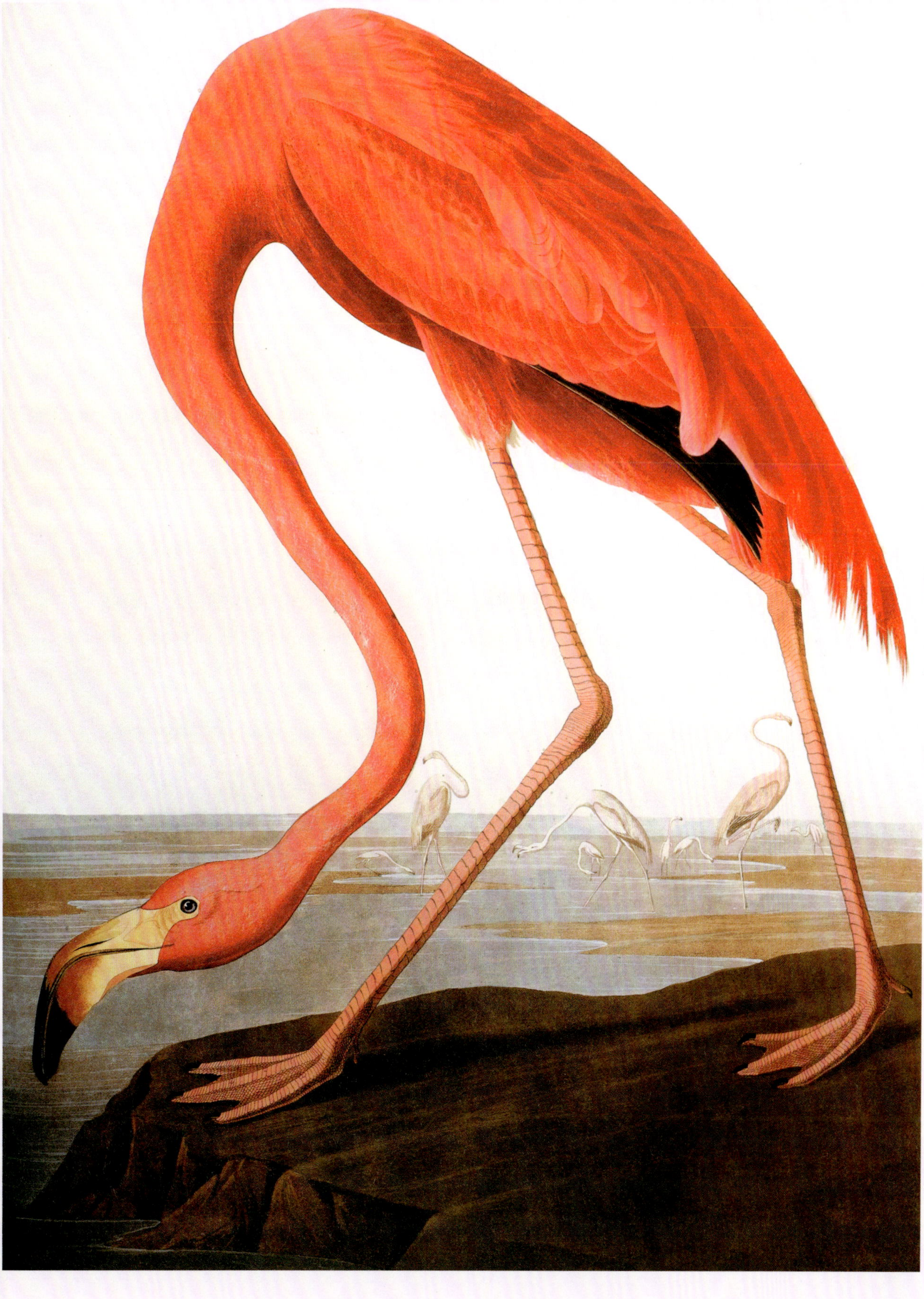

啄木鳥 WOODPECKER

啄木鳥科 *Picidae*

繁殖季節開始後，大部分啄木鳥會在樹幹、原木以及電線桿等能夠產出共鳴的物體上迅速敲擊。這種「敲擊」的行為，其實就像其他鳥類唱歌一樣，是在宣示領土、吸引伴侶。啄木鳥在敲打的時候，其堅固的鳥喙每秒可以敲擊多達十五次；由於頭骨設計得當，能夠吸收撞擊，所以這樣敲打並不會傷及腦部。除了敲擊之外，牠也會用鳥喙挖洞築巢，還有掘開樹皮，把躲在裡頭的甲蟲幼蟲或其他美味小蟲挖出來吃。

難怪古代人會把啄木鳥的啄擊聲聯想到雷聲、把牠啄出的洞比喻成閃電劃過。在北歐神話中，啄木鳥是索爾（Thor）在人間的化身，索爾不僅是雷電之神，還是發明第一把鋤頭（pick）或挖掘工具的原始工具製造者。正因為如此，有人認為英文姓氏中的「Pike」以及「Pickett」跟啄木鳥有關。

不可思議的力量

在古羅馬，啄木鳥是受保護的神聖鳥類，還跟羅馬城的建立有關。根據古希臘歷史學家普魯塔克的記載，羅穆盧斯（Romulus）與瑞摩斯（Remus）是羅馬的建城者，他們還是嬰孩的時候就被遺棄，當時一隻啄木鳥來到他們身邊，並且不停地帶食物給他們。

這種鳥也是戰神瑪爾斯（Mars）的神聖之鳥，所以黑啄木鳥（*Dryocopus martius*）的學名與戰神有關，如右圖。普魯塔克在《道德論集》（*Moralia*）中寫道：「啄木鳥是充滿勇氣、活力滿滿的鳥，擁有強健的鳥喙，能夠不停地啄擊橡樹，直到穿透其樹心、將整棵樹推倒。」

啄木鳥強大的嘴喙也讓人類賦予其各種傳說，其中一個說法是這種鳥會從神奇的花木中取得力量，而這種植物只會在仲夏之夜的午夜時分開花——這裡可能是指「續隨子」（*Euphorbia lathyris*），這種植物對人類有毒，但還是曾被用於民俗療法中。

在古希臘，人們相信啄木鳥與宙斯有關，並認為牠是幸運之兆；而在古羅馬，只有啄木鳥出現在身體的右側的時候，才會是一種好兆頭。對於義大利人來說，啄木鳥的

雨水之鳥

啄木鳥的德文是「Giessvogel」，意思是「傾盆大雨之鳥」；法文裡也有像「oiseau de pluie」（雨鳥）或「pleupleu」（雨雨）等叫法，都跟天氣有關。這些名稱其實出自一則創世神話。據說有隻不聽話的啄木鳥拒絕服從上帝的命令，不肯去挖溝渠、開河道來創造世界上最初的湖泊與河流，牠甚至發出特有的笑聲，嘲笑其他辛勤工作的鳥兒。結果上帝懲罰牠，讓牠只能靠雨水解渴；這也是啄木鳥為何總在呼喚雨水的原因。

敲擊聲是不祥之兆，特別是這種敲擊聲如果來自左側（靠近心臟的那一側），就可能是死亡的預兆。在某些文化中，啄木鳥的叫聲也可能不太吉利，如同德國俗諺所說：「啄木鳥叫喊時，魔鬼就在不遠處」。

昆蟲與橡果

啄木鳥會從樹洞中的小水坑引水解渴，但牠主要透過食用多汁的昆蟲來獲取身體所需的水分，有時還會吃種子、果實和樹液等。例如，歐亞綠啄木鳥（*Picus viridis*）特別愛吃螞蟻，常常在地面上覓食；其他種類則專於剝去枯木上的樹皮，用其又長又黏的舌頭把藏在裡面的昆蟲抓出來吃。

關於啄木鳥吃昆蟲這件事，羅馬尼亞還有一則很奇特的民間故事。有一天，耶穌和聖彼得一起散步，結果被一堆昆蟲煩得不得了，於是把昆蟲全裝進一個袋子裡。後來，他們遇到一位老太太，穿著黑衣、戴著紅帽，就把袋子交給她，交代她一定要把袋子緊緊關好，然後扔進海裡。不過老太太因為太好奇，還是打開了袋子，結果那些昆蟲全都飛了出來。作為懲罰，她被變成了一隻黑啄木鳥，得一輩子負責把那些昆蟲一隻隻抓回來。

在美國加州沿岸、西南部以及中美洲地區，有一種非常特別的啄木鳥叫橡樹啄木鳥（*Melanerpes formicivorus*），主要以橡實為食，還會把大量橡實藏在枯木、電線桿、柵欄或木造建築裡。這

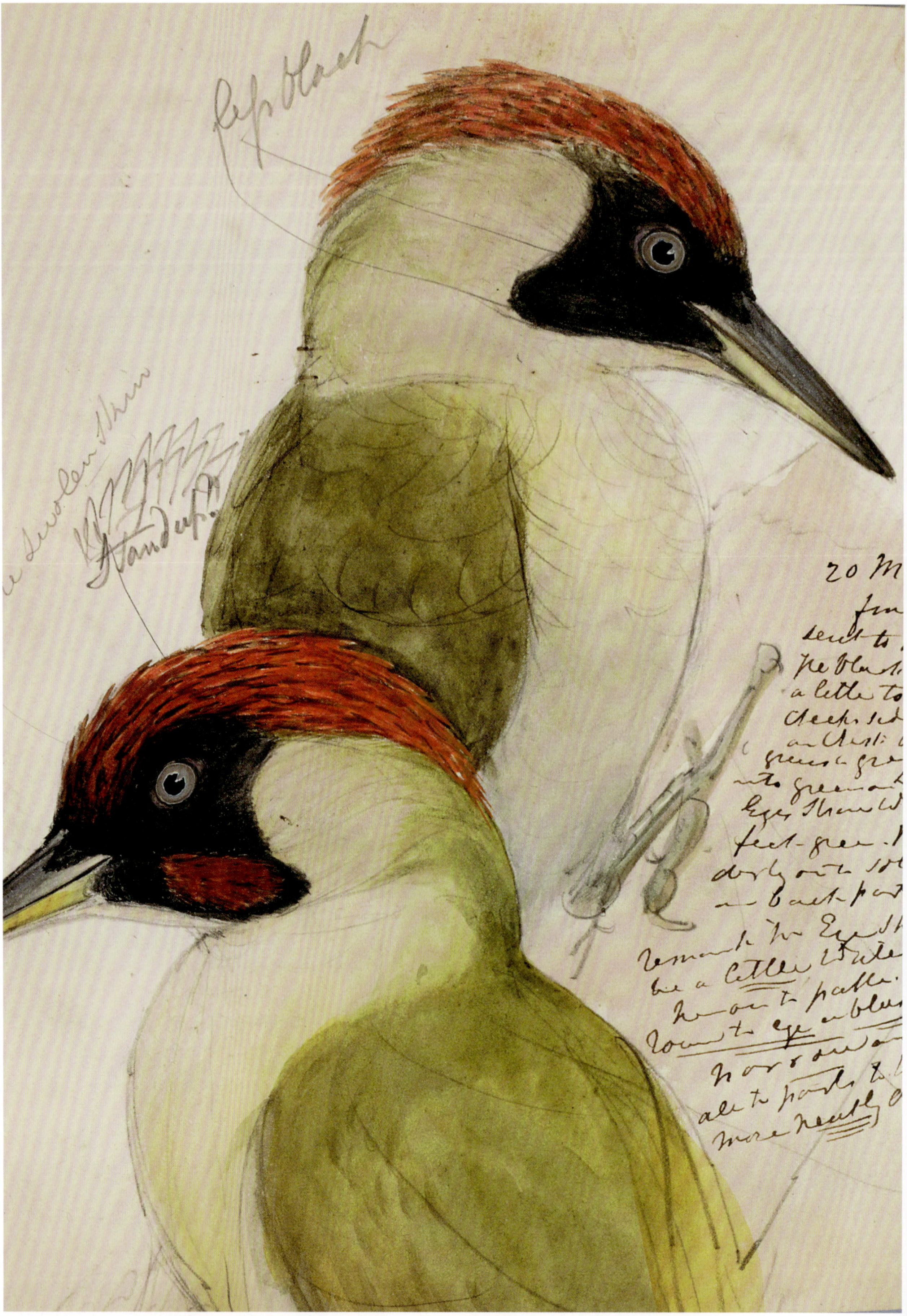

些鳥很有團隊精神，不只一起照顧幼雛，還會分工合作鑽孔、搬運橡實，等橡實乾了縮小再重新調整位置，甚至還會輪班看守，防止掠食者來偷。對於生活在加州的波莫人（Pomo）來說，這種又吵又忙碌的行為還有另一層意義：是濕冷冬季即將到來的徵兆。

紅頭

　　橡樹啄木鳥和其他來自新舊世界（譯按：舊世界與新世界的分水嶺在於「哥倫布大交換」，亦即舊大陸與新大陸之間開始產生聯繫，引發各種生態上的巨大轉變。）的物種具有相似的顏色，有著不同程度的紅色、黑色以及白色羽毛，同時還有金色和棕色等其他色調。在英國的三種啄木鳥中，雄小斑啄木鳥（*Dendrocopos minor*）以及所有的歐亞綠啄木鳥（如左圖），都有紅色的頭頂；而雄大斑啄木鳥（*Dendrocopos major*）則是在後頸處有一小塊紅色，且不論性別，腹部都有紅色的羽毛。

　　北美的紅頭啄木鳥（*Melanerpes erythrocephalus*）如同其名稱所示，頭和頸部整個是紅的，非常顯眼。對許多美洲原住民部落而言，這些紅色鳥羽代表著勇氣，常被拿來裝飾神聖菸斗。然而，根據美國路易斯安那州奇蒂瑪查部落（Chitimacha）的傳說，這種鳥的尾巴之所以是黑色的原因在於，牠們在大洪水期間為了避免淹死，所以緊抓著天空不放，結果尾巴沾到了髒水才變黑。

　　阿爾岡昆族（Algonquin）的傳說進一步解釋為什麼啄木鳥的頭會是紅的。有一次，惡作劇之神瑪納博佐與邪靈戰鬥，但射出的箭矢卻完全沒有效果。當他只剩下三支箭矢時，一隻啄木鳥飛到他身邊，跟他說邪靈的弱點是頭頂那一搓毛。瑪納博佐照做並成功殺死邪靈，為了表達感謝之意，他將邪靈頭皮上的血塗抹在啄木鳥的頭上，從此啄木鳥就有了紅色的頭毛。

　　在朗費羅（Longfellow）的《海瓦薩和珍珠羽毛》（*Hiawatha and the Pearl-Feather*）中，也有相似的故事，只不過主角換成英雄海瓦薩（Hiawatha）和名為瑪麻（Mama）的小鳥——頂著一頭帥氣紅冠的北美黑啄木鳥（*Hylatomus pileatus*）。故事提到：

為感念其奉獻，鮮血染紅羽冠，嵌在瑪麻小小的頭上；
迄今仍佩戴，緋紅羽毛閃爍，是牠英勇的象徵。

左圖　伊麗莎白・古爾德（Elizabeth Gould）繪製的彩繪插圖，展示一對歐亞綠啄木鳥；一旁附有她的丈夫約翰・古爾德親筆書寫的手稿筆記，內容關於他們共同完成的五卷本《歐洲鳥類》（*The Birds of Europe*，1832~1837 年）。

天氣預報家

在沒有科學天氣預報系統前，人們常透過鳥類的行為來預測天氣。對於農夫、漁民和水手來說，這類預測不只是關乎生計，有時還攸關性命。因此，各地流傳了上百種與鳥類有關的「天氣徵兆」，有些甚至還真的蠻準的。

鳥叫聲是鳥兒彼此溝通的方式，但這些啼聲長久以來也作為人類預測天氣的判斷依據。例如，孔雀會在下雨前提高鳴叫聲；公雞也會在傍晚發出類似的預警聲；澳洲的黑鳳頭鸚鵡（*Calyptorhynchus*）也是。在非洲，如果聽到紅臉地犀鳥（*Bucorvus leadbeateri*）的叫聲，就代表很快就會下雨。相反地，貓頭鷹則在天氣晴朗的夜晚叫得特別頻繁；蘇格蘭高地的牧羊人也認為灰山鶉（*Perdix perdix*）大聲啼叫，代表乾燥和霜凍的天氣。

「燕子飛得低就要下雨」這種說法，其實只對了一半。雖然不一定真的會下雨，但空氣濕度高的時候，昆蟲會飛得比較低，而燕子是為了吃昆蟲才飛低的。雖然海鷗在任何天氣狀況下都會到內陸尋找食物，但牠們的行為卻也確確實實地印證蘇格蘭老童謠的預報：「海鷗，海鷗沙灘坐；出現在內陸，天氣沒好過。」在海上，如果一群風暴海燕（storm-petrel）在船尾聚集，通常是暴風雨即將來臨的徵兆。

有趣的是，越來越多的科學研究也證明鳥真的能預測天氣。牠們的中耳裡有一個叫「維塔利器官」（Vitali organ）的感受器，可以偵測到非常細微的氣壓變化。這讓牠們對氣壓非常敏感，在下雨前會感到不舒服，這也是為什麼有些鳥會突然飛得比較低，這樣可以減輕不適。人們經常在燕子、老鷹以及蒼鷺身上觀察到這種情況。

> 海鷗，海鷗沙灘坐；
> 出現在內陸，天氣沒好過。

　　同時，禿鼻鴉如果在天空中快速翻飛、轉圈，通常預示著即將颳大風。在美國藍嶺山脈（Blue Ridge mountains）的冬季，鳥類能夠在暴風雪來臨之前感受到壓力的變化，並且互相爭奪地盤、盡可能地進食，此時通常是冠藍鴉（*Cyanocitta cristata*）占上風。

　　在美國田納西州，研究金翅蟲森鶯（*Vermivora chrysoptera*）的團隊發現，這種鳥類會在大雷雨來臨的前幾天就離開原先的繁殖地，南下飛往佛羅里達州，等暴風雨結束後再飛回原地，有些金翅蟲森鶯來回飛行距離至少超過1,500公里。牠們似乎能夠感受到即將來臨的暴風雨所產生的低頻聲音，並且作出相應的遷移行動。

　　季節交替時，人們也會觀察鳥的行為來推測氣候變化，但準確率參差不齊。像是老一輩常說的，如果禿鼻鴉在樹梢高處築巢，就代表接下來的夏天會十分晴朗；但這種說法並不可靠，因為禿鼻鴉通常每年都會回到原本的巢穴，並且修補舊巢。又比如芬蘭人說灰鶴（*Grus grus*）提早遷徙代表暴風雨將至，但這也可能是因為那年夏天食物特別充足，讓牠們提早就準備好出發。

　　有些鳥甚至因為其預測天氣的能力而得名。歐亞綠啄木鳥就是個例子，牠在英國普遍又稱作「雨水之鳥」，或是「yaffel」，這是一個古英文單字，意即「像笑一樣的叫聲」，這種鳥常在降雨前大聲鳴叫，就像在嘲笑太陽。紅喉潛鳥（*Gavia stellata*）又稱「雨鵝」，牠們似乎很喜歡潮濕的天氣，每當下雨前就會現身在水邊，發出嘎嘎的叫聲，好像在提醒大家：要下雨了。

鷸 SNIPE

鷸科 *Scolopacidae*

雖然很難把一隻矮胖、短尾又短腿的小鳥和「神射手」聯想在一起，但「狙擊手」（sniper）這個詞，確實是源自於打飛行中的鷸（snipe）這件事，因為要擊中牠們真的是一大挑戰。每當鷸鳥受到驚嚇時，會以又急又彎、左右閃避的路線高速逃竄，對獵人的射擊技術來說是超級大考驗。

不過，這種害羞的小鳥雖然擁有驚人的警覺力——牠的眼睛長在頭部高處而且偏後方，幾乎擁有360度的視野——但若有危險接近，牠通常會選擇蹲下躲藏，而不是立刻起飛逃跑。牠身上細緻的條紋、斑點和斑駁色彩，以棕色和奶油色為主，提供了超強的偽裝效果，讓牠能完美融入地面環境中。

鷸鳥還有一支又長又靈敏的喙，專門用來在柔軟的泥地裡探尋蚯蚓等獵物。全世界大約有二十五種鷸鳥，幾乎遍布全球各地。在歐亞地區，最常見的是田鷸（*Gallinago gallinago*，右圖）；而在北美，則是威爾森氏沙錐（*Gallinago delicata*）。在美國，「鷸鳥狩獵」（snipe hunt）這個詞意指一種惡作劇，即要求孩童或是容易受騙的人去完成一個根本不可能完成的任務。

奇異的叫聲

鷸鳥宣示領土時所發出的聲音並非透過聲帶，而是使用羽毛。這種被稱為「鼓音」（drumming）的聲音，是鷸鳥在飛行時，靠外尾羽震動發出的；這種奇異又不自然的聲音，有點像是用卡祖笛吹出的顫音。在瑞典，人們形容這種聲音像天馬的嘶鳴；而在美國阿拉斯加，努納慕特人（Nunamiut）則認為這聽起來像遠處海象的呼氣聲。新英格蘭地區的漁民則相信，這是鯛魚在春天逆流而上，到上溯河流產卵時唱的歌。

日本阿伊努人相信大地鷸（*Gallinago hardwickii*，一種喙特別長的物種）具有神奇功效，能治療耳痛跟耳聾。據說，患者只要拿鷸鳥的頭骨，用牠的喙輕輕探入耳道就能治療。另一個相對安全的方法則是使用大地鷸的脂肪，不僅可以治療耳朵病痛，還可以塗抹在眼睛上緩解雙眼不適。在美洲原住民的傳說中，鷸鳥通常跟水有關，並且認為牠們所發出的鼓音代表即將到來的雨水。這種鳥類的形象大多會跟其他物種一起出現，像是負責管理地底水道的長角水蛇，以及幫助作物生長的其他靈體等。美國新墨西哥州科奇蒂族（Cochiti）還有一則有趣的童話，講述鷸鳥和蟾蜍玩躲貓貓的故事：鷸鳥躲在泥巴裡，卻忘了把自己長長的喙藏好，結果被蟾蜍輕鬆找到，輸了比賽。

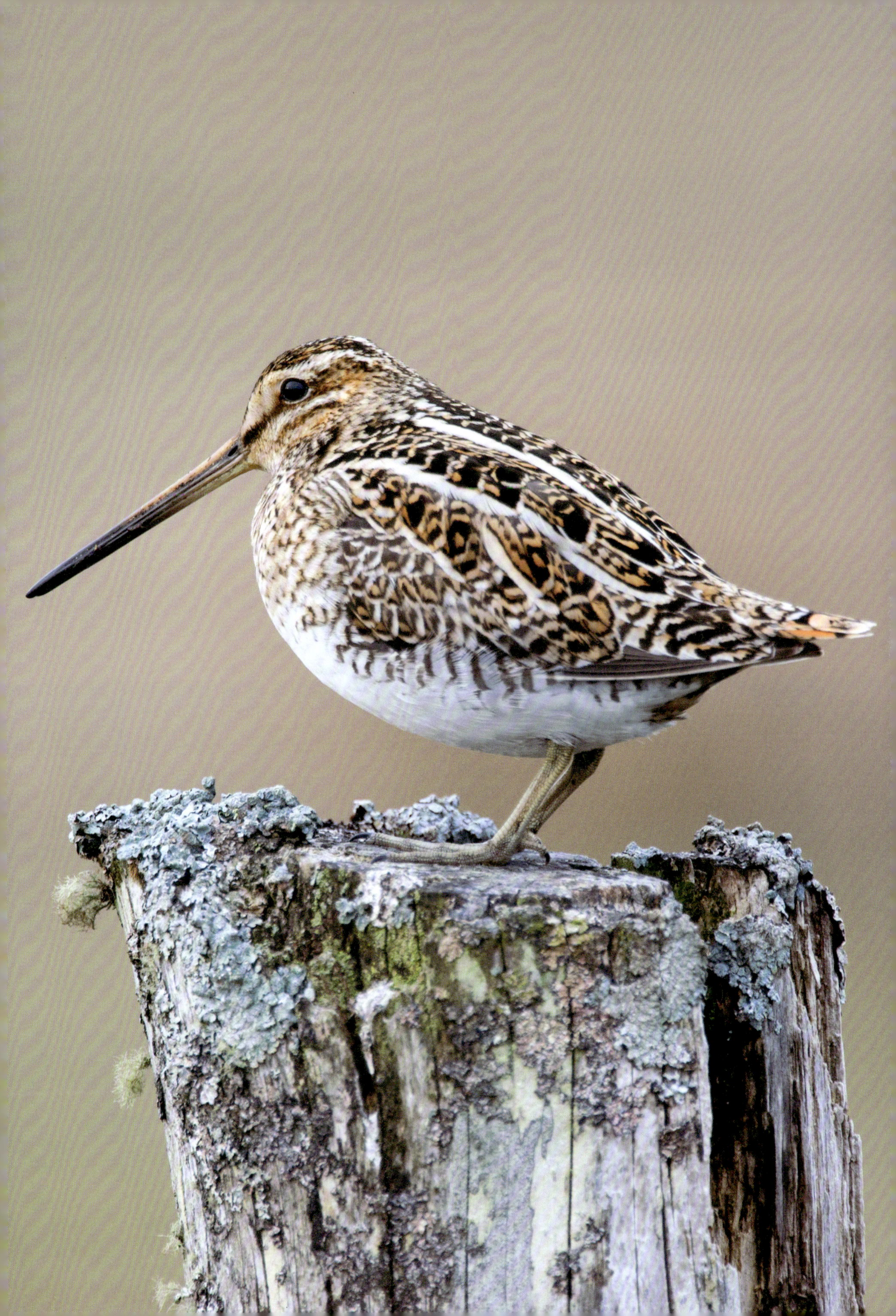

椋鳥 STARLING

椋鳥科 *Sturnidae*

只要有人類，就會有椋鳥。牠們成群結隊、喧鬧好鬥，常常出沒在街道上或農田中覓食，並且會在屋頂和牆壁的裂縫及凹槽中孵化一窩又一窩嘈雜的幼雛。椋鳥並非都待在城市裡，在這個約一百個物種的家族中，有些棲息在熱帶雨林，有些則住在開闊的大草原；以能夠模仿人類語言聞名的八哥也屬於這個家族。然而，幾乎所有的椋鳥物種都是群居鳥類，而且非常吵鬧，其中最廣為人知的就是歐洲椋鳥（*Sturnus vulgaris*，上圖），這種鳥原生於歐亞地區，後來也被引進北美洲、澳洲、南非等地。

莫札特的「繆思」與公主的信使

模仿能力在椋鳥科中並不稀奇，不是只有八哥有這個技能。如果從小開始人工飼養歐洲椋鳥，並提供訓練，牠也能夠精準地模仿人聲以及其他聲音。這

種能力再加上椋鳥友善的性格與聰明的腦袋，使牠們在這幾十年間成為相當受歡迎的寵物鳥。莫札特就曾養過椋鳥。當時，他聽到這隻鳥唱出一段旋律，與他剛創作完成的《G大調第十七鋼琴協奏曲，K.453》中的某段極為相似，所以當下就決定買回家飼養。後來，莫札特在寵物椋鳥於三歲早逝後，寫下了風格奇特的《一個音樂玩笑》（*A Musical Joke*），融入椋鳥典型歌聲中的多變形式。莫札特對這隻小鳥的離世非常悲痛，甚至還為牠舉行了隆重的葬禮，並在儀式上朗誦了一首深情的悼詩，哀悼這個「小傻瓜」的離去。

在英國威爾斯民間故事集《馬比諾吉昂》（*Mabinogion*）中，也有關於馴化椋鳥的故事。故事中，不列顛國王布蘭迪根（Bendigeidfran）的姊姊名叫布蘭雯（Branwen）；她嫁給愛爾蘭國王瑪索爾奇（Matholwch）後卻遭到虐待和使喚。於是她訓練自己的椋鳥傳遞求救訊息給布蘭迪根，不列顛國王收到訊息後，馬上帶領大軍穿過愛爾蘭海進行救援，最終三位主角都在戰爭中身亡。

戰鬥場

歐洲椋鳥常常發生小爭執，這是每天朝夕相處的必然結果。愛爾蘭的傳說就曾描述不同椋鳥幫派之間爆發激烈鬥爭，但實際上，比起內鬥，椋鳥更常選擇團結合作。椋鳥的大型群棲現象，數量可能超過數十萬隻。1930年，有報告指出一群椋鳥與禿鼻鴉因爭奪棲地而爆發衝突。安全的棲息地對於椋鳥來說至關重要，特別是那些能夠容納龐大鳥群的地方，值得牠們竭力守護。剛開始，椋鳥在與體型較大的禿鼻鴉鬥爭之中稍微占上風，但隨著禿鼻鴉的增援陸續到來，這場小鳥們英勇頑抗的戰鬥終究以撤退收場。

預示吉凶

家畜所在的田野對於歐洲椋鳥來說極具吸引力。這些草食動物攪動草地時會驚動躲藏在其中的小昆蟲，牠們的排泄物也會引來許多蒼蠅，而這些都是能夠讓椋鳥飽餐一頓的美食。愛爾蘭的民間傳說認為這是正常現象，並表示如果某一牛群的身邊沒有幾隻椋鳥，就代表牠們受到女巫的詛咒。如今，在英國與愛爾蘭，因為椋鳥的總體數量持續下降，所以這種沒有椋鳥相伴的牛羊群越發常見。椋鳥在愛爾蘭被視為神聖生物，或許是因為牠們喜歡在宗教建築中築巢，不過事實上，只要建築物內有合適的空隙，牠們便樂於棲息其中。

在日本阿伊努族的傳說中，椋鳥則呈現出矛盾的形象：如果牠們在河中飲水或沐浴，便被視為不祥之兆；但若在其他地方遇見，則是吉兆，象徵能在農作物需要時召喚雨水。這個想法來自一則故事，提到椋鳥在河水中清洗骯髒的羽毛，汙染了河水，因此激怒了神祇，禁止所有椋鳥靠近河流，只允許牠們飲用從青苔上滴落的水；當椋鳥找不到水滴時，便會呼喚雨水降下。

蝗蟲群中的玫瑰

跟歐洲椋鳥同一家族的還有漂亮的粉紅椋鳥（*Pastor roseus*），成鳥羽色呈黑色與粉紅色相間，並擁有一撮長而蓬鬆的頭冠。粉紅椋鳥遍布整個歐亞大陸，天生愛好游牧生活，會根據所食用的蝗蟲或其他昆蟲的數量以及分布，每年更換繁殖棲地。每當蝗蟲結隊爆發時，粉紅椋鳥也會跟著出現，讓自己飽餐一頓；然而，牠們有時也會成為農作物的「害蟲」，特別鍾愛葡萄樹。在土耳其，人們認為捕捉蝗蟲的粉紅椋鳥是神聖的鳥類，但若牠們轉而啃食葡萄藤，便成了邪惡之鳥。如今，中國許多農民為了減少化學農藥的使用，選擇透過椋鳥來控制蝗蟲問題，甚至在田間安裝巢箱，鼓勵這些鳥兒在他們的土地上繁衍生息。

美式堅持

某種程度上，北美如今擁有如此龐大且持續增加的歐洲椋鳥族群，得怪莎士比亞。美國馴化協會（American Acclimatization Society）致力於將特定的歐洲植物物種與動物種類引入北美，目的是「增加動植物界的外來種」，並認為這「可能派得上用場，或者可說是新奇有趣」。在他們所引進的動物中，就包含莎翁筆下所提到的所有鳥類物種。雖然大部分的引進計畫都以失敗告終，但歐洲椋鳥卻成功地在新大陸暴風式的成長。1890 年只有六十隻椋鳥，現在已經繁衍出至少一億五千萬隻，並且遍布在全美各州。這些椋鳥會跟當地特有種鳥類爭奪巢穴，並不受到當地人的歡迎；但椋鳥在美國民眾心中依然占有一席之地，甚至在部分源自美洲原住民神話的精神信仰中，成為所謂的「圖騰動物」。椋鳥圖騰象徵著溝通的重要性，並教導人們如何在群體中勇敢發聲，展現自我。

右圖 蘇格蘭的格雷特納（Gretna），數以千計的歐洲椋鳥聚集，形成一場壯觀的鳥群漫遊，牠們在天空中盤旋之後便降落到地面上休息。

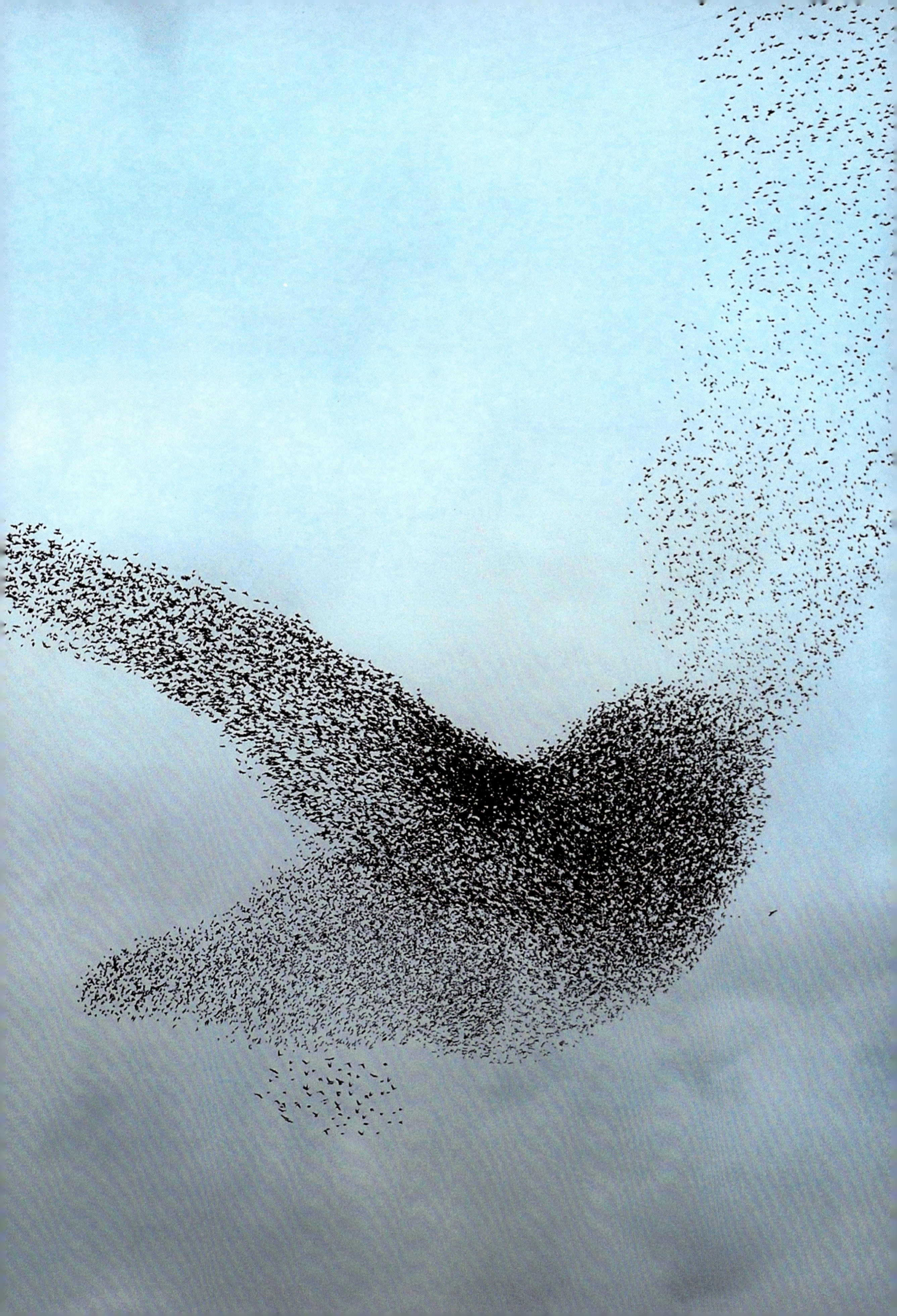

鰹鳥 GANNET

鰹鳥科 *Sulidae*

鰹鳥科包含「gannet」和「booby」兩類，其中「gannet」意指牠們驚人的食量；「booby」則表示出這種鳥類在面對飢腸轆轆的水手時，表現出來的漫不經心與缺乏戒心。不過，這兩個名稱都無法真正形容北方鰹鳥（*Morus bassanus*，右圖），牠們體型巨大、姿態優雅，身形如飛彈般流線，擅長從高空垂直俯衝入海捕食。全球超過一半的北方鰹鳥，都在英國的沿岸與周遭島嶼上的大型聚落繁殖。

大啖美食

「gannet」一詞源自盎格魯－撒克遜語中對鵝的稱呼「ganot」。北方鰹鳥至今仍然會有人稱作「索蘭鵝」（Solan Goose），其中「solan」來自古挪威語中表示鰹鳥的「sula」；雖說如此，鰹鳥的飛行姿態還是比鵝還要優雅許多。據說，北方鰹鳥的飛行技巧曾是萊特兄弟（Wright brothers）造飛機的靈感來源；由於牠們能夠在海上生存數個月之久，史詩《貝奧武夫》（*Beowulf*）中的丹麥國王赫羅斯加（Hrothgar）因此將大海稱作是「鰹鳥的浴池」。

雖然鰹鳥會一口吞下整條大魚，但食量並沒有比其他鳥類還大。用「gannet」形容某人很貪婪，可能與牠們的幼鳥有關，幼鳥除了吃之外幾乎什麼都不做，以積累足夠的脂肪應付必須要獨立生活的前幾個禮拜。等到牠們羽毛長齊，體重可能會比父母重50%。十九世紀時，英國對肥胖幼鳥的無節制獵捕導致鰹鳥數量大幅減少。雖然鰹鳥肉的滋味並非人人都能接受，但幼鳥豐富的皮下脂肪曾被廣泛應用於各種非食用途，像是治療痛風或當成車輪的潤滑油。如今，只有英國的蘇拉‧斯蓋爾（Sula Sgeir）小島可以小規模獵捕鰹鳥，英國其他地方則必須要保護這種鳥類。

跨海的戀人

法羅群島（Faroes）一則民間故事提到，鰹鳥是巨人托魯爾（Tórur）送給島民的禮物。島上巫師在戰鬥中擊敗了托魯爾，但選擇饒他一命，巨人便送上鰹鳥作為回報。雖然北方鰹鳥主要生活在大西洋，但牠們卻經常遊蕩到地中海區域，並出現在希臘神話中。例如，錫克斯（Ceyx）在海上喪生後，其妻子愛爾喜昂（Alcyone）悲痛欲絕；眾神起了憐憫之心，便將這對愛侶變成鳥兒，錫克斯變成鰹鳥，愛爾喜昂則化成翠鳥。然而，由於這兩種鳥的棲息地不同，這對夫婦只能在陽光明媚且風平浪靜的日子裡，才能夠在海邊相聚，因為翠鳥只有那個時候才會飛到岸邊。

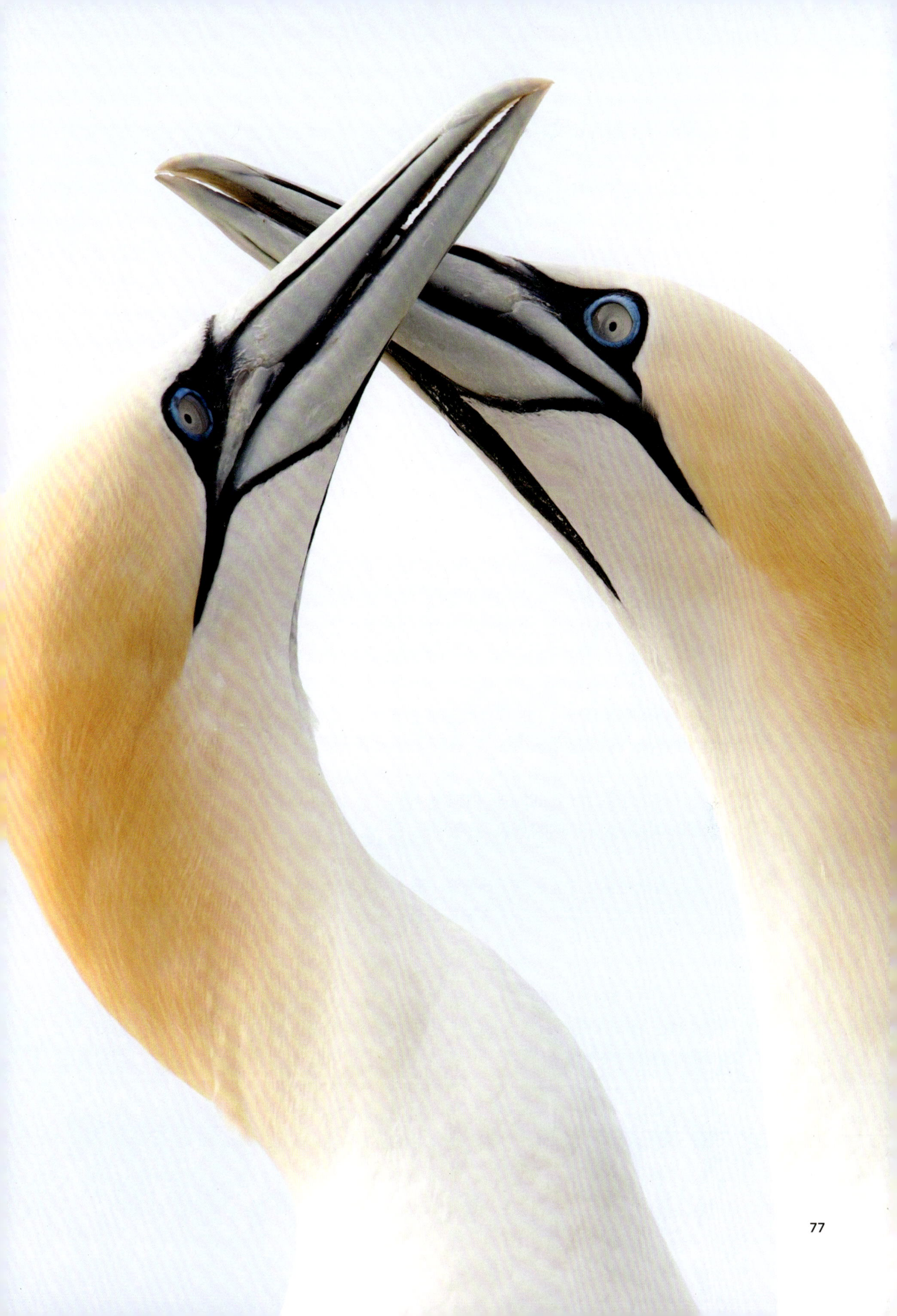

鶇 THRUSH

鶇科 *Turdidae*

鶇鳥以悅耳動聽的鳴唱聞名且廣受喜愛；這個體型略大的歌鳥家族中，也包含了其他色彩繽紛的成員，像是胸膛鮮紅的旅鶇（*Turdus migratorius*）以及亞洲的白斑紫嘯鶇（*Myophonus caeruleus*）。在英國，歐歌鶇（*Turdus philomelos*，右圖）以及槲鶇（*Turdus viscivorus*）都是胸部帶有斑點的褐色鳥類，並且常在地面捕食蚯蚓；這兩種鳥也經常出現在文學作品與地方傳說中，而且都扮演要角。

歐歌鶇是槲鶇的小表親，體型比較小，性格也較不強勢，過去曾被稱作「畫眉鳥」（mavis 或是 throstle）。牠的歌聲可能沒有槲鶇那麼響亮，但更柔和動人；事實上，牠的種小名「*philomelos*」來自希臘語，意思是「夜鶯」。根據愛爾蘭的傳說，歐歌鶇選擇在低矮的灌木叢中築巢，這樣才能更靠近喜歡牠們歌聲的仙子；如果人們發現歐歌鶇的巢穴位於高處，這就表示仙子生氣了，災難即將發生。歐歌鶇的歌聲還有一個顯著的特徵，那就是每個樂句至少會重複一次。羅伯特·勃朗寧在 1845 年的詩作《異國思鄉》（Home-Thoughts, from Abroad）中提到這一點，當中充滿對春天的讚美：

那是聰明的鶇鳥；牠每首歌都唱兩遍，
免得你以為牠無法捕捉到，那最初、最奔放的狂喜。

詩人丁尼生（Tennyson）在《鶇鳥》（The Throstle，1889 年）中，以更直接的方式表達了相同的意象：

夏天將至，夏天將至；我知道，我知道，我知道。
光又來了、葉又生了、生命又回來了，愛又出現了！
是的，荒野中的「小詩人」。

十九世紀初期，威廉·麥吉爾雷（William MacGillivray）在《鶇鳥之歌》（The Thrush's Song）中，嘗試了後來無數野外觀鳥指南作者常做的事情，用自己發明的文字表達鳥鳴聲和節奏。

奇，奇，坤，虧；（Qui, qui, queen, quip;）
踢烏盧，踢烏盧，奇匹威；（Tiurru, tiurru, chipiwi;）

上圖 出自英國鳥類學家亨利・伊利斯・德雷瑟（Henry Eeles Dresser）的《歐洲鳥類史》（*A History of the Birds of Europe*，1871~1896 年），描繪正在放聲歌唱的歐歌鶇。

突—踢，突—踢，晴—啾；（Too-tee, too-tee, chin-choo,）
奇里，奇里，秋依（Chirri, chirri, chooee）
請，奇，奇！（Quin, qui, qui!）

各種名稱與相關俗諺

  槲鶇（如上圖）是英國體型最大的鶇鳥，這種既大膽又英俊的鳥類擁有宏亮的歌聲，通常會在新年伊始開始放聲唱歌。即使在狂風驟雨中，當其他鳥類紛紛尋找掩蔽時，槲鶇仍堅持在露天場所高唱，也因此獲得「暴風公雞」（stormcock）這個暱稱。槲鶇還有許多其他的稱號，像是「尖叫鶇」（screech-thrush）或是「尖叫者」（shrite）等，靈感都來自於槲鶇在驅趕入侵者時，所發出的震耳尖鳴。而「冬青公雞」（hollin cock）和「冬青鶇」（holm thrush）等名稱則是因為牠們在冬天會拼命保衛冬青灌木，好獨自享用那裡的漿果。此外，槲鶇還喜歡槲寄生漿果（可以從牠的名字看出），並且會在樹枝上擦拭沾附在嘴喙上或尾羽上的黏稠種子，無意間協助槲寄生的繁衍。這個特有行為啟發了一則十九世紀的俗諺：

  鶇鳥弄髒了枝頭；替自己種下苦果。

  因為槲寄生是製作鳥膠的材料，是極為黏稠的物質，捕鳥者會將其塗抹在樹枝上，捕捉前來棲息的鳥類。其他還有一些更早期與捕捉或是食用鶇鳥有關的諺語，包括「買到手的鶇鳥，勝過欠著的火雞」（1732年）；以及「有耐心的人，只需一文錢就能吃到肥美的鶇鳥」（1639年）。

請給我新的腿！

海爾（CE Hare）的《鳥的傳說》（*Bird Lore*）一書中，記載了與歐歌鶇有關的奇怪信仰。人們曾經相信歐歌鶇約十歲時會脫去原本的雙腿，然後長出一對新腿。這種說法怎麼來的不得而知，而且儘管聽來離奇卻流傳廣泛，人們甚至特地創造出「變異」（mutation）一詞來形容一群鶇鳥。

偷歌賊

北美的鶇鳥雖外型與英國鶇鳥相似，血緣卻不太近；牠們通常體型較小，並且非常害羞。其中就包含黃褐森鶇（*Hylocichla mustelina*），學名中的「*mustelina*」是指「鼬鼠」或是「與鼬鼠相似」的意思，出自於牠主要在地面覓食的習性，並且像小型哺乳動物一樣，在落葉間悄然移動。黃褐森鶇擁有一副好歌喉，據說只要聽到牠的歌聲，就能夠帶來好運；而且如果是在日落時分聽到這曲悅耳的樂章，代表隔天會是晴朗的早晨。

許多原住民部落都有關於鳥類飛行比賽的傳說，在美洲原住民奧奈達（Oneida）部落的版本中，主角是黃褐森鶇。造物主決定要將最甜美的歌聲賞給飛得最高的鳥。老鷹自然而然地勝過其他參賽者，飛到最高處；然而，黃褐森鶇其實偷偷躲在老鷹的羽毛裡，並成功飛得比老鷹更高。老鷹對這個偷渡者毫不知情，當牠飛回地面等待領取獎賞時，鶇鳥早已飛到天空的裂縫之中，聽到全世界最美妙的樂曲，並將之據為己有。不過，其他鳥類對於黃褐森鶇的作弊行徑並不買帳；所以就算牠有著悅耳的歌聲，卻也因為羞愧，只能選擇隱居在林地之中。

聰明（但有點虛榮）的鶇鳥

在印度，有一則關於聰明鶇鳥的民間故事（故事中的鶇鳥可能是三十多個物種中的任何一種）。話說這隻鶇鳥原本收集了一大堆棉花準備築巢，不過牠突然靈機一動，想出了個更棒的主意。牠先找到一位梳理棉花的工匠，用一半的棉花當報酬，說服對方幫牠把棉花梳成棉球；接著，牠帶著棉球去找紡紗工，讓對方保留一半，另一半則是紡成棉線；再來，牠將棉線帶到織布工那裡，一樣的條件，讓對方保留一半，剩下的織成美麗的布料；最後，牠帶著布料來到裁縫師面前，讓他拿走一半，其餘的布製成一件襯衫、一套夾克以及一頂帽子。穿戴整齊後，這隻鶇鳥跑去拜訪國王，對著他唱歌，並且炫耀身上的精美服裝。但這回牠沒那麼幸運，國王不像其他人類那麼友善。他直接逮住鶇鳥，把牠剁碎、煮熟，吃了下去。但這隻鶇鳥竟然繼續在國王的肚子裡唱歌，一邊唱一邊大聲指控國王一點都不誠實，完全比不上平凡老百姓；最後，國王終於忍無可忍，拜託御醫剖開他的肚子，把鶇鳥拿出來。神奇的是，鶇鳥竟已在國王肚子裡恢復原狀，在肚子打開後便振翅飛離，重獲自由。

戴勝 HOOPOE

戴勝科 *Upupidae*

如果有一隻鳥，頭頂著醒目的莫霍克頭（mohawk，譯按：一種剃光兩側只留下中間部分毛髮的髮型），還揮舞著一只又長又彎、造型華麗的嘴喙，飛行的姿態就像是隻巨大的粉紅花斑蝴蝶，不論牠飛到何處，都會是全場的焦點。這就是戴勝（*Upupa epops*）。牠的分布十分廣泛，遍及歐亞以及非洲的大部分地區。同時，這種鳥也會出現在人類居住或工作的地方，包括農田、村落周遭和大型花園；所以，這種引人注目的鳥在世界各國的民間傳說中

上圖 法國博物學者夏爾・亨利・德薩林・多比尼（Charles Henry Dessalines d'Orbigny）主編的《自然史通用詞典》（*Dictionnaire universel d'histoire naturelle*，1841~1849 年出版）中的精美插圖，一隻戴勝正在展示其鮮豔的色彩。

占有一席之地，一點也不讓人意外。

　　戴勝跟其他色彩鮮艷、類似鳴禽的陸地鳥類有親屬關係，包含犀鳥（hornbill）以及華麗的林戴勝鳥（wood-hoopoes）；同時也是翠鳥以及佛法僧鳥（roller）的遠親。戴勝那又長又細、向下彎曲的鳥喙，顯然影響了瑞典生物學家卡爾・林奈（Carl Linnaeus）1758年在分類時的判斷，將戴勝和其他兩種截然不同的物種歸類在一起，一種是烏鴉──紅嘴山鴉（*Pyrrhocorax pyrrhocorax*）；另一種是高大的涉禽──隱鷿（*Geronticus eremita*）；這三種鳥類都有相似的獨特鳥喙形狀。戴勝會使用牠的嘴喙探尋並捕捉昆蟲，大多時候都在地面覓食；牠有時也會展示其寬大、黑白相間的翅膀，用獨特的搖晃飛行方式在各處飛來飛去。

武裝與危險

　　戴勝平時會將頭冠羽毛向後梳攏成一個尖角，但當牠受到驚嚇時，便會將羽毛完全張開，讓每一根羽毛獨立豎立起來。這樣的裝扮，再加上彎曲的鳥喙，會讓人聯想到古希臘戰士的頭盔和長劍。在奧維德（Ovid）的《變形記》（*Metamorphoses*）中，好戰的色雷斯國王鐵流士就被眾神變成一隻戴勝。這場變形是一連串可怕事件的結局。故事一開始，鐵流士先是強暴自己的小姨子菲洛美拉（Philomena），然後還割去她的舌頭；在另一個故事版本中，則是割去妻子普羅克妮的舌頭。這兩個女人為了報仇，殺死鐵流士的兒子，還把其屍身煮熟，在宴會上拿給鐵流士食用。最後，眾神終於看不下去，把這三個人都變成小鳥；普羅克妮以及菲洛美拉分別變成燕子和夜鶯，鐵流士則被變成了這樣的一隻鳥：

> 而他，充滿悲痛，亟欲尋求復仇；
> 最終成為一隻戴冠的鳥；
> 長喙如劍，奇特而鋒利；
> 一隻戴勝，每一寸都透著戰士的氣勢。

　　戴勝略帶哀愁的雙重鳴叫聲，成為牠的英文名字「Hoopoe」以及其他地區語言中名稱的靈感來源；在希臘神話中，這叫聲聽起來好像是在說「在哪裡？在哪裡？」，如同鐵流士還在四處尋找早已破碎離散的家人。

頑皮淘氣且令人作嘔

　　戴勝雖然外表美麗，但顯然不能取悅我們的所有感官；牠們孵化鳥蛋的時候，尾部基底的尾腺會分泌出一種油脂，散發出強烈的惡臭。雛鳥也具有相似

的特徵。這種味道能夠避免細菌滋生，還可以驅趕獵食者，包括人類。《申命記》（Deuteronomy）就將這種鳥類列為不潔淨的鳥種，禁止人類食用。在德國的民間傳說中，戴勝（如右圖）更是一種猥褻的鳥類，人們認為其頭上向後梳理的羽冠明顯是陽具象徵。

智慧與善良

在《古蘭經》中，戴勝因為沒有出席所羅門王（Solomon）召集的鳥類大會而差點被處死。戴勝趕到會場後，表示自己是為了搜集跟示巴（Sheba）女王還有其王國有關的資訊才遲到。所羅門王聽完後，決定赦免戴勝，並派遣牠當使者，將訊息帶往示巴王國。波斯的民間傳說普遍將戴勝塑造成備受尊重的形象；在十二世紀的史詩《百鳥朝鳳》（*The Conference of the Birds*）中，戴勝是所有鳥類中最聰明的，並在故事中帶領三十隻鳥踏上旅程，尋找上帝的本質。在古希臘作家阿里斯托芬的劇作《鳥》當中，戴勝以伊波普斯（Epops）這個角色登場，也就是奧維德《變形記》中從鐵流士變形而來的角色。起初，這只是一個插科打諢的人物，但最終他成為創建奇幻鳥城「雲中杜鵑之地」（Cloud-cuckoo land）的關鍵推手。

在古埃及，戴勝的形象被用作聖書體象形文字，與「感恩」這個美德相關聯。此一觀念可能跟牠們具有合作哺育的特性有關，比較早孵化的幼鳥會幫助父母照料後來孵化出來的弟弟妹妹；這種幫忙照顧的行為就好似在回報父母的飼育之恩。典型的合作哺育行為在戴勝的遠房親屬林戴勝鳥中更為常見，也有人觀察到不相關的成年雄性戴勝會主動協助其他戴勝育雛。在南非，戴勝象徵忠實的朋友，牠們的鳴叫聲被認為預示將有一位忠誠可靠的訪客到來，並為家庭帶來繁榮。然而，戴勝在愛沙尼亞卻是不祥之鳥，代表戰爭、飢荒、各種死亡與破壞即將來臨。慶幸的是，戴勝在愛沙尼亞不常見。

戴勝的治癒能力

戴勝在傳統醫學領域中被廣泛作為藥材；西非的豪撒人（Hausa）至今仍然將其用來治病。在不同的文化中，戴勝身體的各個部位都有驚奇的用途。中世紀敘利亞的《醫藥書》（*Book of Medicines*）就記載，把戴勝的舌頭浸泡在玫瑰水中，再用水牛皮包裹隨身攜帶，可以防止被狗吠叫；用油浸泡過的戴勝頭骨則被當作除毛的工具；而將鹽醃過的戴勝心臟用獅皮包裹，據說可以幫助順利分娩。因此，戴勝在古阿拉伯語中有「醫生鳥」這個別名。

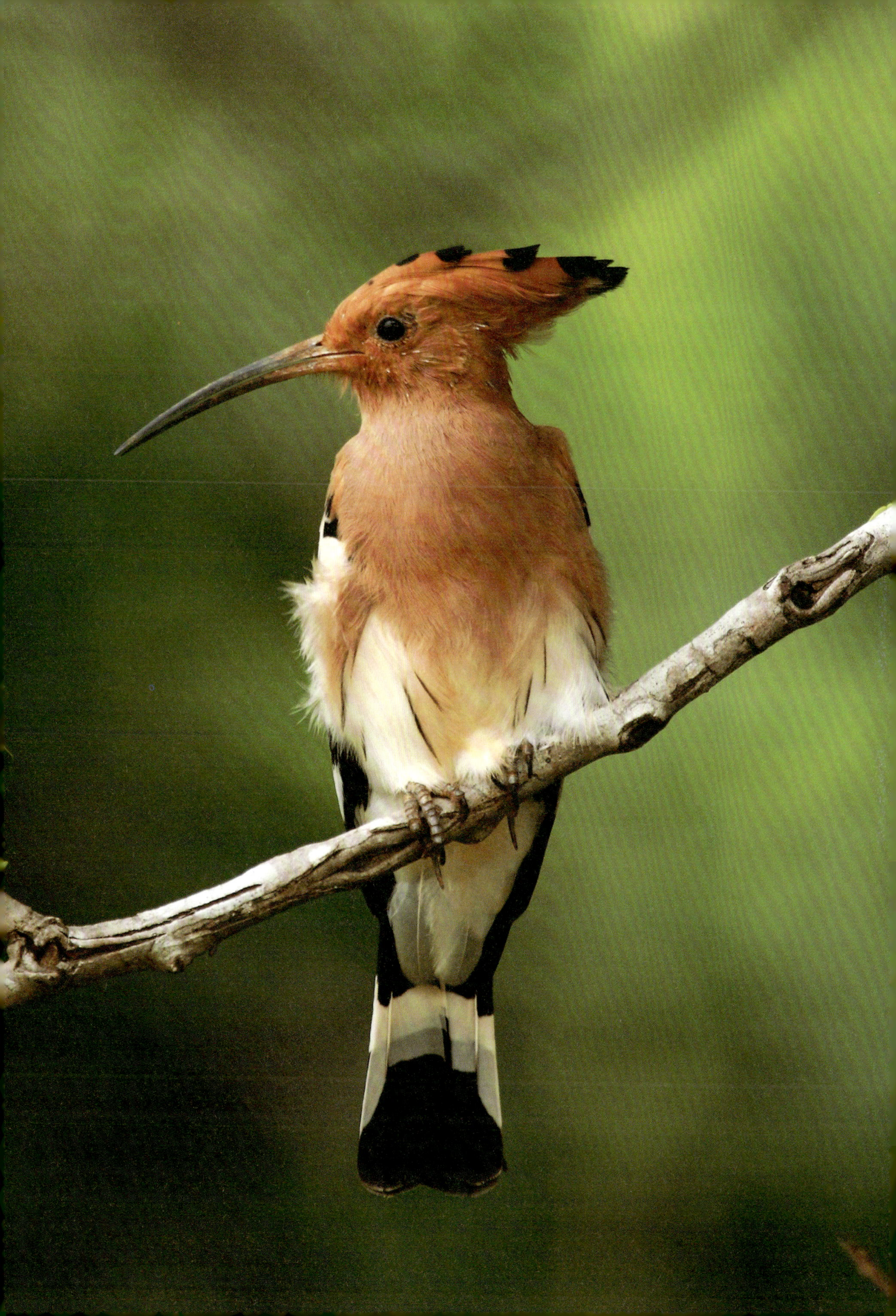

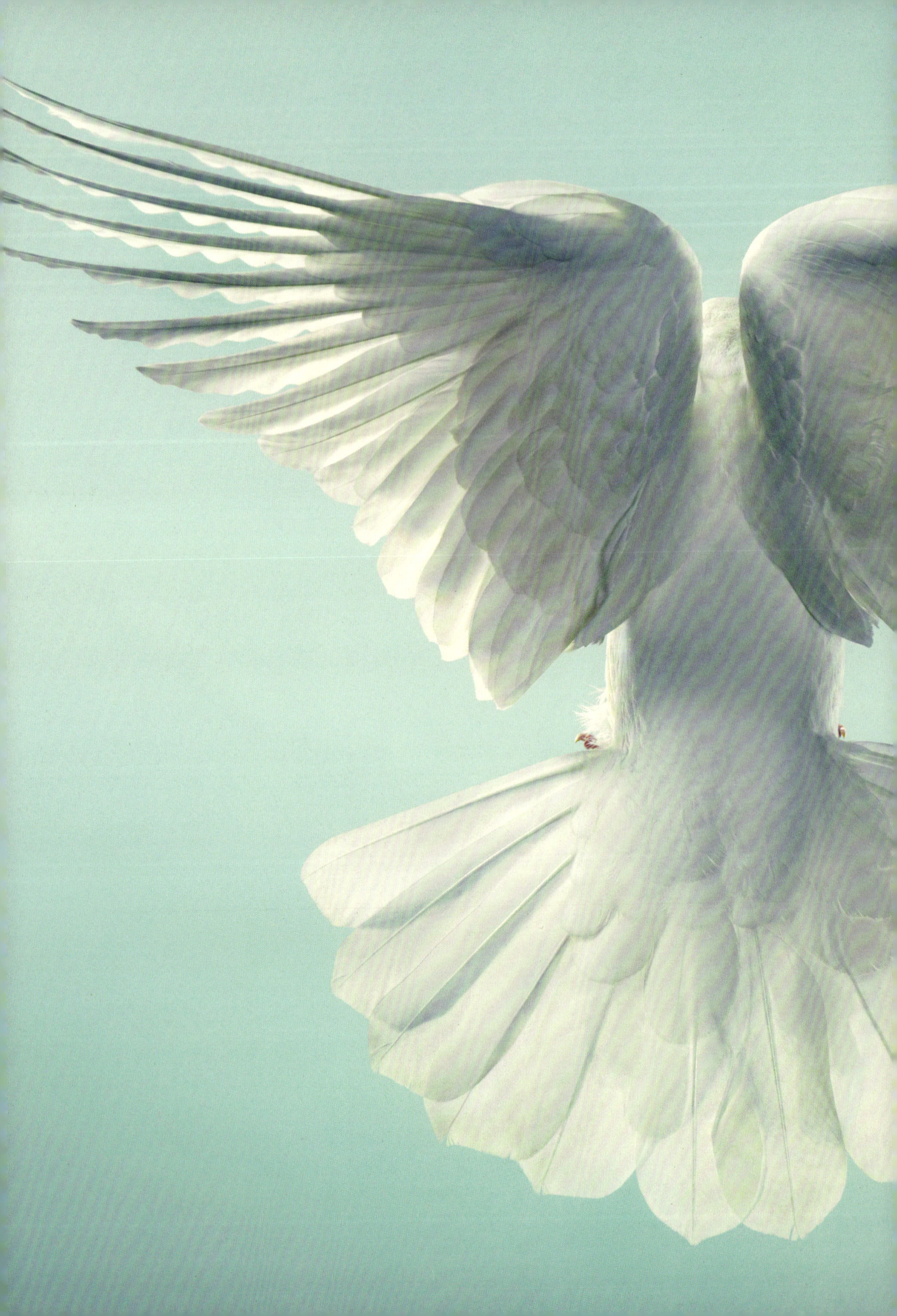

神聖之鳥

自古以來，人類便將鳥視為神祕的生物，認為牠們擁有特殊的力量。因此，只要鳥展現出人類所崇尚的特質，像是美麗與力量，自然就會受到敬仰；而鳥的飛行能力，更使牠們與神祇緊密相連。優雅的天鵝、絢爛的蜂鳥、強大的老鷹或是威武的神鷹，都在不同文化的宗教信仰中占有一席之地；然而，若從全球視角來看，白鴿的神聖象徵意義更是廣為流傳，並延續至今。

鷹 EAGLE

鷲鷹科 *Accipitridae*

雄偉、高貴、強大，老鷹激發出各種令人讚賞的形容詞。這也難怪，因為在所有鳥類中，猛禽絕對會讓人特別印象深刻；而老鷹更是猛禽中的王者。牠擁有傲人的巨大雙翼、可以輕鬆地在空中滑翔，加上銳利如刀的視力與幾乎能獵捕任何獵物的驚人能力，使牠在世界各地的民間傳說中，往往被視為鳥中之王。不過，這類故事偶爾也會有個「驕兵必敗」的結局，也就是老鷹被一隻更為謙遜的對手打敗的轉折。畢竟，大家都愛看小人物逆襲的故事。

美國鷹

白頭海鵰（*Haliaeetus leucocephalus*，右圖）是壯麗的大型捕魚鷹，擁有雪白色的頭部及尾巴，是美國的國鳥與國家象徵，同時也是整個北美保育史上的一大成功案例。過去，由於農藥 DDT 在食物鏈中積累，導致美國境內白頭海鵰的數量一度降至約四百對。在禁用 DDT 以及推出更嚴格的保護措施後，這種猛禽的數量迅速回升。現在，全美已有約一萬對白頭海鵰；儘管如此，這個數字跟其歷史數量相比，仍算是小巫見大巫。據估計，在十八世紀初期，白頭海鵰的數量約落在十五萬到二十五萬對之間。白頭海鵰從原先接近滅絕走向復甦，這背後當然有美國人的大力支持；但還是偶有批評。美國開國元勳班傑明・富蘭克林就是其中一位批評者，他認為這種鳥有道德上的問題，反而更喜歡野生火雞。

他在寫給女兒的信中表示：「我希望白頭海鵰沒有被選來代表我們國家。牠是道德有問題的鳥，謀生方式毫不光明磊落。你可能看過牠懶洋洋

左圖 白頭海鵰在 1782 年成為美利堅合眾國國璽上的核心象徵。

88

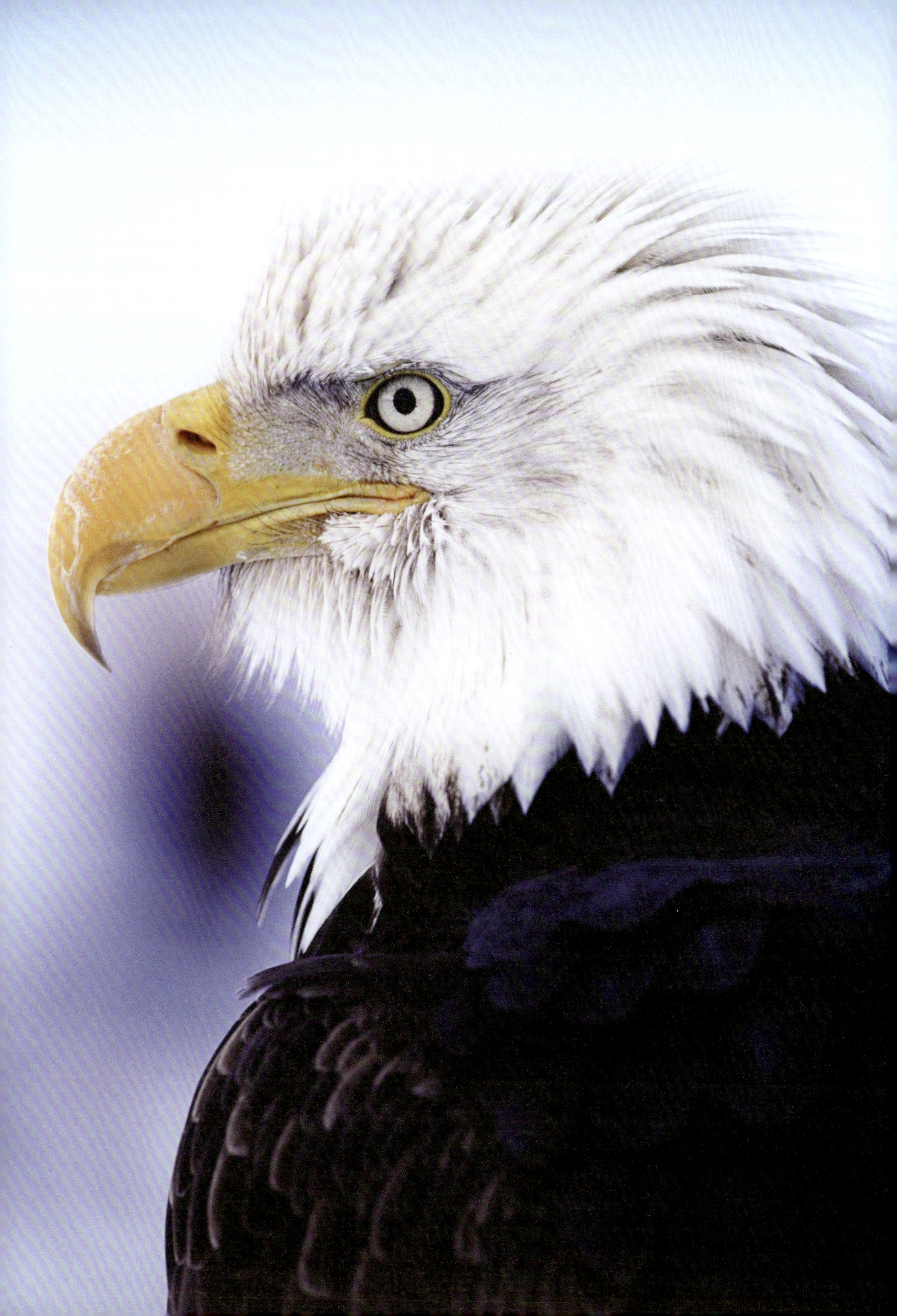

Oudet sc.

地棲身在河邊某顆枯木上，不肯自己抓魚，只會看著魚鷹辛辛苦苦地捕魚；等到勤勞的魚鷹好不容易抓到魚，準備帶回去餵養伴侶跟幼雛時，白頭海鵰就會衝上前，硬生生地把那條魚搶走。」這番觀察十分準確，白頭海鵰確實經常搶奪「魚鷹」（又稱為「鶚」，*Pandion haliaetus*）的獵物。然而，富蘭克林不欣賞白頭海鵰的觀點仍然屬於少數；如今，白頭海鵰的形象不僅出現在硬幣與郵票上，更遍布各式與美國政府相關的標誌與象徵。

北美關於老鷹的傳說多與白頭海鵰有關，但這片土地上還有另一種同樣令人驚嘆的金鵰（*Aquila chrysaetos*，左圖），也有部分故事跟牠有關，或兩者都有。白頭海鵰以及金鵰分別代表兩種主要的鷹屬動物：海鵰屬（Haliaeetus）就是魚鷹或海鷹；而鵰屬（Aquila）則是所謂「真正的」老鷹（真鵰屬）。雖然還有其他大型的猛禽名字裡也有個「鷹」，像是蛇鷹（譯按：原文是「serpent eagles」，中華民國野鳥學會的翻譯為「大冠鷲」。）、熊鷹，以及鴛鷹等，但是上述兩類老鷹才是最典型的代表。在北美原住民文化中，老鷹始終占有重要地位，許多部族都設有一至兩個鷹氏族，也有不少部落崇拜鷹神或鷹靈。人們會透過表演鷹舞來呈現這種鳥的翱翔之姿；同時，也會配戴牠們的羽毛或是攜帶鷹爪，據說這樣就可以在戰鬥中帶來力量和勝利。在阿茲特克的傳說中，遊牧民族在尋找可以定居的建城之地時，上天告訴他們，若看見一隻老鷹站在仙人掌上，啄食一條蛇，那裡就是他們應該建城的地方。這座城市就是特諾奇提特蘭（Tenochtitlán），也就是現在的墨西哥市，後來成為阿茲特克帝國的首都。

在北美的老鷹傳說中，有幾個故事提到特別巨大又強悍的「戰士鷹」，通常人們認為這就是金鵰。在契羅基族的版本中，有一頭老鷹為了替被殺害的兄弟報仇，化身為人類的戰士形象；萊納佩部落（Lenape）的傳說則提及，一位

技高一籌

小鳥版本的「大衛與歌利亞」故事，也就是弱小的鳥兒戰勝強大的老鷹，在世界各地多個文化中都可以看到。在勝利的高光時刻，老鷹會飛上青天，飛得比其他小鳥對手還要高；然後，一隻鷦鷯，有時候是鶇鳥，就會從牠的羽毛間冒出來，並且飛得比老鷹更高一些。這種情況聽起來非常奇幻，但很可能是受到自然界真實行為的啟發。小鳥看到大型猛禽，特別是接近自身巢穴的時候，往往都會有強烈的反應，牠們會直接衝向大鳥的頭部進行騷擾。近年有不少照片捕捉到小鳥兒看起來像是騎在老鷹背部或頭部的樣子，這也成為網路上的熱門梗圖。或許，相較於跟其他較為小型的猛禽互動，小鳥這種跟老鷹玩耍的方式還更加安全；而且，老鷹的靈活度不夠，也未必有意願反擊這些小小攻擊者。

左圖 法國科學藝術家愛德華・特拉維耶（Édouard Traviès，1809-1876）約於 1850 年創作的插圖，生動地展現金鵰的傲然雄姿，爪中緊握著不幸的獵物。

自傲的年輕勇士想要從活鷹身上拔下一根尾羽，當作帶來好運的幸運符。然而，他覺得所有飛來吃他誘餌的老鷹體型都太小，一點也不雄偉。最後，終於有一隻巨大紅鷹俯衝下來，把這位少年抓到懸崖邊的巢穴之中，逼他在此生活，並且協助照顧紅鷹的幼雛數週，以教他學會謙卑。

聖經與其他文化中的老鷹

金鵰的分布範圍十分廣泛，並且是蘇格蘭、德國、埃及、阿富汗以及墨西哥五個國家的國鳥。其他被選為國鳥的鷹類還有：印尼的爪哇鷹鵰（*Nisaetus bartelsi*）、南蘇丹、納米比亞跟辛巴威的吼海鵰（*Haliaeetus vocifer*）、巴拿馬的角鵰（*Harpia harpyja*）、菲律賓的食猿鵰（*Pithecophaga jefferyi*）以及西班牙的西班牙帝鵰（*Aquila adalberti*）等。在古希臘羅馬神話當中，金鵰和其他當地特有的鷹類都扮演重要角色，牠們是宙斯（及其羅馬的對應神朱比特）的象徵性神鳥，同時也是唯一不會被雷電擊斃的鳥類。在國葬儀式中，人們會放飛一隻活鷹，象徵牠將死者的靈魂送往天堂。英國凱爾特傳說也有提到金鵰與白尾海鵰（*Haliaeetus albicilla*）。昔德蘭群島（Shetland）的漁民會把白尾海鵰的脂肪放在魚鉤上，以增加漁獲量；而對於威爾斯人來說，金鵰的啼叫聲預示著偉大英雄的誕生，或是其他重大事件即將發生（當然是在過去金鵰仍然翱翔於威爾斯山谷上空的年代）。

《申命記》將老鷹列入「不潔淨」的動物名單中，跟其他的食肉與食腐動物並列。然而，同一部典籍卻也將上帝比作老鷹，形容他對那些受到神所揀選之人的溫柔照顧：

又如鷹攪動巢窩，在雛鷹以上兩翅搧展，接取雛鷹，背在兩翼之上；
這樣，耶和華獨自引導他，並沒外邦神與他同在。

兄弟的守望者？

老鷹是否算是稱職的父母，這一點還有待商榷。真鵰屬（也就是鵰屬鳥類）以其在幼年階段就出現殘暴行為而聞名。這類鷹一窩通常會產下兩顆蛋，但第一顆一產出就開始孵化，也就是說，第一顆蛋的小鷹會比第二顆蛋的小鷹多好幾天的發育時間。在某些巢穴中，先出生的小鷹會不斷地猛烈攻擊體型較小的弟弟或妹妹，將對方殺死才會干休。以分布在撒哈拉沙漠以南非洲的黑鵰（*Aquila verreauxii*）為例，至少九成的巢穴都會出現年長幼雛殺死年幼幼雛的狀況，而科學家至今仍不確定原因為何。雖然鳥爸爸跟鳥媽媽並沒有參與，但牠們卻也從不阻止這樣的行為。這種行為模式被稱為「該隱主義」（Cainism），出自聖經中亞當和夏娃的長子該隱殺害弟弟亞伯的典故。

救命恩人

虎頭海鵰（*Haliaeetus pelagicus*，左圖）是所有魚鷹中體型最大的猛禽，羽色深棕色和白色相間，擁有顯眼、巨大的亮黃色鳥喙。牠會捕魚，也會食腐；經常成群結隊與體型較小但仍氣勢不凡的近親白尾海鵰一起在海冰上尋找食物。日本阿伊努族的民間傳說提到，一隻巨大的虎頭海鵰曾在饑荒時拯救了他們，這隻老鷹騎在巨冰上，並帶來一頭死去的海豚，提供足夠的肉，成功拯救所有人的性命。在阿伊努的村落中，人們會在窗台和門框上放置雕刻成老鷹的棍棒，以驅除疾病。同時，在祆教的記載中，老鷹也被視為醫學奇蹟的象徵，生活在具有療癒能力的神樹上。

在星空中翱翔

澳洲也是多種鵰屬老鷹的棲息地，包括令人畏懼的楔尾鵰（*Aquila audax*）。這種鳥常常出現在原住民的神話傳說中，扮演靈性導師的角色；對於許多原住民族群來說，牠會以不同的形式出現在夜空中。布隆族（Boorong）認為，天狼星以及參宿七象徵著一對楔尾鵰；而翁加本族（Wongaibon）覺得心宿二代表一隻老鷹，而兩旁的星星（心宿一和心宿三）是這隻老鷹的兩個老婆，一隻是眼斑冢雉（malleefowl），另一隻則是鞭蛇（whip snake）。對於許多部族而言，南十字座就是鷹爪的天體象徵。

翠鳥 KINGFISHER

翠鳥科 *Alcedinidae*

一聲刺耳的哨音以及一道電藍色身影忽然閃現，與翠鳥的相遇通常都是如此，短促而強烈，令感官一震，轉瞬即逝。然而，如果帶點細心和耐心，就能更長時間地觀察這些美麗的鳥兒，細細欣賞牠們羽毛的絢麗光彩。翠鳥家族幾乎遍布世界各地，但並非所有的物種都跟水域有關。事實上，家族內體型最大的成員——生活在澳洲的笑翠鳥（*Dacelo novaeguineae*），就是棲息在森林和花園間的棕白色鳥類，雖說如此，牠們仍保有翠鳥特有的匕首形鳥喙以及大而方正的頭型。

寧靜的日子

翡翠屬（*Halcyon*）的成員多為非洲林翡翠，但這個名稱也常見於其他翠鳥物種的學名中。「Halcyon」這個詞源自古希臘，指的是一種傳說中的鳥，很有可能就是指普通翠鳥（*Alcedo atthis*，如右圖）；但也可能不是，因為傳說中的翡翠鳥是在海上築巢，而且還是在冬季進行。這種鳥擁有平息海浪的能力，用以保護牠用魚骨製作而成的飄浮巢穴，並且保全當中的蛋。相傳每年冬至前後，海上會有整整兩週的平靜天氣，這段「風平浪靜的日子」（halcyon days）正是翡翠鳥孵蛋的期間。雖然普通翠鳥是在河岸旁的洞穴中築巢，但牠們確實會在冬天遷徙到海岸邊。翠鳥身上閃閃發亮的藍色羽毛，也會讓人聯想起入秋後，那片溫暖、乾燥的美麗藍天，一段寧靜又放鬆的好日子。

希臘神話常有人變成鳥的情節，翠鳥的傳說也不例外。風神埃俄羅斯（Aeolus）的女兒愛爾喜昂因丈夫錫克斯在海上罹難而悲痛欲絕，引起諸神憐憫，便將這對戀人化為鳥類。在其中一個故事版本裡，愛爾喜昂變成一隻翠鳥，而錫克斯則成為鰹鳥；也就是說，他們能夠相遇的時間十分有限，因為這兩種鳥的生活方式極為不同（詳見 76 頁）。但另一個版本則是將他們都變成翠鳥，從此過著幸福快樂的日子。錫克斯的英文「Ceyx」後來被用來代指一種色彩絢麗的小型翠鳥屬（三趾翠鳥屬），這是東南亞與馬達加斯加的地區特有鳥類，其中的東方三趾翠鳥（*Ceyx erithaca*）對婆羅洲杜順族（Dusun）的戰士來說，是不祥之兆。

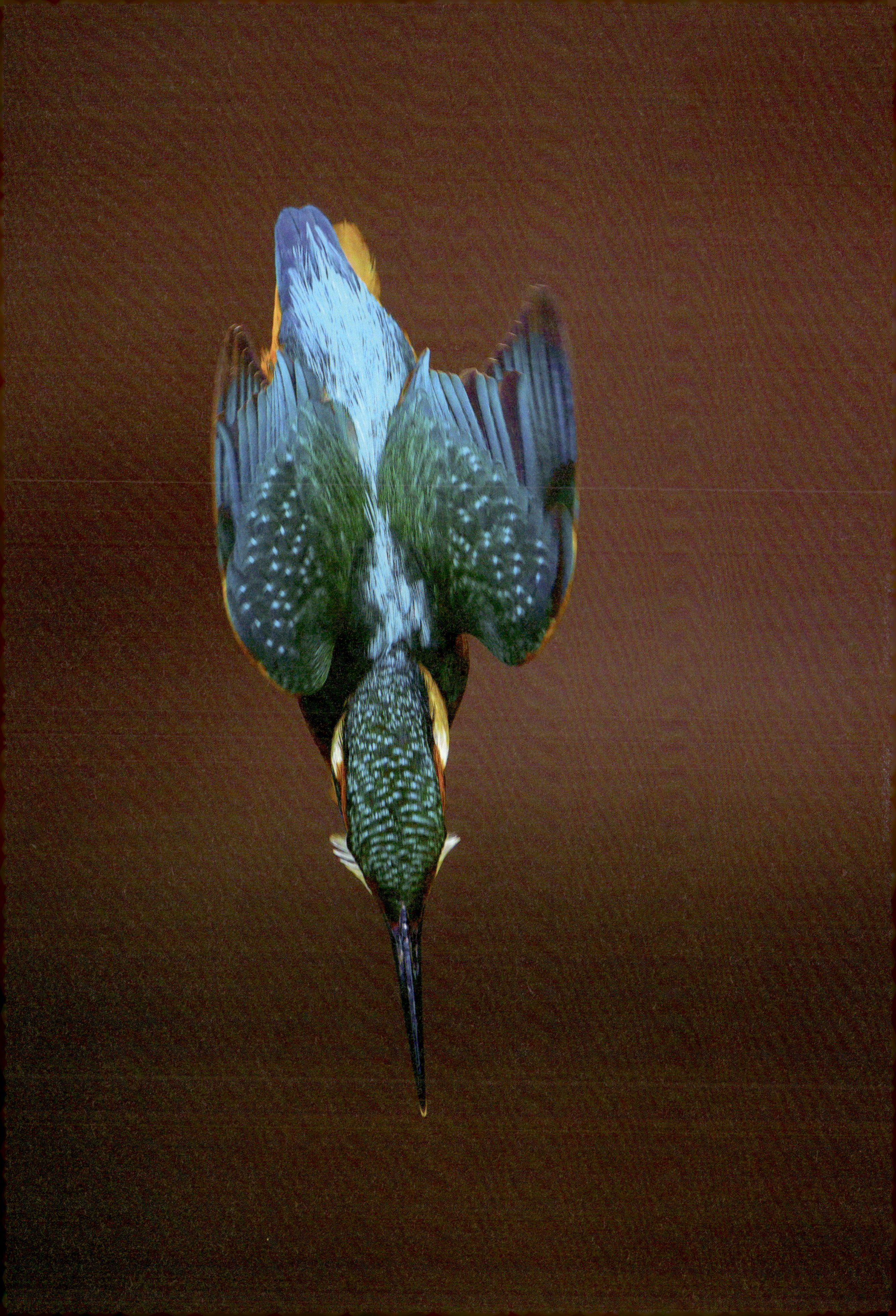

下圖 蘇格蘭植物畫家悉尼・帕金森（Sydney Parkinson，1767年）用水彩畫呈現的東方三趾翠鳥，這是體型最小的翠鳥之一。

被太陽灼燒的鳥

在神話和傳說的世界裡，似乎沒有哪隻色彩鮮豔的鳥兒一出生就成為美麗的象徵，翠鳥也不例外。在愛爾蘭版本的大洪水故事中，當時全身都還灰土土的小翠鳥被派出方舟執行任務。牠必須盡可能地向上飛，才能夠更全面地觀察洪水的範圍並回報。這隻小翠鳥非常盡責，結果飛得太高，離太陽太近，肚子被灼傷成了橙橘色；而牠的背部則染上了天空的藍色（但這個變化過程並沒有明確解釋）。不同的故事版本則說，諾亞打開方舟的時候，翠鳥是第一隻飛出去的小鳥。

北美阿爾岡昆族的傳說則提到，惡作劇之神瑪納博佐宣稱要獎勵翠鳥某項功勞，說要在牠脖子上掛一枚獎章。不過這位頑皮的神其實另有詭計，他意圖在掛獎章的時候抓住小鳥的頭部，並且將之扭斷。幸運的是，這隻翠鳥老早就察覺對方的詭計，迅速把頭移開，結果瑪納博佐只抓到牠頭上的羽毛，意外地讓翠鳥有了蓬鬆的冠羽。這個故事中的翠鳥很可能是白腹魚狗（*Megaceryle alcyon*），這是一種體型較大的翠鳥，羽色為岩藍色和白色相間，的確擁有長而蓬鬆的冠羽。這種鳥會遷徙，偶爾會跨越大西洋來到歐洲。

東南亞的白眉翡翠（*Todiramphus sanctus*）對玻里尼西亞（Polynesia）的島民來說，也具有平息狂風巨浪的能力。雖然不清楚這種想法跟翠鳥孵蛋期間風平浪靜的傳說有無直接關聯，但是這種觀念很有可能是透過觀察翠鳥的行為而獨立產生的。雖然翠鳥擅長捕魚，但完全不會游泳；所以除非海面極為平靜，否則牠們不太可能會冒險出海捕魚。

天氣之王

在中世紀，翠鳥的乾燥鳥皮常被用來裝飾醫師的診室，或是懸掛在家中，以防止遭受雷擊，甚至可用來驅除蛀蟲。人們也會把死去的翠鳥做成風向標：將填充或曬乾的翠鳥擺成展開翅膀的姿勢，然後用繩子吊起來，讓它自由轉動；這樣不論風從哪個方向吹來，它的鳥喙都會指向迎風面。英國和法國的海上漁民會把這些色彩鮮豔的翠鳥風向標掛在船桅上。莎士比亞在《李爾王》（*King Lear*）中，就透過肯特伯爵（Earl of Kent）的台詞提到翠鳥風向標：

風往哪兒吹？
我家翠鳥的喙，正朝向哪個角落？

鵝 GOOSE

雁鴨科 *Anatidae*

雖然鵝與天鵝還有鴨子的關係十分密切，但牠們在神話故事中卻有不太一樣的地位。鵝在飛行的時候看起來既強壯又優雅；成千上萬隻鵝遷徙的畫面也令人著迷；牠們在許多古文明中都是神聖的存在，並且在歐亞大陸以及北美地區的眾多信仰、故事和俗諺中都占有一席之地。「愚蠢的鵝」這個形象在許多語言中出現得相對較晚，這很有可能跟那些矮矮胖胖、走路搖搖擺擺的家養鵝有關。

原生於北半球的中大型鵝，屬於「典型的鵝」的兩個主要屬之一：雁屬（*Anser*），包括灰雁（*Anser anser*，右圖），是大部分家鵝的祖先；以及黑雁屬（*Branta*），加拿大雁（*Branta canadensis*）就在這個分類。而在南半球，澳洲特有的黑白相間的鵲鵝（*Anseranas semipalmata*）早在三千年前就出現在原住民的岩畫中。牠們因為獨特的特徵，甚至自成一科──鵲鵝科（*Anseranatidae*）。這種鳥擁有巨大的鉤狀嘴喙、部分蹼狀的雙腳，以及高度延伸的氣管，使牠們的聲音比其他鵝類還要低沉渾厚，特別是成年的雄鵲鵝。

神聖與警覺的鳥

約五千年前，鵝就已經在人類意識中占有特殊地位。根據古埃及的創世神話，產下原初蛋並將其孵化成地球的「大噪者」（Great Cackler）就是一隻鵝。埃及的《棺槨文》（Coffin Texts）描述大噪者劃破寂靜的過程：「牠嘎嘎叫著，作為大噪者，在牠被創造之地，僅有牠一個……當大地沉寂無聲時，牠開始啼哭。牠的哭聲傳遍四方……牠帶來了世上所有生靈……」

對埃及人來說，最神聖的鵝是埃及雁（*Alopochen aegyptiaca*），但牠其實與麻鴨屬（*Tadorna*）的親緣關係更近，叫聲也不像典型的鵝那樣嘹亮刺耳，反而更接近鴨子的嘎嘎聲。不過，在求偶時，雄鳥仍會發出宏亮有力的鳴叫聲。古埃及人在阿蒙神（Amun）神廟中飼養成群的埃及雁，並將牠們作為祭品獻給神明。埃及人也是最早開始馴養鵝類的民族之一，飼養的物種包括了雁屬中體型最為壯碩的灰雁等多個種類。同時，從古希臘的雕像和雙耳陶罐上的圖像中也可以看出，當時的人已經開始飼養灰雁。會生下金蛋的鵝正是伊索寓言中最著名的警世故事主角。這種鳥甚至是愛神阿芙蘿黛蒂的神聖動物。

在古羅馬，鵝是女神朱諾（Juno）的聖鳥，其神廟裡頭還養有一群鵝。牠們無疑是優秀的守衛，一旦受到威脅，就會發出嘶嘶聲或鳴叫聲。羅馬歷史學家李維（Livy）記述，在西元前390年，高盧人試圖在夜間爬越卡比托利歐山

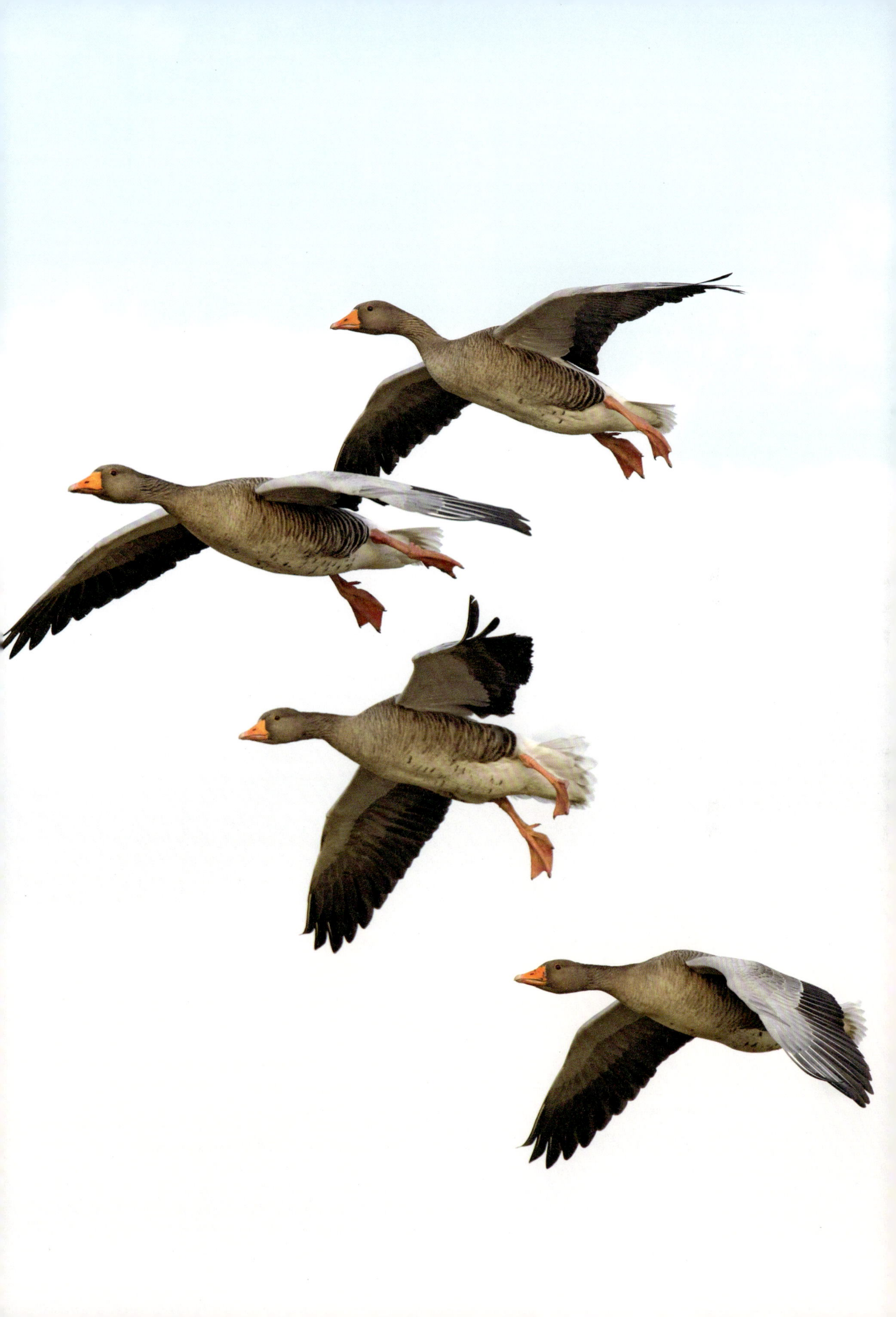

天氣晴雨表

對於北歐以及盎格魯－撒克遜人來說，鵝是戰神和風暴之神沃登（Woden）或奧丁（Odin）的神聖動物（譯按：在盎格魯－撒克遜語中，北歐神話的眾神之王奧丁叫「沃登」）。由於鵝常被認為與惡劣天氣有關，民間就流傳著一句諺語：「鵝如果開始嘎嘎叫，就會下雨」，關於其骨頭的迷信也隨之而來。如果秋天宰殺的鵝胸骨上有黑點，就是嚴冬即將來臨的預兆。根據某些史料記載，普魯士的戰士也曾透過觀察鵝骨來推算何時出征攻打敵人。

認為鵝能預測天氣的說法其實是有根據的。研究顯示，雪雁（*Anser caerulescens*，上圖）在北美地區的遷徙跟溫帶風暴的模式密切相關。舉例來說，如果這類風暴在美國東岸以及墨西哥灣岸區的發生頻率增加，雪雁會提早在初秋遷徙；反之，如果溫帶風暴發生在更北邊的區域，牠們就會延遲南遷。同樣地，一旦俄亥俄河流域和五大湖地區的氣旋活動增加，雪雁的春季遷徙也會隨之提早；但是，如果北美大平原、墨西哥灣沿岸以及墨西哥灣頻繁發生溫帶風暴，牠們就會延後遷徙。專家認為，鵝和其他鳥類能夠透過肺部周圍的內部氣囊或對壓力變化極為敏感的內耳，察覺到氣壓下降，從而預知風暴即將來臨。

居住在密蘇里河沿岸的曼丹部落（Mandan）會在野鵝向南遷徙、準備過冬之際，舉行傳統的鵝舞表演。這項儀式的目的，一方面是提醒鵝群這片土地擁有豐富的食物，另一方面也是祈求牠們來年春天能夠再次歸返。這裡的鵝群可能包含加拿大雁、雪雁以及黑雁（*Branta bernicla*），是當地人重要的肉類與蛋來源。

（Capitoline Hill），悄悄越過哨兵和守衛犬。然而，當他們接近朱諾神廟時，裡頭的聖鵝卻開始嘶嘶叫並拍打翅膀，驚動了前執政官馬爾庫斯·曼利烏斯（Marcus Manlius）；他馬上發出警報，率軍抗敵，擊退入侵者。這些鵝因而被譽為救世主，受人尊敬與保護。羅馬每年都會舉行慶典，抬著一隻金鵝遊行，以紀念這場勝利。

鵝的神靈與神的侍從

在遙遠的北方，鵝也出現在芬蘭烏戈爾人（Finno-Ugric）的古老信仰中，這些信仰早在基督教與伊斯蘭教傳入之前便已存在，涵蓋範圍從挪威向東延伸至西伯利亞，並向南擴展至中歐。在其中一則創世神話中，鵝被視為魔鬼的化身，但奇妙的是，牠卻透過潛入原始海洋中取回泥土，幫助上帝創造世界——儘管現實中，並沒有任何一種鵝會潛水。

至少一直到十八世紀，西伯利亞鄂畢河（Ob River）區域的奧斯特亞克人（Ostyak）以及漢特人（Khanty）都祭拜一種鵝神。第一位前往西伯利亞西部傳教的傳教士隨行者格里戈里·諾維茨基（Grigori Novitski）寫道：「這尊深受崇拜的鵝偶是用銅鑄造而成，形狀就是一隻鵝。這尊鵝偶聲名遠播，就算是遙遠聚落的村民也不遠千里而來，進行殘酷的祭祀活動：他們獻上牲畜，主要是馬。他們堅信鵝神就是許多物資的提供者，尤其能確保當地水鳥豐盛繁衍。」

在印度神話中，創造之神梵天（Brahma）騎著一隻壯麗的雄鵝或是天鵝在高空中翱翔，象徵著透過精神純潔所獲得的自由。據說，這兩種鳥都展示出所有生物的雙重本性，牠們既能在水中自在生活，也能飛向高空，超脫塵世。

在遠東地區，鵝的「一夫一妻制」更是備受讚頌。某些物種，如灰雁，一旦配對便終身相伴。當分離後重逢時，灰雁佳偶會進行「凱旋儀式」（triumph ceremony），重現牠們當初的求偶過程。在爪哇島（Java），新娘會收到一對鵝，象徵歷久彌新的愛情；而在中國四川，舉行婚禮時，習俗上會贈送一對鵝給鄰居，以表達喜慶之意。

奇特的信仰

黑雁的近親白頰黑雁（*Branta leucopsis*，譯按：又稱「藤壺鵝」，因外型與鵝頸藤壺相似而得名。）有著非常奇特的傳說與信仰。這種體型中等的鳥擁有白色的臉部，以及對比鮮明的黑色頭冠、頸部和胸部，叫聲聽起來像小狗。十二世紀，威爾斯的傑拉德（Gerald of Wales）在諾曼人征服愛爾蘭後不久寫了《愛爾蘭地理》（*Topographia Hibernica*），描述該地的景觀與人文，並記載一則奇異的傳說，提到鵝是如何從海上的漂流木中誕生的：「這裡有一種叫做

肥鵝與鵝的故事

如同其他雉雞家族的成員，不論是野生還是豢養的鵝，自古以來就是受歡迎的食物。老普林尼算是最早描述鵝肝有多麼美味的人。他嘲笑那些把鵝當作是朋友的想法，並寫道：「但是，我們的同胞更加聰明，知道把鵝肝做成美食的方法。那些被強行餵食的鵝的肝會變得異常巨大⋯⋯」。

直至十九世紀，烤鵝一直是英國人聖誕節當天最受歡迎的菜餚。人們也會在聖米迦勒節（9月19日）食用肥鵝，或是拿去當成租金獻給地主。當地有一句俗諺：「聖米迦勒節吃鵝，全年上下不缺錢。」在聖米迦勒節前後，人們還會舉辦鵝市集，因為那時候的鵝產量非常豐富。

人與鵝的密切關係也反映在許多俗諺之中。例如，膽小的人「不敢跟鵝說話」（someone wouldn't say boo to a goose）；「我要把你的鵝煮了」（cook someone's goose）是一種威脅；「你所有的鵝都是天鵝」則形容高估某件事情。《鵝媽媽的故事》（Mother Goose's tales）或是兒歌也廣受人們喜愛。至於「鵝媽媽」這個稱號的由來，據傳源自托馬斯・弗利特（Thomas Fleet）的妻子伊麗莎白・古斯（Elizabeth Goose），她在 1719 年出版《鵝媽媽的旋律》（*Mother Goose's Melodies*）。然而，夏爾・佩羅（Charles Perrault）早在 1697 年就出版了《鵝媽媽的故事》（*Contes de ma mère l'Oye*）。有些人認為，「鵝媽媽」的稱號可以追溯得更早，指的是法國王后鵝腳伯莎（Bertha Goosefoot），她是查理曼大帝的母親，因為擁有一雙大而寬厚的腳而得名。

右圖 1910 年版的兒童週刊《Chatterbox》中，一幅插圖描繪了一隻聖米迦勒節的鵝正被人舉起檢視的場景。

藤壺（barnacles）的鳥⋯⋯牠最早是漂浮在水上松木楔的黏性贅疣，然後外面包裹著殼，在殼內自由生長⋯⋯過了一段時間，這些包殼贅疣會長滿羽毛，接著牠們要麼掉入水中，要麼直接飛向天空⋯⋯」。

他還提到，「在愛爾蘭某些地區，主教以及教徒會在齋戒日食用這些鳥，因為牠們並非出自肉體所生，所以不算真正的肉食。」對於那些不願意忍受禁肉之苦的羅馬天主教徒來說，這種說法毫無疑問地相當方便。

這個傳說又延續了好幾個世紀，植物學家約翰・杰勒德（John Gerard）在 1597 年出版的《草藥書》（*Herball*）中就記載「鵝樹」的故事。在發現藤壺鵝的北極繁殖地之前，人們似乎真的相信附著在岩石和漂流物上的藤壺，就是從樹上掉下來的鵝胚胎。

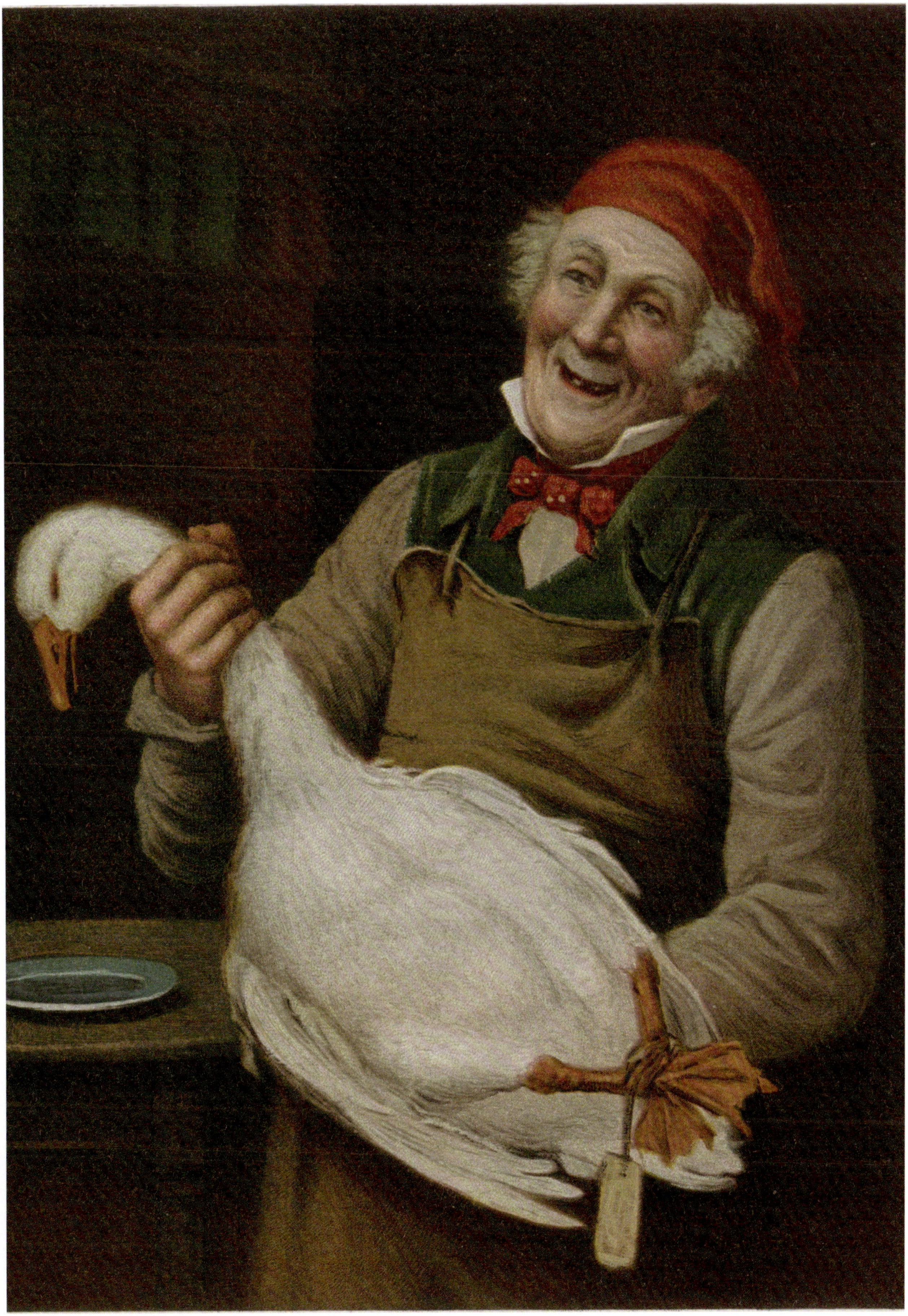

神話與宗教中的蛋

早在發展出飛羽、無齒鳥喙或其他現代鳥類特徵的億萬年前,最古老的鳥類祖先——獸腳類恐龍（therapod dinosaurs），已經開始產下並且孵化外殼脆弱的蛋。至於「先有雞還是先有蛋」的萬年難題,我們可以這麼回答:蛋早在雞出現之前就已存在了數百萬年。

也難怪在文明初生之際,人們便相信宇宙是從一顆「宇宙蛋」中誕生的。此一觀念出現在印度、埃及、希臘以及腓尼基的古老信仰當中。例如,印度教的創造之神梵天是從漂浮在宇宙水域的世界蛋中出現；而希臘的時間之神柯羅諾斯（Chronos）則是產下一顆蛋,世界的創造者便從中誕生。

在澳洲原住民的夢時代傳說中,名為戴萬（Dinewan）的鴯鶓與名為布羅佳（Brolga）的鶴爭執不休,布羅佳一氣之下,從戴萬的巢中抓起一顆蛋,並且將其丟向天空。蛋黃撞上了柴火,並且燃燒起來,化成一顆炙熱耀眼的太陽,照亮原本漆黑的世界。

誕生的象徵

對於早期人類來說,蛋殼裂開並誕生新生命的現象與哺乳動物的生殖方式截然不同,看起來既陌生又神奇。然而,由於鳥類遍布世界各地,這種現象其實極為普遍；這或許可以解釋為何蛋是生命與重生的普世象徵。

古希臘人和古羅馬人會在墓穴中放置一些蛋,或在旁邊留下一窩蛋；而毛利人會將恐鳥（現已滅絕）鳥蛋放在亡者手中,跟著一同埋葬。即使在今天,猶太人傳統上還是會在葬禮過後食用蛋,以象徵殞落與生命的循環。

基督教也採用蛋來象徵耶穌在復活節的重生。諸如烏克蘭的復活節彩蛋（pysanka）等東歐國家的彩繪蛋,從西元十世紀開始,就一直用於基督教的儀式當中。到了十三世紀末,最初懸掛在清真寺中,用以象徵光明和生命的鴕

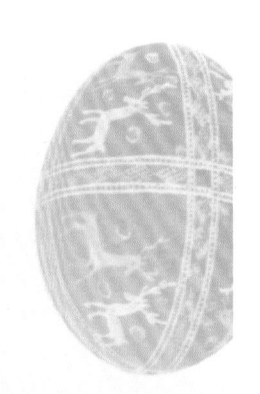

鳥蛋（鴕鳥屬的鳥蛋）也開始出現在基督教的教堂中，並在復活節儀式上使用。

早在基督教出現之前，人們就已將蛋用作祈求人類與農作物繁盛的象徵。這類的做法一直延續下來；例如，在十七世紀的法國，新娘在進入新家前會打破一顆蛋，以祈求生子；而在德國，農民在春天播種的時候，會在犁具上塗抹蛋、麵包以及麵粉，以祈求豐收。

日本原住民阿伊努族的女性必須從特定鳥類的巢穴中取得蛋，獻給丈夫或父親。然後，這些女性會將所拿到的蛋與當年要播種的種子混合在一起；同時，男性負責祈禱豐收，並且製作「Inao」（護身符）放置在巢中。

簡單的魔法

由於蛋跟「新生」息息相關，因此被賦予各種神奇的特質。根據《范克和瓦格納標準民俗學、神話學和傳說詞典》（*Funk & Wagnalls Standard Dictionary of Folklore, Mythology, and Legend*）的記載，過去在歐洲，人們相信只有打破那些藏在動物體內的蛋，才能摧毀邪惡的超自然力量；這可能是吃完水煮蛋後，必須要將蛋殼壓碎，以避免厄運的習俗起源。

非裔美國人也有許多跟蛋有關的信仰。據說，使用新鮮的母雞蛋連續九天擦拭胎記或是甲狀腺腫大，然後再將雞蛋埋在門檻下，就能治癒疾病。如果做夢夢到蛋，預示著好運、財富或是婚姻；但如果夢中的蛋破裂，則代表愛侶之間會發生爭執。

使用蛋來占卜的卵占術（Oomancy）曾經十分流行。做法是把蛋白滴入水中，再根據形成的形狀來進行各種預測。

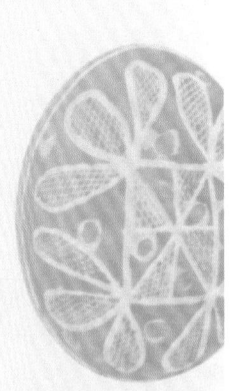

105

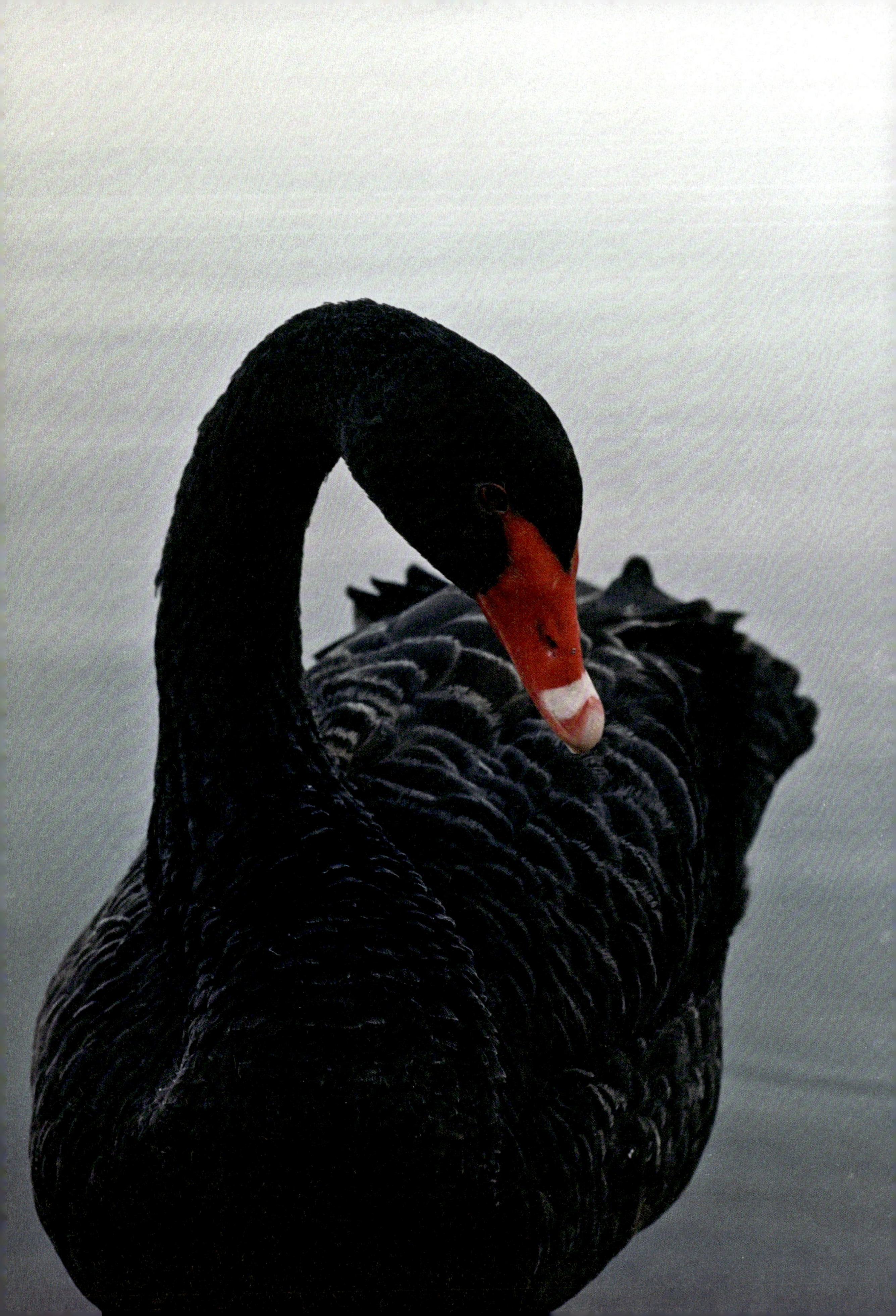

天鵝 SWAN

雁鴨科 *Anatidae*

雪白的天鵝在波光粼粼的湖面上滑行，呈現出寧靜而優雅的美景。難怪在許多文化中，天鵝幾乎是天使般的存在，普遍受人景仰。天鵝屬（*Cygnus*）共六個物種，大多數分布在北半球，而且大多情況下，這些天鵝每年會有部分時間生活在北極地區。天鵝大多為純白色，但有兩種生活在赤道以南的物種是少數例外。南美洲的黑頸天鵝（*Cygnus melanocoryphus*）擁有白色的身體，但頭部與頸部為黑色；而澳洲的黑天鵝（*Cygnus atratus*，左圖）幾乎全身上下都是棕黑色。

天鵝仙女與天鵝神

人們常將天鵝視為美麗女子的化身，或認為美麗女子是天鵝變成的。在日本阿伊努族的傳說中，一位天鵝天使從天而降，化成人形，拯救世界上最後一個人類，一名在可怕戰爭中倖存下來的小男孩。男孩長大後，便跟這位救命恩人結婚，並孕育出許多子女，重新讓人類在這片土地上繁衍。眼看任務完成，天鵝天使便恢復真身，但仍然選擇留在人間，繼續組建另一個大家庭，不過這次是誕下許多天鵝幼雛（但這些小天鵝的父親一直是個謎），讓天鵝族群也能像人類一樣，在大地上生生不息。

「天鵝仙女」的故事也出現在世界各地的神話中，從冰島、芬蘭到斯里蘭卡、伊朗、澳洲與印尼等地皆有類似傳說。這類故事中，天鵝仙女會脫下羽衣，顯露出美麗的人類女子形貌，而且通常會有一名年輕男子，偷走仙女的羽衣，以此留住她並與之成婚。最終，仙女會找回羽衣，恢復原本的天鵝形態振翅飛離，留下丈夫與孩子。

在古希臘麗達（Leda）與天鵝的故事中，天鵝則是男性，且人鳥之間的結合極為短暫，甚至可能是非自願的。故事裡的天鵝其實是宙斯的化身。由於他對斯巴達國王的王妃麗達產生好感，所以變成天鵝，假裝被老鷹追逐，然後投進麗達的懷抱中。他們的交合產下一對孩子，其中一位就是引發特洛伊戰爭的絕世美女海倫（Helen）。麗達與天鵝的相遇是十六世紀藝術家與雕刻家特別鍾愛的主題；有些相關的描繪出人意外地露骨，比當代男女交歡的情愛景象更為赤裸大膽。

絕非純白無瑕

剛孵化不久的小天鵝非常可愛，但隨著年齡稍長，牠們會進入一段不太討

喜的尷尬期。這時期的小天鵝的羽毛會呈現灰色而非純白，身上覆蓋著亂糟糟的絨毛以及還沒完全長成的羽毛，看起來與未來那種光滑優雅的白天鵝形象相去甚遠。安徒生膾炙人口的作品《醜小鴨》（The Ugly Duckling）正是以小天鵝為主角。故事中的小天鵝無父無母，也不知道自己就是一隻天鵝，牠試圖融入鴨子和其他水鳥群中，卻因為醜陋的外表而被排斥。當然，故事的結局是圓滿的，當小天鵝加入一群白天鵝，看到倒映在水中的模樣時，才驚喜地發現自己早已長成了美麗的天鵝。

「黑天鵝」一詞曾用來形容極其稀有之事，最早見於古羅馬詩人尤維納利斯（Juvenal）於西元 82 年的作品中。然而，此一說法在十七世紀末不得不改變，因為荷蘭探險家威廉·德·弗拉明赫（Willem de Vlamingh）在澳洲境內發現大量真正的黑天鵝。對於澳洲的原住民來說，天鵝的標準顏色就是黑色；紐加族人（Nyungar）表示，他們的祖先就是黑天鵝。《醜小鴨》的故事也有一個夢時代的版本，當中提到一隻年輕的天鵝長途飛行來到聖山，並在此地將自身的意識交給偉大的靈體，從而蛻變成一隻美麗的成年黑天鵝。

右圖 亞瑟·拉克姆（Arthur Rackham）為童話《醜小鴨》繪製的插圖，畫面中醜小鴨正被其他小鴨追逐。

天鵝之歌、吸鼻聲和咕嚕聲

「天鵝之歌」（swan song）一詞，是指在告別舞台或離開螢光幕前的最後一次演出，出自亞里斯多德在《動物志》中提到的傳說，天鵝只有在臨死前才會唱歌。除此之外，牠們還會特別游到大海，在那裡唱出最後一曲，所以幾乎沒有人聽過天鵝的歌聲。這種觀念跟疣鼻天鵝（*Cygnus olor*）有關，這種天鵝非常安靜，只會在淺水覓食的時候，發出輕柔的吸鼻聲和咕嚕聲。牠所發出最為響亮的聲音就是飛行時翅膀劃過空氣的刷刷聲。其他天鵝則相對嘈雜得多，像是黃嘴天鵝（*Cygnus cygnus*，英文名 Whooper Swan）以及黑嘴天鵝（*Cygnus buccinator*，英文名 Trumpeter Swan），正如牠們的名字「Whooper」（大叫的人）與「Trumpeter」（小號手）所暗示的，都是比較愛叫的物種。

不好惹的傢伙

在英國，人人都知道要小心天鵝，因為據說牠能夠「折斷人的手臂」。雖然目前沒有經過證實的案例，但如果天鵝被激怒，確實會變得狂暴。舉例來說，如果有人太靠近疣鼻天鵝的幼雛，牠會用翅膀給予猛烈的一擊，這可能是所有英國鳥類中最具潛在危險性的一種，但其實英國危險鳥類並不算多。亞里斯多德曾說，天鵝可以在正面對決中戰勝老鷹；儘管如此，天鵝並不會主動發起戰鬥，僅在自我防衛時還擊。

總結來說，天鵝潛在的兇猛性格在民間故事中很少被提及。印度教徒認為天鵝，或者有時是鵝，是創造之神梵天的坐騎，並且象徵智慧、純潔、明斷、技巧、優雅、知識與創意等一系列溫和且令人敬佩的美德。天鵝的聰明才智在現實世界中也有所體現，那些住在薩莫塞特韋爾斯（Wells, Somerset）主教宮（Bishop's Palace）內的疣鼻天鵝就學會在想要吃東西的時候，拉動繩子搖鈴通知人類來餵食。美貌、智慧，再加上一絲絲的威攝感——天鵝確實值得我們懷抱最深的敬意。

神鷹 CONDOR

美洲鷲科 *Cathartidae*

安地斯神鷹（*Vultur gryphus*，上圖）在壯闊山巒間乘著熱氣流翱翔翱翔、俯衝的雄偉畫面，可說是舉世無雙。難怪這種巨大鳥類早在數千年前便成為南美洲人民的崇拜對象，牠雙翼展開可達 3 到 4 公尺長，體重達 15 公斤重。牠唯一的近親、體型稍小的加州神鷹（*Gymnogyps californianus*，右圖），同樣深受美洲原住民景仰。

加州神鷹是更新世（Pleistocene）過後，大型加州兀鷲屬（*Gymnogyps*）中唯一存活至今的成員。希臘語中的「*Gymnos*」是「裸露」的意思，指的是這類鳥裸露無毛的頭部，是所有新大陸禿鷲的共同特徵，確保牠們在啃食腐肉時，不會弄髒頭上的羽毛。這兩種神鷹都有巨大的鉤狀鳥喙，除了安地斯神鷹的頸部有一圈白色鳥羽外，兩者羽毛顏色也大致相似，都是光禿禿的頭部、一身黑、覆有白色飛羽，但加州神鷹是下翼覆羽呈白色，安地斯神鷹則是上翼覆羽呈白色。雄安地斯神鷹還長有一個肉質紅色或黑色的鳥冠，跟體型較小的雌神鷹有所區別。

具有超凡力量的「太陽」鳥

北加州威約特族（Wiyot）的神話中，神鷹是人類的祖先，就像是諾亞（Noah）一樣的人物，他跟他的妹妹都是古代大洪水的倖存者。對於威約特人以及其他原住民族來說，加州神鷹體現出超凡的體能與精神力量。為了獲取這股力量，薩滿會在夢中召喚這種鳥。牠的羽毛會用在部落儀式中，而且被認為具有治療效果。儘管這些部落的族人不太會獵捕加州神鷹，但在加州其他地方，人們有時候會在儀式舞蹈中穿戴神鷹的毛皮。

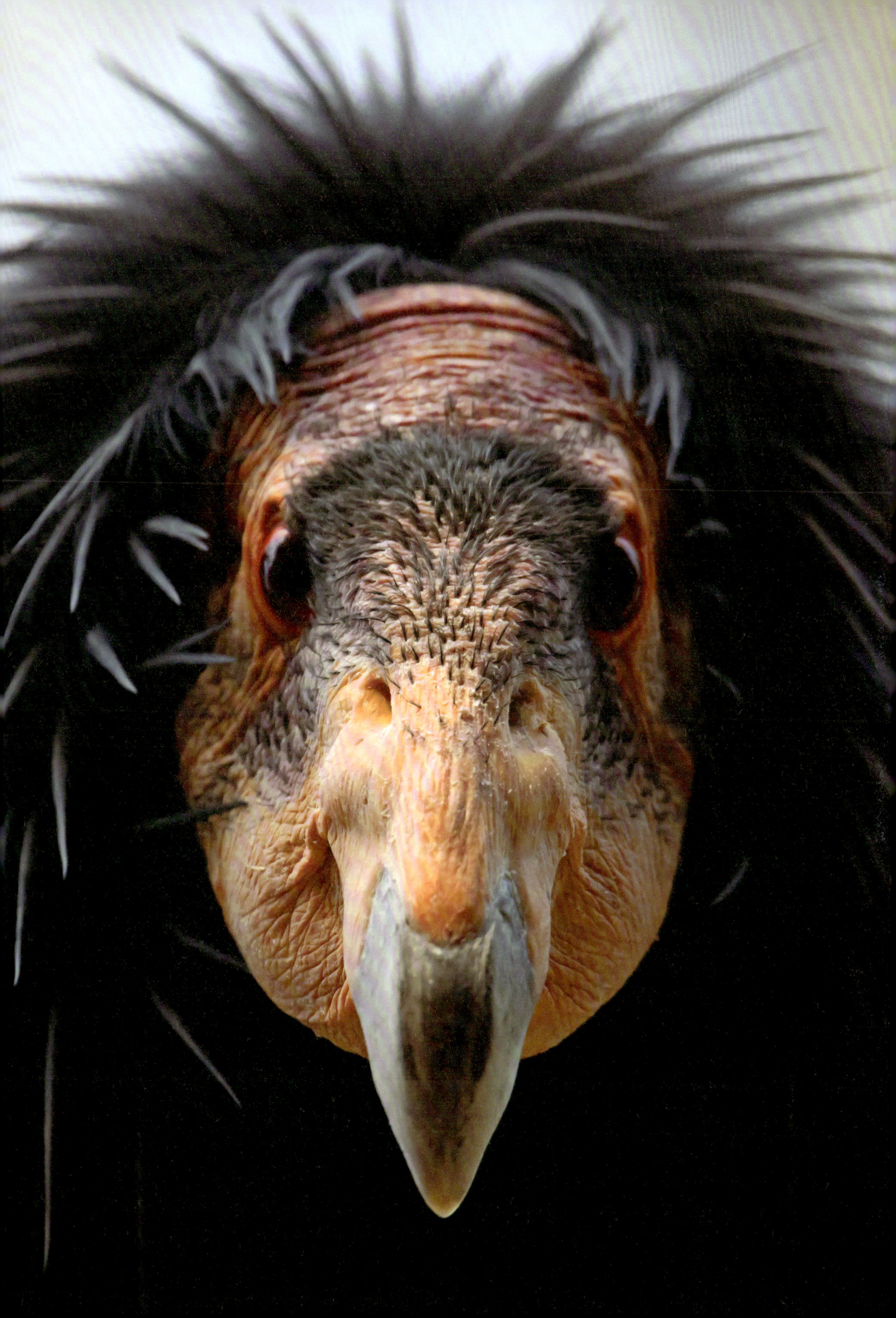

上圖 在祕魯普諾（Puno）的的喀喀湖湖畔舉辦的聖母燭光節（Virgen de la Candelaria）活動中，舞者展示用安地斯神鷹羽毛製作的精美頭飾。

　　在南美洲，可以飛到 7,000 公尺高空中的安地斯神鷹被視為神聖的鳥，是太陽的使者。自西元前 2500 年起，這種鳥就不斷地出現在安地斯的藝術與文物當中。在距離祕魯利馬（Lima）190 公里遠的金字塔中，考古學家發現一些具有四千年歷史的長笛，就使用神鷹以及鵜鶘的鳥骨製作而成。大約在西元前 1000 年，祕魯查文文化（Chavín）就在他們的寺廟和儀式建築的簷口上雕刻神鷹的形象。同一時期，在玻利維亞西部的的的喀喀湖（Lake Titicaca）周邊，以蒂亞瓦納科（Tiahuanaco）為中心的古文明，其神祇的形象常被雕塑成具有神鷹的頭部，並手持權杖。

　　大約在西元前 100 年至西元 800 年，生活在祕魯南部的納斯卡族（Nazca）也常在陶器與紡織品上繪製展翅飛翔的神鷹。這種鳥與納斯卡的戰利品頭顱崇拜有關，有時候還會描繪出一種形似神鷹的「可怕鳥」；在納斯卡人的精神世界中，天地間最強大的力量會以象徵性的形式展現。這種可怕鳥的形象結合了神鷹與老鷹的外型，呈現出正在吞食人類肉體，或是爪子抓著人頭當作戰利品的樣子。

　　在大約兩千年前，統治祕魯北部沿岸的莫切族（Moche）的藝術創作中，也經常出現雄神鷹啄食人類頭顱或身體的描繪。相較之下，體型較小的禿鷲

（vulture）就沒有類似的描繪，很有可能是因為神鷹體型最大、力量最強，象徵完全戰勝敵人。

十三到十六世紀間興盛一時的印加文明（Inca）則將神鷹視為神聖之鳥，稱之為「kuntur」。人們高度尊敬牠們，甚至有人認為鼎盛時期所興建的印加古城馬丘比丘（Machu Picchu）就是特別設計成飛行中的神鷹形象。

人類的掠奪

兩種神鷹的數量都曾非常龐大。然而，盜獵、毒害與棲地破壞，使加州神鷹在 1987 年的野外族群數量銳減至僅剩二十二隻。當時，這些僅存的個體全數被捕捉，展開大規模繁殖計畫。如今，加州神鷹的數量已超過四百隻，其中約有一半仍在圈養中，另一半則已重返野外生活。在祕魯，評論家和保育人士都大聲疾呼，希望可以禁止傳統儀式雅瓦爾節（Yawar Fiesta，譯按：又可以稱為「血祭節」）。雖然該節慶的目的是要讚頌安地斯神鷹，象徵著原住民戰勝殖民壓迫者，但整個儀式卻對神鷹造成極大傷害。神鷹會先被誘餌捕捉，再被盛裝打扮、抓著雙翼遊街示眾，之後還要被強迫飲用當地玉米酒「奇恰酒」（chicha）。在競技場內，神鷹會被綁在公牛的背上，公牛會因為神鷹的掙扎和抓撓而狂怒，一直到表演被叫停或是公牛死亡，一切才會結束。

理論上，安地斯神鷹受到法律保護，若鳥隻死亡，相關人員會被處以罰款。然而，保育人士指出，這些被迫參與慶典的神鷹通常都會受傷，甚至死去，對神鷹是一大威脅。目前，祕魯野外的神鷹數量估計僅約五百隻。

雖然各地已展開繁殖計畫，但棲地喪失、農藥汙染，以及農民誤以為神鷹會獵殺牲畜而進行的獵捕行為，仍讓安地斯神鷹的數量急劇下降。如今，在南美洲八個國家中，成鳥數量估計已不到七千隻。

面臨威脅的國家象徵

安地斯神鷹是祕魯、玻利維亞、智利、哥倫比亞以及厄瓜多的國家象徵，出現在郵票、鈔票以及國徽上。然而，這種壯麗的鳥類以及加州神鷹都面臨滅絕危機。這兩種鳥的壽命都至少有五十歲，但雌鳥通常要到六歲到八歲之間才開始繁殖，且並非每年都能產蛋，每次築巢也只能孵育一顆蛋。幼雛至少需要一年的時間才能夠獨立生活，並且需要數月才能學會飛行。儘管牠們通常會在岩縫、峭壁邊緣或洞穴中築巢以躲避威脅，仍時常遭到猛禽或其他掠食者侵襲，偷走蛋或捕捉雛鳥。

鴿子 DOVE

鳩鴿科 *Columbidae*

溫和、純潔、神聖、愛與和平，很少有生物可以跟鴿子一樣，擁有這麼多正面的形象，而且還持續數千年之久。這些外型圓潤、羽毛光滑的鳥屬於鳩鴿科家族，涵蓋至少三百個物種，泛稱為「鴿子」或「斑鳩」。所有鴿子的外型非常相似，羽毛的豐滿程度與顏色卻不甚相同，從藍灰色、棋盤格紋，到近乎純黑色都有；某些熱帶物種甚至擁有絢麗斑斕的羽色。但在神話故事中，鴿子總是純白無瑕；如今常見於婚禮或喪禮上的白鴿，其實是透過數千年的馴化才培育出全白色的鳥羽。

有趣的是，在英語中，「鴿子」（dove）無疑是充滿詩意的鳥類；而生理構造幾乎一模一樣的「斑鳩」（pigeon），形象卻往往較為負面。這種矛盾態度在古代便已存在：鴿子既是神聖愛情的象徵，也是性濫交的代表；而在現實層面上，鴿子的蛋跟肉可供食用，糞便也被當作是珍貴的肥料。

最早出現在中東地區神話中的鴿子，很可能是原鴿或是野鴿（*Columba livia*），這是所有家鴿的祖先，包含白扇尾鴿（通常直接稱為「白鴿」）、賽鴿以及信鴿等，如今常見於城市中被視為害鳥的野生鴿群，就是這些家鴿的後代。不過，也有人認為最早的神話鴿子是比較纖弱的歐斑鳩（*Streptopelia turtur*，右圖）。不論是哪一種鴿子，這種鳥都樂意光顧人類的居住地，並且很快就被馴化。牠們與人類十分親近，且繁殖力旺盛——有些鴿子一年可以生四到五胎——這些特質讓鴿子在美索不達米亞文明的自然崇拜信仰中成為重要的象徵。從約旦和巴勒斯坦沿岸出土的化石資料顯示，這些地區早在三十萬年前就已經有鴿子的蹤跡。

神聖之鳥

白鴿最初是蘇美神話中掌管愛情、戰爭與生育的女神伊南娜（Inanna）的聖鳥；後來也成為她在亞述文化中對應的女神伊絲塔（Ishtar）的象徵，希臘人則稱其為阿斯塔蒂（Astarte）。在伊拉克出土的古代文物中，考古學家發現一些白色石頭內部刻有小鴿子的雕像，年代可追溯到西元前 3000 年。這些雕像可能是當時人們在寺廟中供奉給女神的禮物，或者當成護身符來驅邪避凶。

大約從西元前 1500 年開始，伊絲塔女神以及象徵她的白鴿成為一種信仰，傳到埃及、希臘、羅馬以及整個黎凡特地區（Levant）。腓尼基商人所到之處，幾乎都能見到這位女神的赤陶土塑像，旁邊還有鴿子相伴。後來，鄰近文明的生育女神也都同樣有著鴿子相伴，包括希臘的阿芙蘿黛蒂以及羅馬的維

納斯（Venus）。奧維德曾描寫維納斯乘坐由鴿子拉動的戰車穿越天際，為特洛伊英雄埃涅阿斯（Aeneas）尋求不朽與神化。神話中的鴿子無疑是女性的象徵；而這點至今在擁有文法性別的語言中仍看得出來。

　　鴿子一直都跟永生有關。西元前400年左右，古希臘歷史學家克特西亞斯（Ctesias）記載了一則可能是最早的人魚神話，也是「死亡時變形」這個主題第一次出現。故事中，偉大的亞述女神達爾克托（Darketo）的象徵就是鴿子。女神愛上一位年輕男子，並為他生下一個女兒。但後來她因為羞愧，拋棄了孩子並跳湖自盡，最後變成了上半身是人、下半身是魚的模樣。

　　而她的女兒沙米拉姆（Semiramis）則由鴿子用牛奶和起司養大，後來嫁給傳說中建立尼尼微城（Nineveh）的亞述國王尼諾斯（Ninus）。國王駕崩後，沙米拉姆繼承王位，建造許多偉大的紀念碑，並在逝世後變成一隻鴿子飛走了。這個主題後來在宗教、藝術和文學中流傳了好幾百年，鴿子也成了代表靈魂昇華的象徵。

天上的信使

鴿子作為信使的形象有著古老的起源，在現實生活中也有其根據。根據瑞士巴塞爾大學（University of Basel）丹尼爾‧海格－瓦克納格爾（Daniel Haag-Wackernagel）的研究，早在西元前 3000 年，腓尼基水手在先進天文導航技術還沒發明出來前，就會帶著家鴿出海當「活指南針」。一旦放飛，這些鴿子可以偵測到 35 公里以外的陸地，並且本能地朝陸地方向飛行，為船隻指引航路。渡鴉也有類似的功能，這兩種鳥也都出現在最早的大洪水記載《吉爾伽美什史詩》（Epic of Gilgamesh）中，年代大約也是那個時期。

一千年後，在聖經的大洪水故事中，鴿子再次扮演重要角色，甚至被賦予了更英勇的形象。牠向諾亞證實洪水已經退去的消息：「到了晚上，鴿子飛回到諾亞身邊，嘴裡叼著一片新摘下來的橄欖葉；如此一來，諾亞就知道地上的水已經退去。」

在古希臘，鴿子和斑鳩從西元前六世紀開始，就被用來傳遞訊息；後來，世界各地都出現「飛鴿傳書」的傳統，並且延續至今。同時，鴿子做為「天上的信使」的形象，在基督教信仰中的重要性也日益升高，成為聖靈的象徵。如同使徒馬可（Mark）描述耶穌受洗時：「他一從水裡起身，就看見天堂開啟，聖靈就好像鴿子一樣，降臨在他身上。」

根據古羅馬歷史學家優西比烏（Eusebius）的記載，西元三世紀，在正式宣布費邊（Fabius）成為羅馬教宗的時候，剛好有一隻鴿子停在他的頭上。而在 325 年通過並採用的《尼西亞信經》（Nicene Creed），據說也是由化身成鴿子的聖靈加以認可的。2014 年，教宗方濟各（Pope Francis）在梵蒂岡釋放兩隻象徵和平的白鴿，但卻被一隻海鷗還有一隻烏鴉攻擊並驅趕。這兩隻鴿子可能是家養的巴巴里鴿（Barbary Dove, *Streptopelia roseogrisea*），這種鴿子飛行能力差、視力不好，在野外求生能力也很弱。

左圖 諾亞從方舟中放出一隻鴿子，以測試大洪水是否已經退去。

戰爭與死亡

　　傳統上，白鴿在西方世界是和平的象徵；但在日本和古代的美索不達米亞，鴿子卻與戰爭有關。在日本傳說中，鴿子因為救十二世紀領袖源賴朝（Yoritomo）一命而備受讚揚。當時源賴朝為了躲避敵人追捕而藏在一棵空心樹裡，敵人搜索時將弓箭伸入樹洞探查，結果飛出兩隻鴿子，敵人便認為樹洞裡不可能有人，就離開了。同時，鴿子也是日本掌管射箭之術與戰爭的八幡神（Hachiman）的聖鳥。事實上，鴿子跟斑鳩的確都是好鬥且愛爭吵的鳥類，尤其是在爭搶食物時，經常彼此打鬥。

　　鴿子也常被視為死亡的徵兆。在古老的梵文聖典《梨俱吠陀》（Rig Veda）中，鴿子是冥神閻魔羅闍（Yama）的信使：「諸神啊，一隻鴿子來到這裡，尋找某個人，牠是毀滅之神派遣的使者。」在北美民間傳說中，灰褐色哀鴿（*Zenaida macroura*）的淒涼鳴叫聲代表家中有人即將逝世，但只要在手帕上打個結，就可以保護家人平安。在歐洲，如果有鴿子停留在屋頂上，或是在門口咕咕叫，也被視為不祥。

愛情之鳥

　　鴿子不僅是神聖的象徵，更與人類的愛情緊密相連。除了家養白鴿外，每年春天從非洲翩然而至、發出溫柔鳴叫聲的歐斑鳩，也是人們喜愛的浪漫象

下圖 傳統的藍白陶瓷盤，上頭的柳樹圖案描述一對戀人變成一對鴿子的故事。

徵。這種浪漫意象如此強烈，古希臘和古羅馬人甚至會將鴿血加入愛情魔藥中；中世紀時，鴿子的心臟也常被當作愛情魔藥的藥材。

愛情與永恆的主題，在浪漫的柳樹圖案傳說（Willow Pattern fable）中交織，也間接推廣了明頓公司（Minton）著名的藍白陶瓷盤。這個故事描繪了一對中國戀人，因女方父親的反對而私奔，最終仍被抓到並處以死刑，但在神明的憐憫下化為鴿子，比翼雙飛。在美國民間傳說中，如果女生初次聽到春天歸來的鴿子鳴叫聲，那她應該向前走九步、再向後走九步，然後看看她的帽子裡，據說可以找到未來丈夫的一根頭髮（至於要怎麼找到這名男子，故事並沒有說明）。古老的二行詩也唱著：「咕嘟！咕嘟，愛我我便愛你。」直到今天，鴿子仍然經常出現在情人節卡片和婚禮賀卡上，象徵愛情與承諾。

這些動人的故事、深植人心的信仰以及古老的傳說，顯然是受到鴿子間親暱舉動的啟發，牠們會互碰鳥喙、發出咕咕聲，以及其他愛意滿滿的行為。一旦結為伴侶，牠們往往會終生相守。雄鴿在求偶時會膨起身體，然後炫耀自己，通常會開展尾羽、繞著雌鳥轉圈。如果雌鴿沒有興趣，可能會無視雄鴿、啄牠一口，甚至直接飛走。但如果雌鴿接受追求，這一對愛侶就會互相梳理羽毛，雌鴿會把鳥喙放到雄鴿的嘴喙中，樣子看起來就像是在接吻；這種行為其實是在模仿鴿子反芻餵食幼雛的方式。雄鴿和雌鴿都會用從嗉囊分泌出來的「鴿乳」餵養幼鴿，這種做法更強化了牠們作為忠誠且充滿愛意的鳥類形象。

魔法與儀式

白鴿承載愛情、和平與不朽的強大象徵意義，如今也在各種公共場合中擔任重要角色。巴巴里鴿身形嬌小，容易躲藏，過去數十年來一直出現在魔術表演當中。1930年代，魔術師亞伯拉罕·坎圖（Abraham J Cantu）將這種白鴿運用在表演中，讓牠們彷彿憑空出現，這種魔術也大受歡迎。1955年，迪士尼樂園在開幕當天也舉行了一場壯觀的「鴿子放飛」儀式，因為華特·迪士尼（Walt Disney）本人就是白鴿的愛好者。

「和平鴿」出現在許多的儀式場合之中，而且有越來越多的婚禮、受洗、生日，以及葬禮，會放飛白鴿以表達祝福。然而，在大多場合所釋放的鴿子並非巴巴里鴿，而是白色的家鴿，因為牠們更為強壯，更能夠在野外生存，而且最重要的是，這些鴿子最後都會自己飛回家。

右圖 2012年1月，教宗本篤十六世（Pope Benedict XVI）在週日誦念《三鐘經》（Angelus）祈禱結束後，從梵蒂岡的寓所窗戶釋放和平鴿。

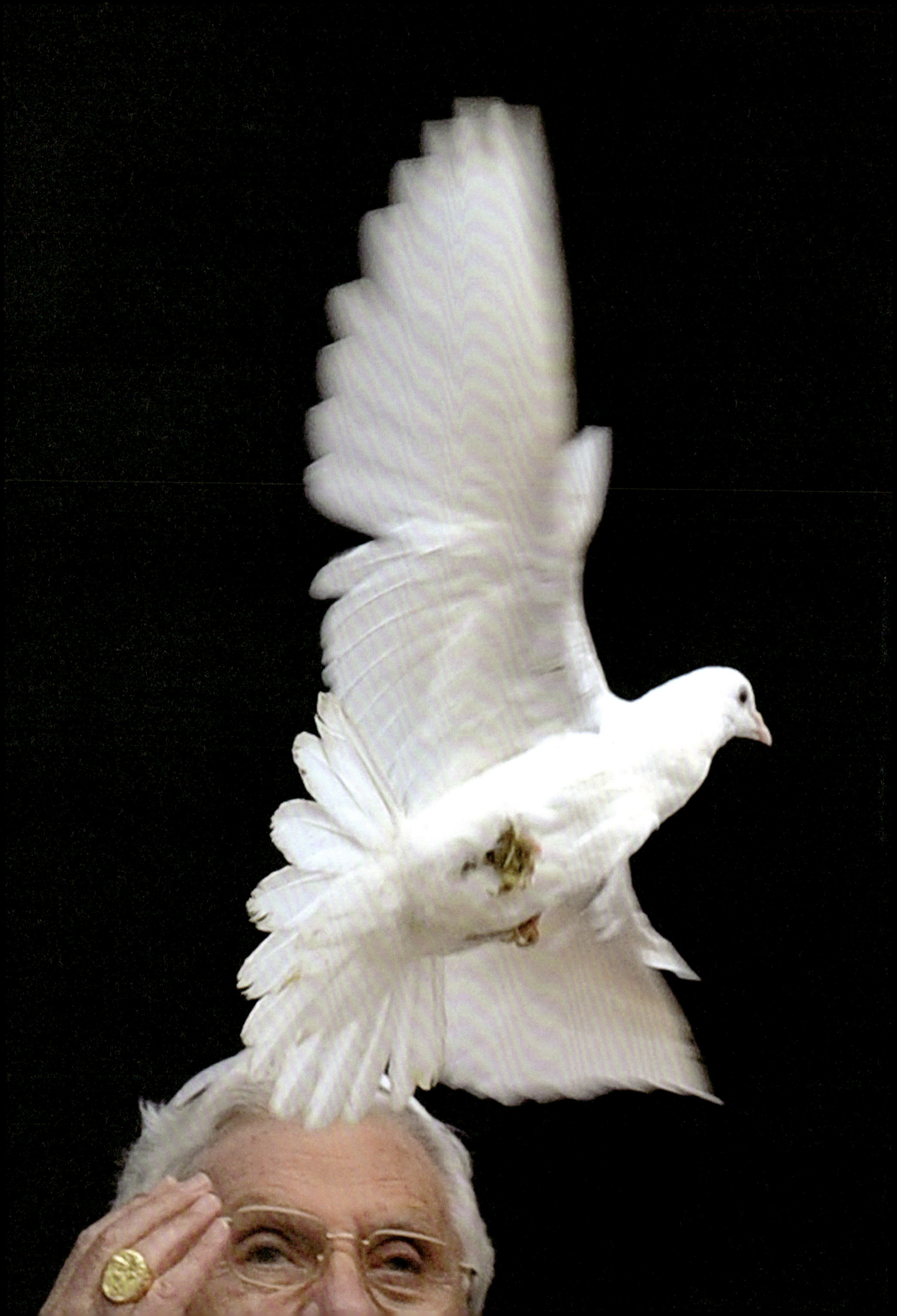

寒鴉 JACKDAW

鴉科 *Corvidae*

歐亞寒鴉（*Corvus monedula*）是典型鴉屬（*Corvus*）中體型最小的成員，特徵是後頸和脖子呈灰色，與其他鴉科鳥類有所區別。在威爾斯，寒鴉被視為神聖的鳥，因為牠們習慣在教堂的尖塔上築巢。根據地方傳說，也正因為這樣，惡魔才會避開寒鴉。威爾斯還有句諺語：「我對這件事的了解，就像惡魔了解寒鴉一樣少。」這句話通常用來表示對於某個錯誤行為的無知。

寒鴉分布在歐洲與中亞，除了在教堂塔樓築巢，牠們也會生活在煙囪、洞穴，甚至有時候會躲到兔子窩中；然而，寒鴉的形象並非完全正面。看見或夢見寒鴉，對於戀愛中或即將結婚的伴侶來說是好兆頭；若見到一大群寒鴉聚集，則可能預示著財富或新生命的到來。但是，如果看到一隻孤單的寒鴉，可能代表著不幸；若是有寒鴉掉進煙囪裡，更被認為是家中將有死亡降臨。

在伊索寓言中，寒鴉被描繪成愛慕虛榮的小鳥，會跟其他鳥類借羽毛，好讓自己看起來更漂亮。古希臘作家也提到，寒鴉會因為其「社交性」而成為「受害者」，牠們可能會因為看到油面上的倒影，以為是自己的同伴而跌入油碟中，被人抓走。寒鴉確實是高度社交的鳥類，同時，牠們也非常聰明。牠們會以特有的「chi-akk, chi-akk」叫聲彼此打招呼，也會三五成群聚集並且棲息在一塊，甚至被人賦予「喧鬧群體」（clattering）的稱號。牠們聚集在一起時會交換情報，像是哪裡有食物，或是掠食者在哪出沒等等。

寒鴉還因為容易被珠寶或硬幣等亮晶晶的東西吸引，而被說成是「小偷」。其學名「*monedula*」可能就跟這樣的習性有關；據說，生物學家林奈就是使用拉丁文的「*moneta*」來為其命名，這是「硬幣」的意思。十九世紀，理察·哈里斯·巴勒姆（Richard Harris Barham）寫了首幽默詩《蘭斯的寒鴉》（The Jackdaw of Rheims），就生動描寫了寒鴉的「小偷」形象。詩中，寒鴉不請自來，出現在一場盛宴上，並偷走蘭斯大主教（Archbishop of Rheims）放在盤子旁的綠松石戒指，當時他正在為了儀式洗淨雙手。大主教發現戒指被偷，卻不知道是誰幹的，於是對小偷下了道可怕的詛咒。後來，人們發現寒鴉跛腳且瘦弱，一切終於真相大白。寒鴉一瘸一拐地帶領大家到牠用樹枝和稻草築成的巢穴，果然在那找到了戒指。最後，大主教赦免寒鴉，還成為美德的典範，甚至被封為聖人。

右圖 在《蘭斯的寒鴉》中，寒鴉展示巢穴裡大主教的戒指。

17.

遊隼 PEREGRINE FALCON

隼科 *Falconidae*

雖然在獵鷹文化中，遊隼（*Falco peregrinus*，上圖）可能不是體型最大、也不是最兇猛的鳥類，但對許多獵鷹人來說，牠絕對是最優秀的。牠比老鷹敏捷，比鷲更有力量，比貓頭鷹更聰明，脾氣也比雀鷹還要溫馴，至於速度嘛⋯⋯牠可是比世上所有生物都還要快！牠在進行著名的俯衝獵食時，能以每小時超過 300 公里的驚人速度撲向獵物。不幸的獵物往往在牠那一擊之下瞬間被擊斃或擊暈，效率驚人。

至少從三千年前開始，遊隼就作為獵鷹用的鳥類；最早從中亞和東亞開始，之後遍及到其他許多文化當中，因為這種鳥分布極廣，除了南極洲，幾乎遍布全球。在英國都鐸時代，《聖奧爾本斯之書》（*Boke of St Albans*）中就列出不同社會階級的人可以使用的獵鷹鳥種。根據書中記載，雌遊隼是王子專屬的獵鷹；而體型比雌性略小的雄遊隼則適合伯爵或男爵。等到王子登基，加冕為國王，就必須把原先的遊隼換成海東青（*Falco rusticolus*，譯按：又稱「矛隼」），這是一種體型更大的隼鳥，主要生活在高北極地區。而若達到皇帝的地位，則可以擁有金鵰。雖然金鵰聽起來氣派非凡，牠卻以難以馴服聞名，一旦心情不好，甚至可能會直接攻擊主人。因此，或許皇帝反而十分羨慕王子，能有一隻有趣又友善的遊隼作為獵鷹夥伴。

左圖 約翰・古爾德的《大英鳥類全集》中，一幅手工上色的石版畫描繪一隻遊隼優雅地棲息在前景；背景另一隻遊隼正進行壯觀的俯衝表演。

守護的力量

隼神荷魯斯（Horus，右圖）是古埃及神話中最重要的神祇之一。雖然有證據顯示古埃及人並沒有明確區分隼跟老鷹，但大多數的荷魯斯形象都描繪有隼特有的「淚滴形」條紋，因此他很有可能是以遊隼，或是體型略小的地中海隼（*Falco biarmicus*）為原型。荷魯斯是伊西斯（Isis）與歐西里斯（Osiris）的孩子，他的外型通常描繪成隼或是隼頭人身，有時候也會是人類男孩的模樣，是掌管天空、戰爭與狩獵的神祇。荷魯斯大部分的時間都在保護埃及人，不受死敵賽特（Set）的侵擾；賽特是沙漠之神，同時也是暗殺歐西里斯的兇手。「荷魯斯之眼」象徵著守護和健康，反映出鷹隼視力的強大力量，並且以七種不同的聖書體象形文字出現。太陽神拉有時候也會以隼的形象出現。在位於薩卡拉（Saqqara）的大型墓地中，人們還發現一大批隼與其他猛禽的木乃伊。

在日本，如果是在元旦前一晚夢到隼或是老鷹，是大吉之兆；隼是三大幸運象徵之一，代表追逐目標（不僅限於狩獵）的興奮與喜悅。另外兩個幸運象徵分別是：茄子，代表節儉與簡單生活的快樂；以及富士山，象徵著自然的美麗。阿伊努人認為隼是天界之鳥，只要以禮相待並虔誠祈願，隼便會迅速回應心願。隼的爪子是非常珍貴的護身符，如果搭配適合的咒語，將其綁在傷口上，就能治癒蛇咬之傷。

上界之王

在新大陸，關於隼的神話故事非常豐富。北美密西西比地區的部落認為遊隼是上界的強大象徵。上界是三大宇宙領域之一，其他兩個領域分別是人類居住的中界，以及充滿混亂與黑暗的下界。以遊隼作為代表的神祇鳥人能夠自由地在上界和中界之間穿梭，扮演信使的角色，並且常常與下界的靈體作戰。部落族人會打造鳥人的服裝和面具，進行儀式性的舞蹈表演，藉此跟隼之靈連結與溝通，希望在戰爭時期可以得到牠的保佑。如果部族領袖逝世，人們會替他進行鳥人葬禮，其遺體會安置在由數千顆珠子排成鳥形的床上。

當然，遊隼以及其他隼類都因高超的捕食技巧而備受推崇。希臘有一則故事，講述隼捕捉到一隻夜鶯，把牠帶到高空中，並在夜鷹哭泣時冷冷地訓斥牠：「與比自己更強大的人競爭的人十分愚蠢，不僅會失敗，還自取其辱。」這故事象徵命運的無可抗拒以及對抗命運的徒勞。相較之下，蘇格蘭蓋爾（Gaelic）關於隼的故事就溫馨多了，儘管內容極不可能。故事提到一隻隼幫助鷦鷯完成長途旅行，並說道：「跳到我的雙翼之間吧，直到你回家前，沒有任何鳥兒能傷害你。」

混血遊隼

在現代獵鷹術中，純種的遊隼越來越罕見。許多的獵鷹人現在都更加青睞結合雙親優秀特質的混血鳥。透過人工授精，獵鷹人可以將體型差異甚大的鳥類進行混血繁殖，而原先在自然界中，牠們根本不會接近彼此。這些混血鳥本身往往也具有繁殖能力，因此能進一步創造出帶有第三種鳥類特徵的二代混血鳥。這些「混血」獵鷹中，許多都帶有大量的遊隼血統。其他受歡迎的選擇包含強大的海東青，為後代帶來強大的體型與力量，以及白色或銀色的羽色；如果是帶有小灰背隼（*Falco columbarius*）血統的混血鳥，則有著出色的低空追逐能力，擁有極佳的敏捷性和加速度。

在北美與歐洲，野生遊隼因為農藥中毒以及地主為了保護獵鳥而刻意撲殺，導致數量嚴重下滑。然而，遊隼的數量正在迅速恢復；過去幾十年來，牠們開始適應城市中心的生活，在建築物上而非峭壁上築巢，並以街頭的鴿子為食。這種非凡鳥類的歷史新篇章，正悄然展開。

交嘴雀 CROSSBILL

雀科 *Fringillidae*

基督教民間傳說提到，交嘴雀原本是隻喙直且羽毛樸素的雀鳥，但這一切在耶穌受難時改變了。為了拔除把耶穌釘在十字架上的釘子，交嘴雀的鳥喙扭曲成交叉的形狀。亨利・華茲華斯・朗費羅（Henry Wadsworth Longfellow）在《交嘴雀的傳奇》（The Legend of the Crossbill）中這樣描述：

沾染鮮血且不知疲倦，
用其嘴喙不斷地努力，
十字架上釋放救世主，
創世主之子終獲解脫。

不過，只有雄交嘴雀有著緋紅羽色，雌鳥則是單調的綠色。在中歐，人們將紅色交嘴雀雄鳥稱為「火鳥」，並且會養一隻在籠子裡，確保房子能免受祝融之禍或遭受雷擊。

另類的適應性

交嘴雀約有五種，主要差異在體型上；從體態纖細優雅的白翅交嘴雀（*Loxia leucoptera*），到體型壯碩、嘴喙粗大的鸚交嘴雀（*Loxia pytyopsittacus*）。最為人所知的物種就是中等尺寸的普通交嘴雀（又稱紅交嘴雀，*Loxia curvirostra*，右圖），廣泛分布在歐亞大陸和北美洲。交嘴雀最大特徵就是那獨特的鳥喙，下喙向上彎、上喙向下彎，上下喙尖彼此交錯。有些交嘴雀的嘴喙向左交錯，有些則向右交錯。德國民間信仰認為，這些交嘴雀的鳥喙交錯方向具有特殊意義，如果家裡養的交嘴雀是向左交錯，牠就可以治癒家中男性的感冒和風濕病；如果是向右交錯，則可以為家中女性成員帶來同樣的療效。除此之外，喝交嘴雀水碗中的剩水，據說還可以治療癲癇。

就跟大多數擁有特異嘴喙的鳥類一樣，交嘴雀在飲食和生活方式上非常與眾不同。牠們只吃松果，會以強壯的腳固定住松果，再用嘴喙敲開果實取出裡頭的種子。這種鳥四處游牧，會不斷遷徙尋找松果豐富的地點；一旦找到充足的食物供應，就會停留下來繁殖。通常情況下，牠們會在每年的年初繁殖，基督徒認為，交嘴雀在聖誕節築巢，在復活節時就會有幼雛長成。

婚姻衝突

雖然大部分跟交嘴雀有關的民間傳說都十分正面，但是在古歐洲，人們相信如果少女在情人節當天看到的第一隻鳥就是交嘴雀，那她就可能會嫁給愛爭吵的男人。或許這個想法源自於交嘴雀群在松林裡覓食的時候，總是不停地發出低沉喋喋不休的叫聲所致。

金翅雀 GOLDFINCH

雀科 *Fringillidae*

紅額金翅雀（*Carduelis carduelis*）無疑是歐洲最漂亮的小型鳥類之一，十分常見，並且容易觀賞。其悅耳如音樂般的笑聲，更為牠增添幾分魅力。韋瓦第（Vivaldi）在長笛協奏曲《金翅雀》（*Il Gardellino*）的快板部分，就試圖捕捉這種輕快、歡欣的節奏。傳說中，金翅雀翅膀上的金色條紋讓人們相信，如果女孩在情人節當天看到的第一隻鳥是金翅雀，就會嫁給百萬富翁。

　　紅額金翅雀經常出現在文藝復興時期的藝術作品中，尤其是那些描繪聖母與聖嬰的作品。這背後的原因非常複雜，但可能跟古希臘一種神聖鳥類「鴴屬鳥」（charadrios）有關，據說只需看牠一眼，就能瞬間治癒所有病痛。許多文藝復興的藝術家會在畫作中加入這種象徵健康與治癒的鳥類，因此需要在現實中找一種鳥來作為原型。人們最初相信鴴屬鳥的原型就是石鴴（*Burhinus oedicnemus*），其大大的黃色眼睛被認為具有治癒之力。不過，人們也認為其他具有明顯黃色羽毛的鳥類就是鴴屬鳥；因此，擁有黃色翅膀的紅額金翅雀就成為藝術作品中神聖鳥類概念的常見象徵。據說，紅額金翅雀之所以有著一張紅臉，是因為牠曾試圖替被釘上十字架的耶穌取下荊棘冠冕而染上血跡，這個傳說進一步強化了牠與耶穌間的聯繫。此外，因為牠能啄食薊紫和起絨草等帶刺植物的種子，卻不會被刺傷，因此紅額金翅雀也被視為治癒的象徵。

　　在北美洲，則可以看到北美金翅雀（*Spinus tristis*），雄鳥幾乎全身亮黃耀眼。關於牠那身亮黃色的羽毛，易洛魁族（Iroquois）的解釋非常有趣可愛。傳說中，一隻狐狸追著一隻犯了錯的浣熊，浣熊爬到樹上避難，狐狸就在樹下等，結果等到睡著。浣熊趁著狐狸酣睡之際爬下樹，用黏稠的樹脂封住狐狸的眼睛後逃之夭夭。可憐的狐狸醒來後無法睜開眼睛，只好大聲呼救，結果有幾隻小黑鳥飛過來啄掉狐狸臉上的樹脂，讓狐狸重見光明。為表達感謝，狐狸用黃色花朵的汁液為這些灰暗小鳥上色，把牠們塗成陽光般燦爛的黃色。

右圖 約翰・古爾德（John Gould）在《大英鳥類全集》中的手繪上色石版畫，展示兩隻羽色絢麗多彩的紅額金翅雀在尋找薊紫種子。

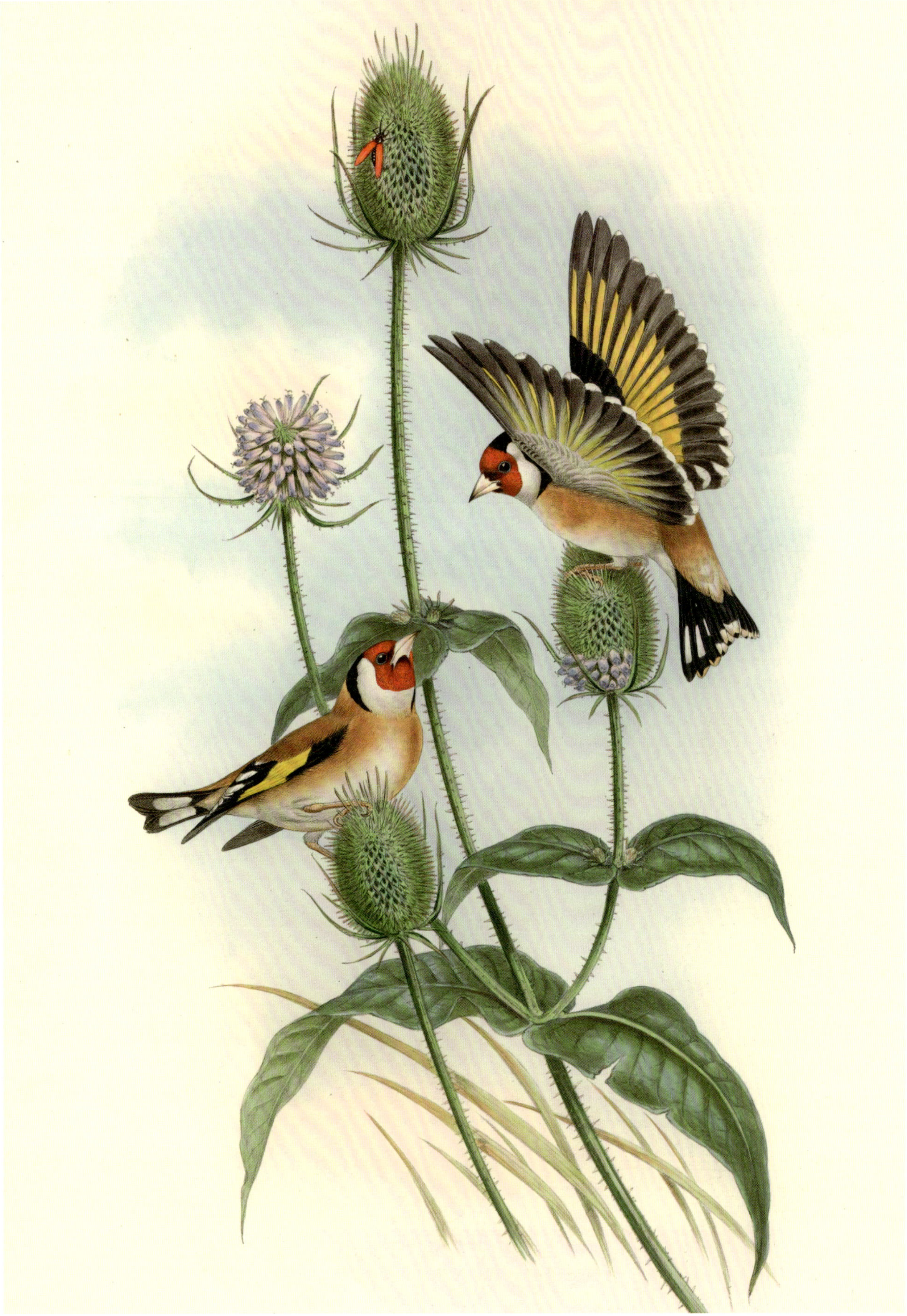

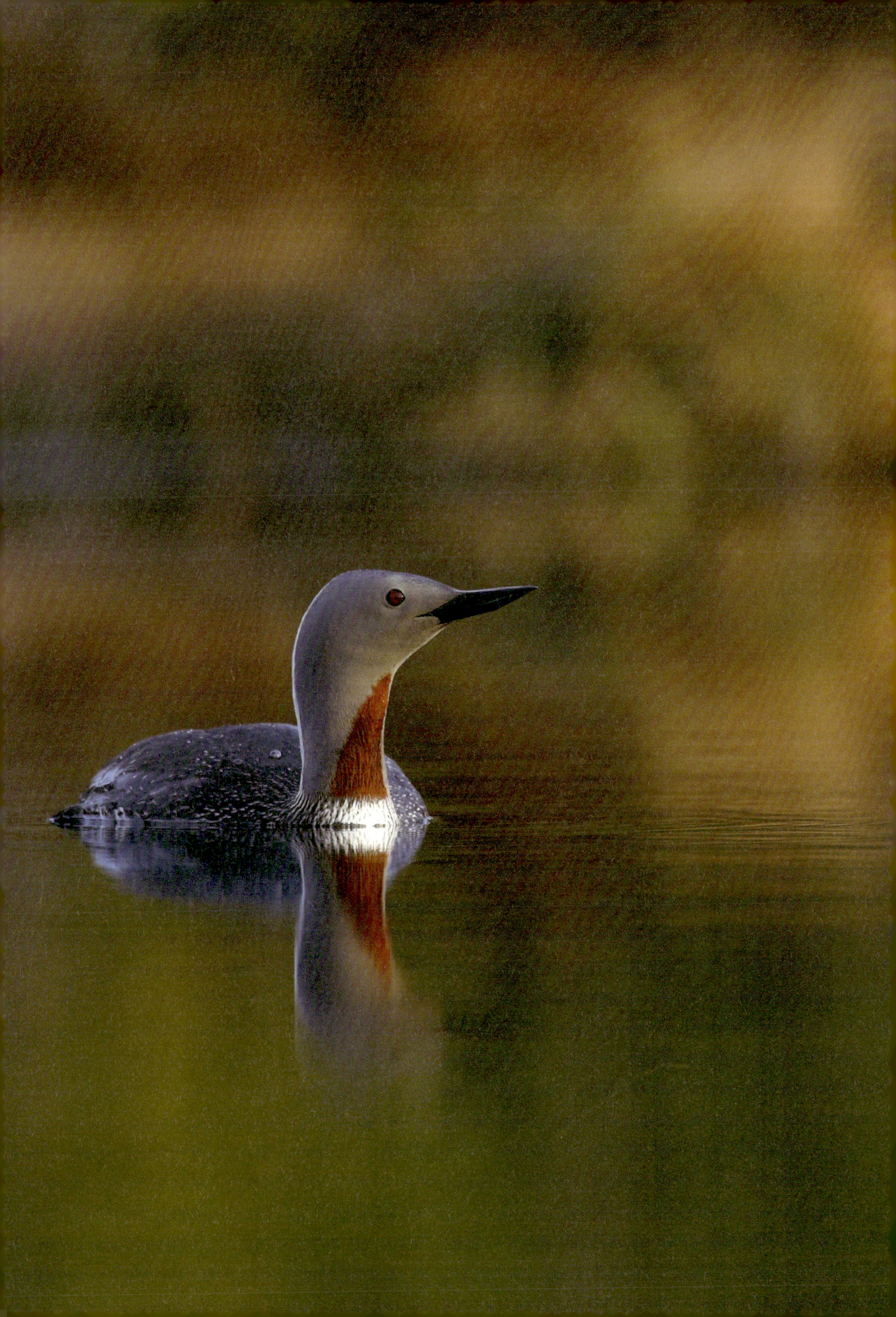

潛鳥 DIVER

潛鳥科 *Gaviidae*

在北美鄉間的野外、樹林和水域間，可以聽見北方大潛鳥（*Gavia immer*，又稱普通潛鳥）那自在悠揚的歡快叫聲，特別是在黎明或清晨時分，格外動人心弦。這種叫聲是雄鳥跟雌鳥間建立情感聯繫的重要方式之一；在繁殖季節以外，潛鳥大多沉默無聲。然而，根據緬因州阿爾岡昆族的傳說，潛鳥是世界創造者庫洛斯卡普（Kuloskap）的信使，是他教會潛鳥這種特別的叫聲，好讓牠們在需要的時候召喚創造者。

潛鳥是出色的水鳥和捕魚高手，牠們以流線型的身體在水下推進，能潛至50公尺甚至更深的水域。由於潛鳥的身體經過精細的設計，擅於使用足部推進游泳，所以牠們在陸地上就顯得格外笨拙，起飛時也困難重重，需要在水面上跑一段距離才有辦法升空，但是，一旦飛上天空，飛行能力依然非常強勁。潛鳥共有五個物種，全都棲息在北方，包括北極圈內，並且會在內陸湖泊上築巢。繁殖季節過後，牠們會退去華麗斑斕的羽毛，換成較為單調的灰色系鳥羽。由於棲息的湖泊在冬天通常會結冰，所以潛鳥會在較冷的月份遷移到海上生活。

雨之歌

美麗的紅喉潛鳥（*Gavia stellata*，左圖）是眾多可以作為天氣預報家的鳥類之一。在奧克尼群島（Orkney）、昔德蘭群島（Shetland）以及法羅群島，人們認為紅喉潛鳥發出的長鳴聲預示著即將降雨，而較短的嘎嘎叫聲則代表著好天氣。牠在蘇格蘭當地的綽號叫做「雨鵝」（rain-goose），這裡的人至今偶爾還是會這樣稱呼牠。在俄羅斯的民間傳說中，紅喉潛鳥在創世神話裡扮演關鍵角色：當世界仍覆蓋在大水之下時，潛鳥潛入虛空深處，帶回泥土，形成乾燥的土地。德拉瓦州的倫尼萊納佩族（Lenni Lenape）則認為，潛鳥幫助大洪水的倖存者找到了土地。

通緝：不論死活！

關於潛鳥的民間傳說，大多跟牠們在夏季的活動有關，因為牠們在這時候會非常吵鬧，成為景觀中非常顯眼的一部分。在像法羅群島這類地方，北方大潛鳥會在冬季的時候出現，但是不會在該地區繁殖；因此，當地人認為這些鳥會在游泳的時候，把鳥蛋放在翅膀下孵化，或甚至是在水底下築巢。潛鳥的蛋其實非常難吃，但這種鳥從古至今還是常常被獵捕；如今，部分地區仍會獵殺

靈魂的嚮導與治療者

潛鳥長久以來都與北極和亞北極地區（sub-Arctic）的一種傳統醫生——薩滿——有著深厚的連結。薩滿若要進入精神世界的最深處，通常需要動物靈的幫忙，而潛鳥就被視為靈魂的嚮導，能夠引領薩滿順利通行。當薩滿去世時，墓穴中會放置潛鳥的頭骨，協助薩滿踏上最後一次、也是最深度的冥界之旅。

北方大潛鳥（下圖）在繁殖季節時，羽色十分引人注目：頭部光滑烏黑、頸部繞著一圈白色條紋，背部羽毛則像棋盤一樣，黑白相間。唯一的色彩點綴來自牠們的眼睛，漆黑的臉上閃爍著明亮的猩紅色。在許多有潛鳥出現的文化中，這種鳥往往與強大的視覺能力相關。因紐特人（Inuit）有則故事提到，潛鳥邀請一位全盲的男孩一起潛水。第三次潛水後，男孩浮出水面時，發現自己重獲視力，於是送了潛鳥一條項鍊，以表感謝之意；如今，北方大潛鳥脖子上仍然戴著那條項鍊。另一則解釋潛鳥脖子上的項鍊與其醒目羽毛的來源故事則提到，潛鳥在餘燼旁遇到一隻渡鴉，牠們決定用煙灰在彼此白色的羽毛上畫點圖案。渡鴉先替潛鳥畫上精美的紋路；輪到潛鳥畫時，渡鴉卻煩躁不安，對潛鳥的設計不甚滿意而頻頻抱怨。潛鳥一氣之下就把煙灰都倒在渡鴉身上，所以渡鴉從此一身黑。而渡鴉為了報復，就把煤炭丟往潛鳥的腳上，弄傷了牠的腳；這也解釋為何潛鳥在陸地上總是行動笨拙。

上圖 出自約翰·詹姆斯·奧杜邦《美國鳥類》中的雕版畫，展示三隻黑喉潛鳥，分別是一隻成鳥、一隻雌鳥和一隻幼鳥。

潛鳥。潛鳥肉只比鳥蛋好吃一點，但牠們的皮膚以及完全防水的羽毛極具實用價值，可以用來製作保暖且防水的衣物。特別是黑喉潛鳥（Gavia arctica）的脖子，能夠拿來做成一種叫做「karpus」的長帽子，既能保暖頭部，也能包覆脖子。

在挪威，獵人不會射殺潛鳥，因為這麼做非常不吉利。有些民族則以相當奇特的方式使用潛鳥。舉例來說，雖然北方大潛鳥看起來並不是理想的家庭寵物，但格陵蘭人有時卻會把牠們當成看門鳥，拴住其中一隻腳並養在屋頂上，如果有人接近，潛鳥就會發出叫聲示警。阿拉斯加的科尤孔族（Koyukon Indians）也會在家裡放一隻北方大潛鳥，但不是活的，而是已經被做成標本的潛鳥，純粹作為裝飾之用，而非安全防護。

夜鶯 NIGHTINGALE

鶲科 *Muscicapidae*

英國文學中最受歡迎的詩作之一，是約翰・濟慈（John Keats）的《夜鶯頌》（Ode to a Nightingale）。當時，夜鶯的歌聲在英格蘭遠比今日普遍。詩開頭便以美麗而略帶哀愁的筆觸，述說聽見夜鶯歌聲時的感受：

> 我的心痛，麻木折磨著
> 我的感覺，就好像剛喝下毒芹，
> 或吸完一劑鴉片，一點不留
> 不一會兒，卻已浸潤忘川之中：
> 這不是嫉妒你的美滿生活，
> 是在你的幸福中感受幸福，
> 因為你，輕盈的樹精靈，
> 在悠揚的地方
> 青青山毛櫸，悠悠綠樹蔭，
> 你飽滿的喉間歌頌夏天。

只要是聽過夜鶯（*Luscinia megarhynchos*，右圖）歌聲的人，都會被牠那宛如流水般流暢的旋律、強勁的音色，時而悠揚時而急促的節奏變化所深深吸引。這種鳥原生於歐洲與西亞，冬天會遷徙至非洲；牠是外表樸素的棕色小生物，天性羞怯而隱蔽。這些特性並沒有阻止古希臘人捕捉牠——為了食用牠的肉以保持清醒，或吃掉牠的舌頭來得到唱歌的天賦。在希臘神話中，菲洛美拉因為被強暴而引發一連串的悲劇，最後眾神把她變成夜鶯，侵犯她的罪犯則變成一隻戴勝（詳見83頁）。在另一則神話故事中，王后艾頓（Aedon）策劃謀殺她小姑的孩子，卻不小心殺死了自己的兒子；宙斯知道後，把她變成一隻夜鶯，讓她得以唱出心中的悲痛與悔恨。

關於夜鶯，也有一些奇特的說法。其中一個就是人們相信夜鶯非常害怕蛇類，所以會整晚保持清醒，隨時警戒蟒蛇的攻擊，甚至會靠在玫瑰刺上，防止自己睡著。奧斯卡・王爾德（Oscar Wilde）便以此為靈感，寫下短篇故事《夜鶯與玫瑰》（The Nightingale and the Rose）。故事中，一位年輕人想用紅玫瑰贏得心上人的芳心。夜鶯為了幫助他，便把自己的身體貼在玫瑰刺上，唱出最動人的歌聲，直到失血過多而氣絕；玫瑰叢也綻放出最美麗的花朵，回應牠的犧牲。

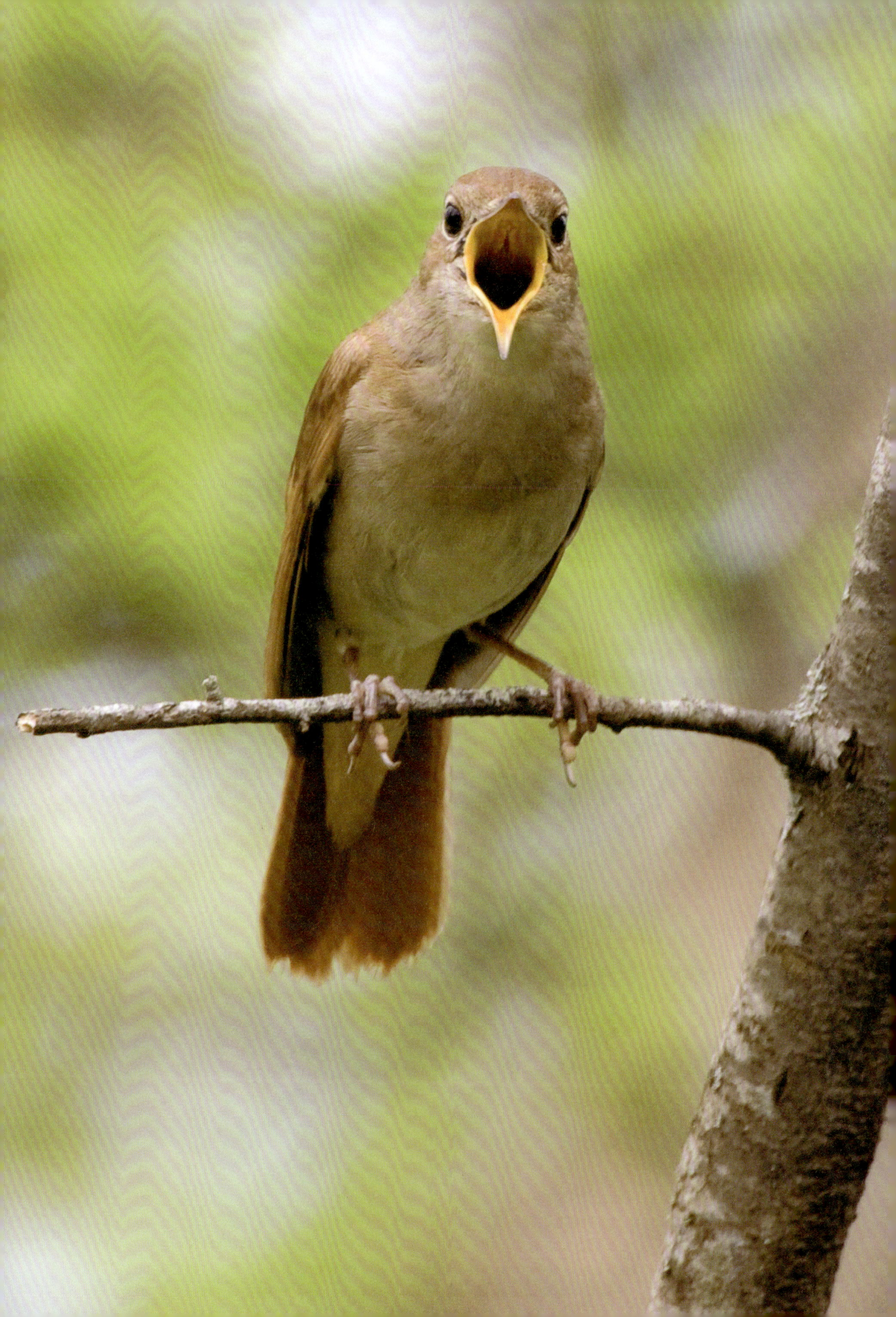

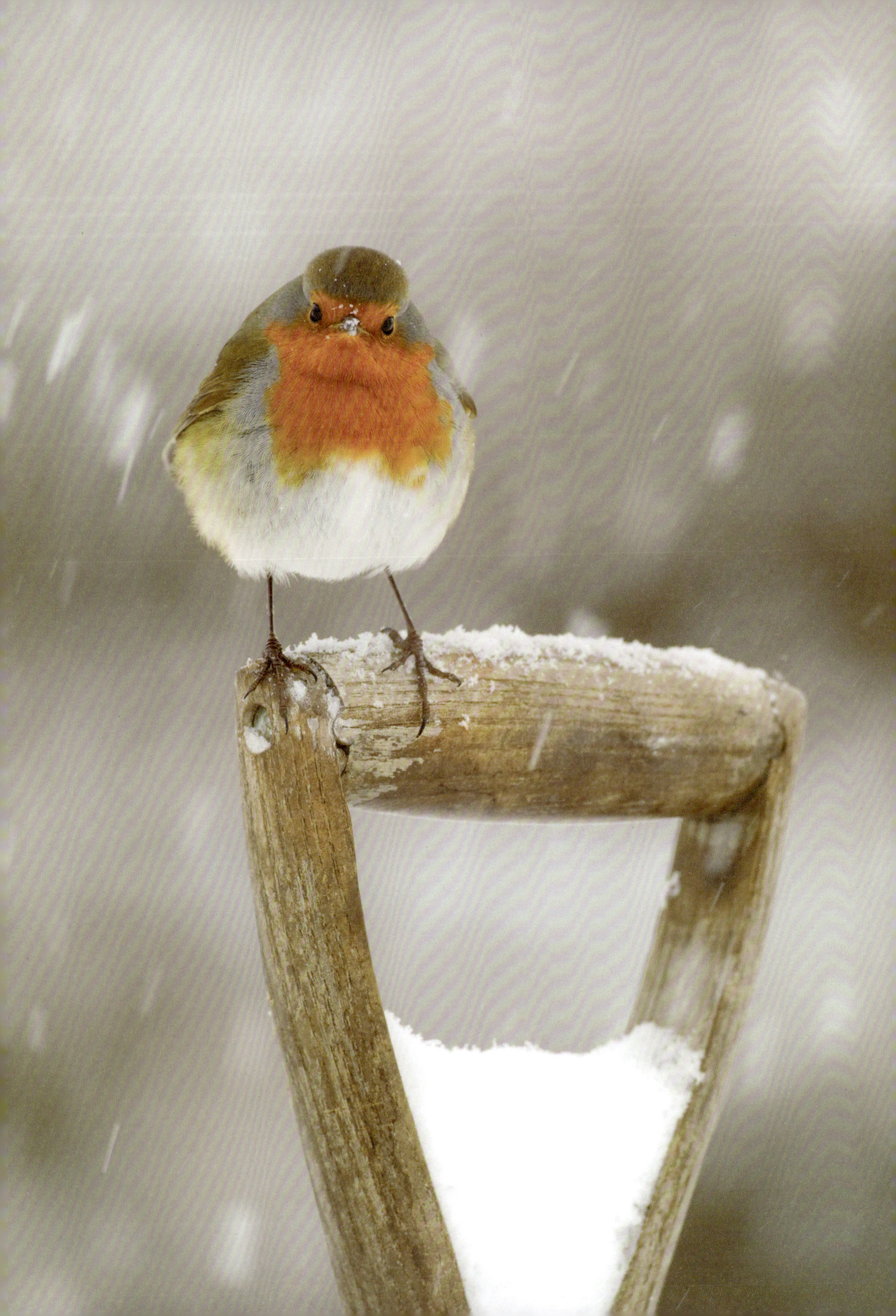

知更鳥 ROBIN

鶲科 *Muscicapidae*

歐亞鴝（*Erithacus rubecula*，左圖），通常簡稱為「知更鳥」，終於在 2015 年一場全民投票中勝出，正式成為英國的國鳥。雖然知更鳥已經擔任非官方國鳥好幾十年了，但假如這次投票是其他九種候選鳥當中任何一種勝選，知更鳥可能就永遠無法獲得正式認可。結果，知更鳥以壓倒性的票數勝出，獲得 75,623 票，遠超過第二名西倉鴞（*Tyto alba*）的 26,191 票。有評論指出，知更鳥勝選的關鍵在於其「英國本土小鳥」的性格，因為牠們具有強烈的領地意識；但更可能的原因應該是這種可愛又常見的小鳥，長期以來便深受人們喜愛，且對人類毫不畏懼。

歐亞鴝廣泛分布於歐亞大陸，但有趣的是，只有生活在英國的知更鳥才如此親近人類。牠們經常跟著園丁四處走動，停在鏟子的把手上，等人拋來美味的蚯蚓。在其他地區，知更鳥多半是隱身林間、性情害羞的小鳥，自然較少受到注意。因此，大部分與知更鳥有關的民間故事都起源於英國，並將牠們視為人類的親密夥伴。

通紅的毛色

知更鳥最明顯的特徵，就是牠胸前那片鮮紅的羽毛，從臉部一路延伸到接近腹部的位置。這片紅色胸羽是知更鳥遇到對手時，宣示主權的強大信號。這些小鳥經常為了捍衛領地而爆發衝突，而爭鬥的方式往往圍繞著如何展示或隱匿身上那片如戰旗般的「紅布」。基督教民間傳說對這塊紅色胸羽有一套說法，而且通常也適用於其他的紅臉鳥類，包括燕子、交嘴雀，以及紅額金翅雀。傳說中，知更鳥是耶穌受難時前去幫忙的小鳥之一，牠們試圖從耶穌頭上取下荊棘冠冕，因此沾染了鮮血。然而，究竟鳥兒身上的血是耶穌的，還是牠們自己被荊棘劃破流出的血，已不可考，大概也沒那麼重要。另外還有些說法，比如知更鳥把火種從天堂帶到人間，結果在運送的過程中燒傷了胸口；又或者，牠試著用翅膀搧風，想重新點燃餘燼，讓小耶穌在寒冷的馬槽中保持溫暖，結果胸前被熏紅。

從 Redbreast 到 Robin

知更鳥的英文「Robin」最初其實是男孩的名字，後來才用來指稱這種鳥。知更鳥最早的英文名字是「Redbreast」（紅胸），至今仍然有一些舊版的野外指南使用該名稱。英國人會以「人名＋鳥名」的形式，替一些常見的

鳥類取暱稱，例如 Philip Sparrow（麻雀菲利普）、Tom Tit（山雀湯姆）以及 Jenny Wren（鷦鷯珍妮）等，知更鳥則是 Robin Redbreast（知更鳥羅賓）。最終，「Robin」這個人名逐漸取代了原本的名稱，成為知更鳥的正式稱呼。

冬日故事

知更鳥與聖誕節和冬季的關聯存在已久。十九世紀的英國郵差會穿著紅色制服，被人們稱為「紅胸」，結果，知更鳥也因此成為聖誕卡片上很受歡迎的圖案，很多早期的卡片設計還會描繪知更鳥送郵件的奇妙場景。另一個起源於異教的冬季傳說提到，知更鳥殺死作為舊年國王的鷦鷯後，成為新年國王。此外，關於英國童謠《誰殺了知更鳥？》（Who Killed Cock Robin?）也流傳著許多傳說和解釋，歌中的知更鳥象徵各種人物，包括傳奇英雄羅賓漢。

知更鳥是少數能在英國過冬的食蟲鳥類。大多數的食蟲鳥類都會在冬天向南遷徙，到溫暖的地方尋找充足的昆蟲，像是刺嘴鶯、燕子、岩燕、雨燕以及夜鶯。然而，就算在寒冷的季節裡，昆蟲和其他無脊椎動物的數量會變得十分有限，知更鳥仍然選擇留在英國。牠們會改變飲食習慣，增加攝取植物性食物的比重，特別是漿果；同時，知更鳥也會改變行為，採用更多元的覓食策略。牠們會去花園內的餵鳥器中找尋食物，會去車子前方的散熱器格柵上尋覓被壓扁的蒼蠅，也會格外注意園丁或其他遇到的人類，希望獲取食物。知更鳥甚至還會檢查雪地斜坡上的雪橇痕跡，尋找裸露的蚯蚓與其他獵物。但是，嚴寒的冬季對知更鳥來說，絕對不是什麼好事；這點可以在一首流傳至今的十六世紀英國童謠中看出來：

北風颳起，白雪輕飄；
憐憐知更鳥，何去從？
待坐穀倉，溫暖其身，
埋首雙翼，憐憐知更鳥。

送葬鳥

雖然知更鳥大多與積極形象聯繫在一起,但有個古老的說法是,如果知更鳥飛進房子裡,預示著將有死亡降臨。這種想法或許源自於十六世紀一則令人不安的故事《樹林中的孩子》(Babes in the Wood);內容提到兩個孩子在樹林中迷路,最後不幸罹難。樹林中的知更鳥紛紛出現,替兩個小孩舉辦一場觸動人心的葬禮,用葉子把他們的屍身覆蓋起來(如下圖 藍道夫・凱迪克〔Randolph Caldecott〕在 1879 年的插畫)。這與知更鳥的真實行為相符,牠們確實會去翻動樹葉尋找昆蟲,並且跟隨人類或其他大型哺乳動物,隨時檢查經過時所擾動的樹葉上有沒有食物。

在英國與愛爾蘭,人們普遍相信傷害或殺死知更鳥的人,會遭遇同樣的不幸;如果打破知更鳥蛋,代表自己心愛的物品將會遭到破壞。毫無疑問地,這些信念在無形中保護了知更鳥以及牠們的巢穴。此外,每年看到第一隻知更鳥的時候記得許願,但速度要快,如果還沒許完願知更鳥就飛走,那麼許願者將倒楣一整年。

鵜鶘 PELICAN

鵜鶘科 *Pelecanidae*

巨大的鳥喙以及寬大的下喉囊,讓鵜鶘在眾多鳥類中獨樹一幟,也催生了許多關於牠的神話傳說。美國幽默作家狄克森‧拉尼爾‧梅里特(Dixon Lanier Merritt)在一首打油詩中這樣描繪鵜鶘:「奇鳥鵜鶘真稀奇,大嘴能裝勝肚皮。」孩子們經常能在動物園或故事書中看到這種體型碩大、喜好群居的鳥,其形象往往帶了點滑稽感,與鵜鶘相對奇特的宗教象徵形成鮮明的對比。

人類與鵜鶘源淵已久,其棲息地遍布全球。在鵜鶘族群中,舊世界的五個物種居住在淺湖以及河口區域,分布範圍廣闊,從東南歐、非洲以及亞洲,向東延伸到西伯利亞中部、中國東部,向南觸及印尼、新幾內亞以及澳洲等地。三種新世界的鵜鶘,包括美洲鵜鶘(*Pelecanus erythrorhynchos*)、大型的黑羽祕魯鵜鶘(*Pelecanus thagus*)以及鵜鶘科中唯一的海鳥褐鵜鶘(*Pelecanus occidentalis*),則分別居住在北美洲、南美洲以及美洲沿岸和加勒比海的島嶼上。

守護之喙

根據不同種類,這種大型水鳥的體長可達 1.8 公尺,體重可達 15 公斤;其中,澳洲鵜鶘(*Pelecanus conspicillatus*)擁有鳥類最長的鳥喙,長達 47 公分。鵜鶘巨大的喙與喉囊是極為高效的「捕魚網」。淡水鵜鶘通常會成群結隊、協力捕食,一起把魚趕到淺水區,再各自張開寬大的嘴喙,把獵物包圍起來並捉住,然後再抬起鳥喙,擴張喉囊(喉部的袋狀結構),把捕魚時一併吞下的大量水分濾掉,才能順利吞下獵物。

古埃及的王室葬禮文獻中,鵜鶘被描繪成一種保護的力量,傳說牠們能用巨喙將潛藏在尼羅河中、偽裝成魚的邪惡之物一網打盡。人們熟悉的白鵜鶘(*Pelecanus onocrotalus*)、身體主要是白色的卷羽鵜鶘(*Pelecanus crispus*)以及粉紅背鵜鶘(Pelecanus rufescens),也都被視為是來世的守護者。人們相信,鵜鶘能護送亡靈安全抵達冥界,甚至能夠讓亡者離開墳墓,重見陽光。距今超過三千五百年的《努紙莎草書》(Papyrus of Nu)中就寫道:「⋯⋯鵜鶘為

右圖 約翰‧詹姆斯‧奧杜邦《美國鳥類》中的插圖,生動展示美洲鵜鶘獨特而顯眼的喙部特徵和側面輪廓。

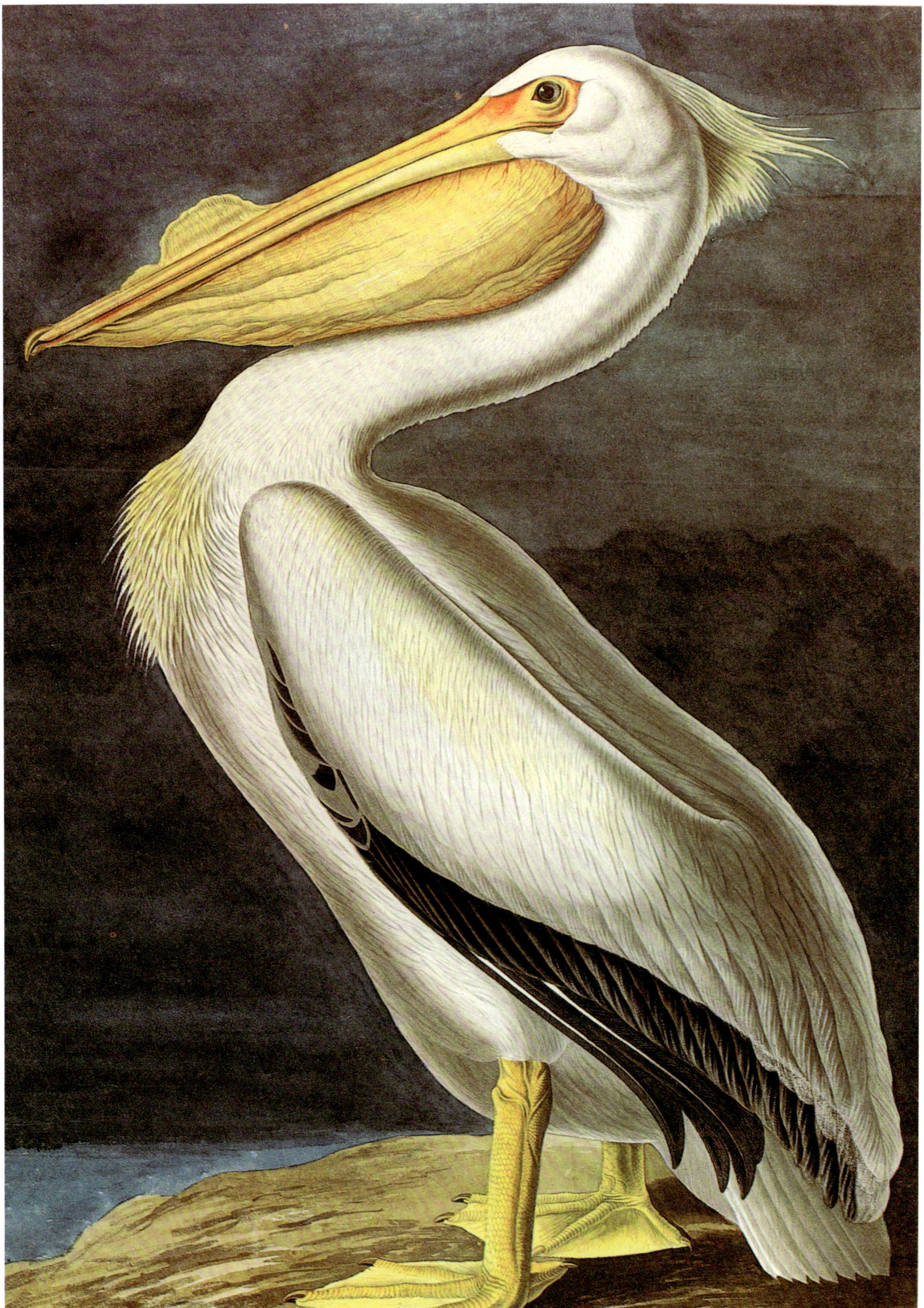

我打開了牠的喙。鵜鶘使我得以在白晝外出,到我想去的任何地方。」此外,人們也相信鵜鶘能驅蛇,但這可能是錯誤觀念。

作為隨機掠食者,鵜鶘的日常飲食中可能偶爾會吃到蛇,有時還會吃掉周遭的小鴨或其他小型鳥類。2006年,就有人在倫敦的聖詹姆斯公園中看到鵜鶘吃掉了一隻鴿子。不過,鵜鶘不吃貝類,這跟亞里斯多德推測的不一樣;他曾在西元前四世紀的著作《動物志》中提到:「住在河畔的鵜鶘,喝水的時候會一併吞下大型光滑的貝類;待這些堅硬的外殼在牠們的胃囊中消化後,再把貝殼吐出來,以便挑出並吃掉貝肉。」亞里斯多德的說法還算合理,至少比後來一些更離奇的鵜鶘傳說來得可信得多。

「虔誠的」鵜鶘

剛孵化的小鵜鶘最初是以母鵜鶘反芻的食物為食,大約一周後,幼鳥就會直接探入母鵜鶘的喉囊取用食物,幾乎整個身體都會鑽進去。這種自然的育雛行為後來卻被扭曲,衍生出鵜鶘自殺死自己孩子的離奇說法。同樣奇怪的觀念在基督教出現之前的一則古老傳說中,飢荒之時,鵜鶘媽媽會啄破自己的身體,用血液餵養幼雛。這種想法可能源自於鵜鶘的嘴喙非常靠近胸腔的自然姿態,而傳說中的「血」可能指的是白鵜鶘鳥喙上深紅色的部分。

西元二世紀成書的早期基督教博物誌《博物學者》(*Physiologus*),賦予上述故事宗教上的寓意。故事中,小鵜鶘們叛逆,父母出手擊殺,但到了第三天,母鵜鶘便割開自己的身體,用自己的血復活了小鵜鶘,象徵著基督的受難和復活。《舊約》中,鵜鶘和其他食肉動物一樣被視為不潔的鳥類,是「可憎」的存在;但是,這種不潔形象已被新的「虔誠」之鳥所取代,鵜鶘拯救自己的孩子,如同基督救贖世人。十三世紀道明會(Dominican Order)修士、哲學家暨神學家多瑪斯·阿奎那(Thomas Aquinas)更強化了這種象徵意義,他曾以「虔誠的鵜鶘,主耶穌」為喻,呼求耶穌以自己的血來洗滌世人的不潔,只需一滴血就可以拯救世界。在這個意義上,「虔誠」指的是盡責的溫柔,是父母為了拯救叛逆子女而展現的慈愛與犧牲。

在莎士比亞的悲劇《李爾王》中,國

會唱歌的創世鳥?

對於墨西哥索諾拉州的塞里人(Seri)來說,他們的新世界鵜鶘(很可能是美洲鵜鶘)是世界的創造者,辛勤地從原初海洋的底部收集泥土。雖然其他美洲原住民多半讓鴨子扮演這個角色,但擁有巨大鳥喙的鵜鶘似乎更適合收集泥土。不過,還有人將鵜鶘形容為「擁有超自然智慧和悅耳聲音的禽鳥」,這點恐怕就不太可信。雖然在古祕魯,鵜鶘的骨頭會被用來製成長笛,但是這種鳥本身並不以悅耳鳴叫著稱,只有在繁殖期間,部分的鵜鶘會發出「哞」或「哈~喔」的聲音,或是低沉的咕嚕聲。

上圖 鵜鶘啄胸以自身鮮血餵養幼鳥的傳說，經常被用來作為基督的象徵。這個精美雕像出自巴黎的聖敘爾比斯教堂（Church of Saint-Sulpice）。

王感嘆：「是這肉體，孕育出那些鵜鶘女兒」，用來影射他那忤逆、忘恩負義的子女。相較之下，鵜鶘雙親啄胸哺育幼鳥的形象，已成為強大的紋章符號，代表著高貴的自我犧牲，至今仍見於家族徽章、彩色玻璃窗以及基督教世界各地的教堂和大教堂之中。牛津大學跟劍橋大學的基督聖體學院（Corpus Christi College）都將鵜鶘的形象融入校徽中；基督聖體（Corpus Christi）的意思是「基督的身體」，所以才會選用鵜鶘作為象徵。

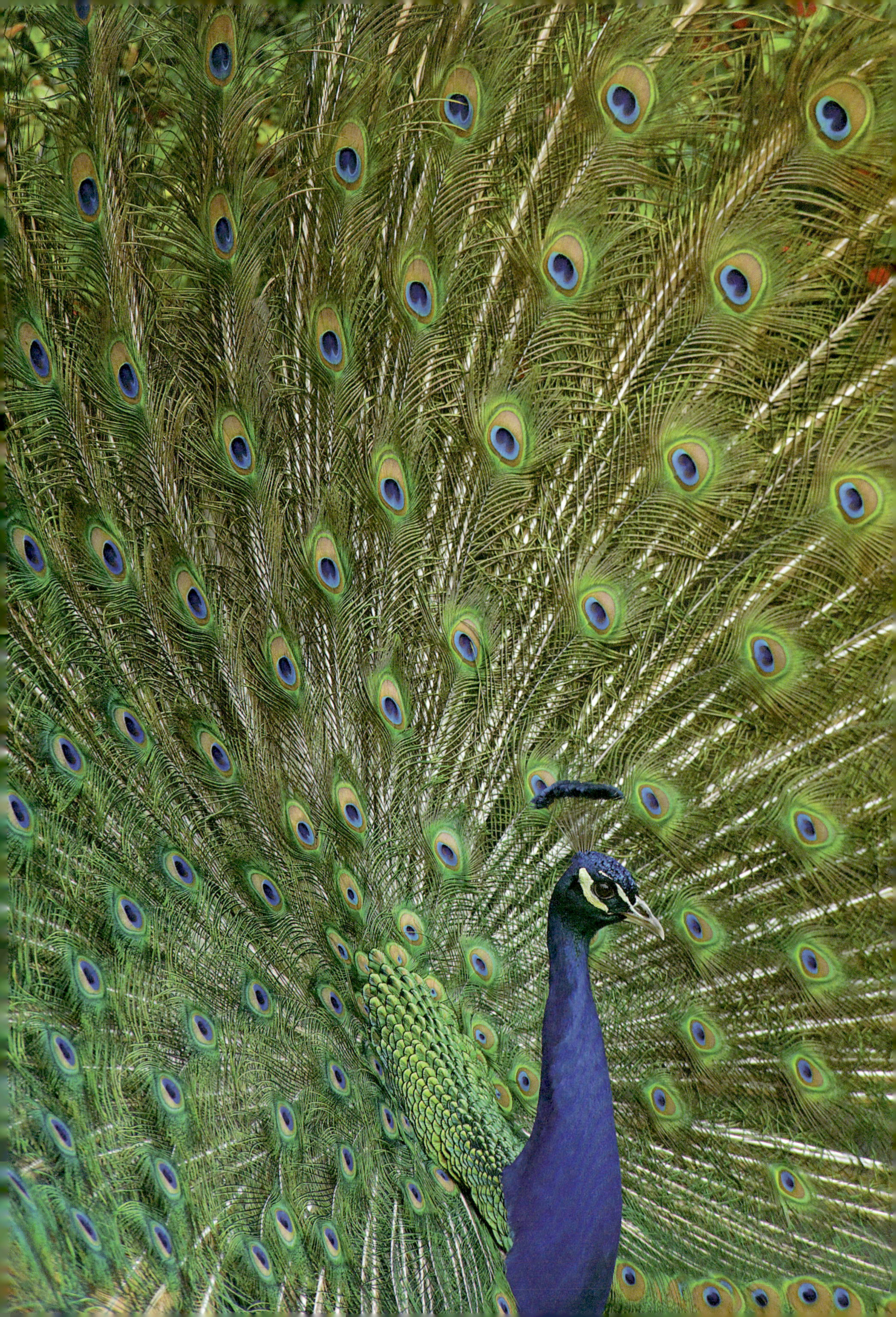

孔雀 PEACOCK

雉科 *Phasianidae*

孔雀昂首闊步，抖動身上巨大、直立的多眼藍綠色尾羽，以吸引附近母孔雀的注意；這可能是地球上最華麗的求偶展示。人類醉心於此一景象已達數千年之久，造就出許多跟孔雀有關的神話與信仰——儘管這些故事往往是基於人們對孔雀「傲慢」形象的想像，而與真正的孔雀行為並無太大關聯。

有兩種血緣相近、頭戴羽冠的孔雀會展示出這種迷人的行為，包含原生於印度與斯里蘭卡的藍孔雀（*Pavo cristatus*，左圖），以及生活在東南亞的熱帶森林區域的綠孔雀（*Pavo muticus*）。這兩種孔雀都有大約兩百根延長的尾覆羽，由較短的真尾羽支撐，其延伸長度會超過 1 公尺。雖然雌性綠孔雀的羽色與雄性類似，卻沒有延長的尾屏；而雌性藍孔雀則是全身黯淡的棕黑色鳥類。

在其原生棲地，野生藍孔雀多在開闊的森林中覓食，除了吃漿果與穀物，也會捕食蛇類及其他小型嚙齒類動物以補充營養。人們推測，早在三千年前，藍孔雀就已在印度河流域被馴化，並在西元前十世紀左右引進中東。《列王紀上》（Book of Kings）記載，以色列和猶大統治者所羅門王（約西元前 970 至 931 年）曾收到「……金、銀、象牙、猴子和孔雀」等貢品。據說在西元前八世紀，亞述的領袖提格拉特－帕拉沙爾三世（Tiglath-pileser III）也從阿拉伯半島的居民中收到孔雀作為朝貢。

警覺之「眼」

西元前四世紀，孔雀在古希臘已廣為人知並受到保護。亞里斯多德在《動物志》中就詳細記錄孔雀的繁殖習性，觀察到牠們的尾覆羽會在秋天脫落，並在春季重新長出。然而，亞里斯多德也同樣延續孔雀虛榮的形象，並說道：「有些動物充滿忌妒心，並且熱愛打扮，就像孔雀。」幾世紀後，老普林尼在《自然史》中也有類似記述：「據說孔雀不只虛榮自大，牠還跟鵝一樣惡毒。」

左圖 約1910年的法國明信片，根據一則伊索寓言故事所繪的插圖。孔雀跟女神朱諾抱怨，覺得自己的聲音沒有像夜鶯那麼甜美。

　　孔雀跟鵝一樣，都是希臘女神赫拉的神聖之鳥；而在羅馬神話中，赫拉的對應神祇朱諾，也經常被描繪成有孔雀陪伴的形象。在神話中，孔雀負責拉動赫拉乘坐的戰車，她也在自己的神殿裡飼養大量的孔雀。另一則傳說則提到，孔雀尾羽上的一百隻眼睛是赫拉所賜予，這些眼斑原本屬於百眼看守者阿爾戈斯（Argus），但因為他未能守護珍貴的白母牛，所以遭女神奪去，送給孔雀。因為這個故事，再加上孔雀尾羽上的眼斑，使孔雀在人們心中成為「警覺」的象徵。

　　然而，在早期的基督教中，因為孔雀能夠脫去身上華麗的羽毛，然後再次生長出來，被人們視為基督復活的象徵。同時，人們還相信孔雀象徵著不朽，因為其肉體「不會腐敗」，聖奧古斯丁（St Augustine）在西元五世紀初所著的《上帝之城》（*De Civitate Dei*）中便提到，他曾保存孔雀肉達三十天而未見腐敗。直到最近，在羅馬的復活節儀式中，教宗仍會揮舞插有孔雀尾羽眼斑的鴕鳥羽扇，象徵教會「無所不見」的守護之力。

福氣之羽

在古代中國，孔雀羽毛會作為獎賞賜予官員，以嘉獎其忠誠。據說，這項傳統源自對野生孔雀的感激之意；當時，一位將軍藏身於孔雀棲息的森林中，而孔雀們異常地保持安靜，讓敵軍誤以為森林中無人藏匿。至少到十九世紀為止，孔雀羽毛都還是地位和皇室的象徵，甚至還有整件衣服由孔雀羽毛製作而成。

然而，在英國的民間傳說中，如果屋子裡有孔雀羽毛，就會是一種不吉利的象徵，因為人們認為這些鳥羽會帶來厄運，甚至是死亡；這種想法可能跟「邪惡之眼」有關。這種迷信也出現在劇場之中，許多演員都認為孔雀羽毛絕對不可帶上舞台。

孔雀之王

從古至今，孔雀一直在印度教中扮演重要角色。孔雀帕瓦尼（Parvani）是戰神穆如干（Murugan）的坐騎，象徵著他能夠控制這種鳥類所代表的虛榮心。同樣地，掌管藝術的女神辯才天女（Saraswati）也是騎在孔雀身上，並且能夠駕馭牠，顯示出女神不會被驕傲情感所影響。印度教中最廣受敬仰的神祇黑天（Lord Krishna）身上配戴著孔雀羽毛，這是孔雀之王為了感謝他吹奏笛子、創造出美妙的音樂而奉上的禮物。

對於中東地區的雅茲迪人（Yazidi）來說，孔雀王或是孔雀天使（Melek Taus）是偉大造物者的最初形態，是七大天使之首。傳說中，他曾端坐於宇宙之珠上，直至那創世之珠轟然爆裂，幻化為如今的有形宇宙。為平息一系列猛烈的地震，他來到凡間，並賦予這個世界宇宙之光，用以孕育生命。他化身為擁有七色虹彩的孔雀，但因試圖將「神聖的奧祕」傳授給人類，而被放逐到冥界；唯有流下悔罪的淚水澆熄地獄之火，才能被釋放。幾個世紀以來，雅茲迪人因其信仰而遭人迫害，被誣蔑為「惡魔崇拜者」，但時至今日，他們仍然繼續崇敬孔雀王。

中世紀伊朗作家阿茲艾丁・埃爾莫卡德西（Azz-Eddin Elmocadessi）寫下一首詩，在十九世紀被路易莎・斯圖亞特・科斯特洛（Louisa Stuart Costello）翻譯（但她不知為何把文中的孔雀描述為雌性）；這首詩提起孔雀的失寵，呼應了牠與虛榮的聯繫，同時還描述其嘈雜的叫聲跟尖爪，這些特徵跟孔雀美麗羽毛的形象不太吻合，該詩寫道：「縱然她美麗又自傲，卻也明瞭，天堂並不屬於她……那猙獰的利爪時時提醒著，她的過錯與墮落；當利爪映入她驚懼的眼眸，那恐懼的尖叫便撕裂天際！」

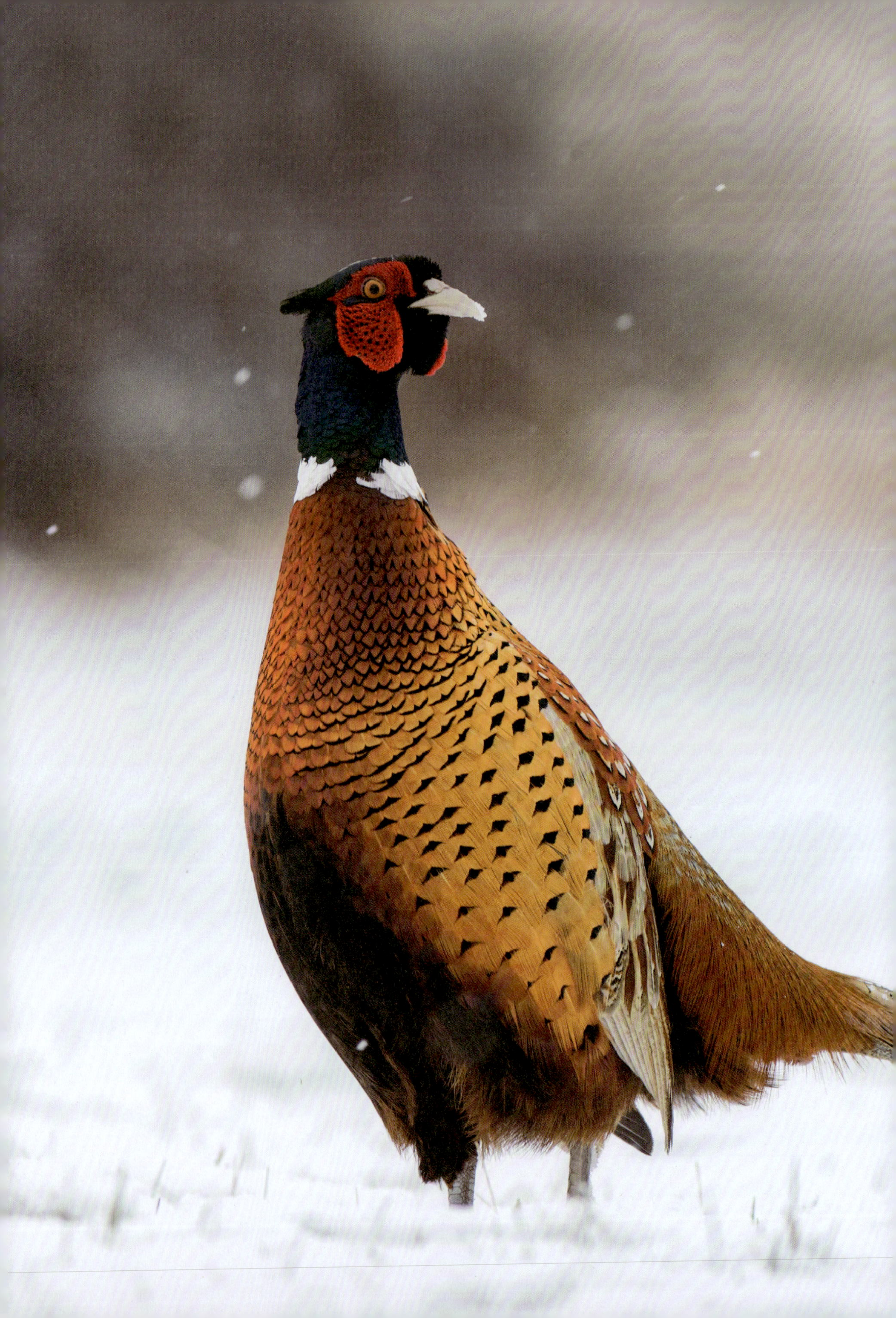

雉雞 PHEASANT

雉科 *Phasianidae*

雉雞在歷史上曾有一小段光輝時刻，也就是十五世紀在里耳（Lille）舉辦的雉雞盛宴上。當時，勃艮第公爵菲利普三世（Philip the Good, Duke of Burgundy）在一隻活雉雞前發誓，號召他的士兵加入對抗土耳其人的十字軍東征。除此之外，雉雞跟血緣相近的孔雀命運大不同，雉雞在西方的主要價值在於身上的羽毛跟肉；法國作家伏爾泰（Voltaire）曾用「神仙美味」來評價雉雞肉。直到現在，雉雞還是人類主要的獵捕鳥類。

雉科中數量最多的物種是環頸雉（*Phasianus colchicus*，左圖），牠的名字源自於喬治亞科爾基斯（Colchis）的法西斯河（River Phasis）沿岸，該河流現名為里奧尼河（Rioni）。古希臘人把這種鳥引入西方，圈養以供食用。古羅馬人也喜愛食用雉雞。據說，西元47年，羅馬皇帝克勞狄一世（Claudius）所展示的「不死鳥」，很可能就是來自西藏東部的紅腹錦雞（*Chrysolophus pictus*）。

神聖與奇異

在西藏、尼泊爾和中國西部，當地人認為殺害雉雞是一種罪過，會帶來厄運。在佛寺的周圍，這種鳥一直都受到保護，其中包括醒目的白馬雞（*Crossoptilon crossoptilon*），牠一身雪白，象徵著雪山的生命力，也代表正義、善良和聖潔。

在東南亞，有兩種雉雞以希臘神話中的百眼巨人阿爾戈斯命名，牠們以其美貌和在野外的稀有度聞名。雄性青鸞（*Argusianus argus*）身上長長的次級飛羽，點綴著金色眼斑，在求偶時會展開成壯觀的扇形。美國鳥類學家威廉‧畢比（William Beebe）曾形容極為罕見的鳳頭眼斑雉（*Rheinardia ocellata*）雄鳥是「無法言喻的美妙」，牠的尾部覆羽長達173公分，位居世界首位。

十九世紀英國人類學家沃爾特‧威廉‧斯凱特（Walter William Skeat）研究馬來半島的雉雞，並記下一則當地傳說：數千年前，雉雞本來是隻羽色黯淡的鳥，牠拜託烏鴉幫牠塗上漂亮的羽色。烏鴉同意，替牠畫出華麗斑斕的羽衣。但當烏鴉也要求雉雞幫自己畫羽毛時，雉雞卻拒絕了。兩隻鳥吵了起來，雉雞一氣之下把黑墨撒在烏鴉身上，自此烏鴉羽毛全黑，雙方也從此勢不兩立。

鸚鵡 PARROT

新世界鸚鵡科、舊世界鸚鵡科 *Psittacidae, Psittaculidae*

自古以來，鸚鵡以彩虹般的羽毛、刺耳的叫聲、強壯的鉤狀喙，以及模仿人類聲音的能力讓人深深著迷。斯皮克斯金剛鸚鵡（Brazilian macaw）的洞穴壁畫可追溯到五千年前；創作於西元前 1500 年至 1200 年間的古梵文經典《梨俱吠陀》，在描述世界的起源時也提到鸚鵡；在澳洲夢時代傳說中，綠色的長尾小鸚鵡尤柯佩（Yukope）與藍色山鸚鵡丹頓（Dantum）則是世界創造者老鷹邦吉爾（Bunjil）的助手。

鸚形目（Psittaciformes）是大型的鳥類目，包含六個科、共三百六十四個物種，體型差異極大，從印尼與巴布亞紐幾內亞體型僅 10 公分長的棕臉侏儒鸚鵡（*Micropsitta pusio*），到中南美洲體長達 1 公尺的紫藍金剛鸚鵡（*Anodorhynchus hyacinthinus*）皆屬此目。牠們主要分布在熱帶與亞熱帶地區，其中多數集中於南半球的熱帶南美洲與澳大拉西亞。但像是紅領綠鸚鵡（*Psittacula krameri*）等英格蘭東南部居民所熟悉的物種，正迅速擴展到更為溫帶的地區。

聰明又多話的鳥

古希臘人將鸚鵡從印度引進西方，其中可能包含紅領綠鸚鵡跟體型較大的亞歷山大鸚鵡（*Psittacula eupatria*），此物種以亞歷山大大帝命名。亞歷山大的老師亞里斯多德曾提到鸚鵡具有模仿能力，但牠們並沒有人類那種聲帶，而是跟多數鳥類一樣，藉由讓氣流通過由氣管延伸出來的鳴管來發出聲音。

古羅馬人也十分迷戀鸚鵡，他們會飼養紅領綠鸚鵡跟非洲灰鸚鵡（*Psittacus erithacus*，右圖）。老普林尼曾說：「鸚鵡會向皇帝致意，並重複牠聽到的話。」這種能力跟鸚鵡在野外的行為有關，牠們和鳴禽一樣，透過模仿同類的叫聲來學習，並使用一系列複雜的響亮叫聲與同伴保持聯繫。如果鸚鵡從小就被關在籠中並缺乏其他鳥類同伴，就會轉而模仿人類的聲音。

然而，相較於其他鳴禽，鸚鵡在語言模仿上堪稱冠軍，而且聰明得驚人。根據加拿大麥吉爾大學（McGill University）路易斯・勒費弗（Louis Lefebvre）教授的研究，鸚鵡在所有鳥類之中，其腦容量與體型的比例可說是睥睨群雄。

據說，非洲灰鸚鵡擁有五歲孩童的智商，以及兩歲小孩的情感能力。一隻名叫亞歷克斯（Alex）的鸚鵡在美國動物學家艾琳・佩珀伯格（Irene Pepperberg）訓練下，能理解一百個單字，還能輕鬆辨別顏色、材質和形狀。

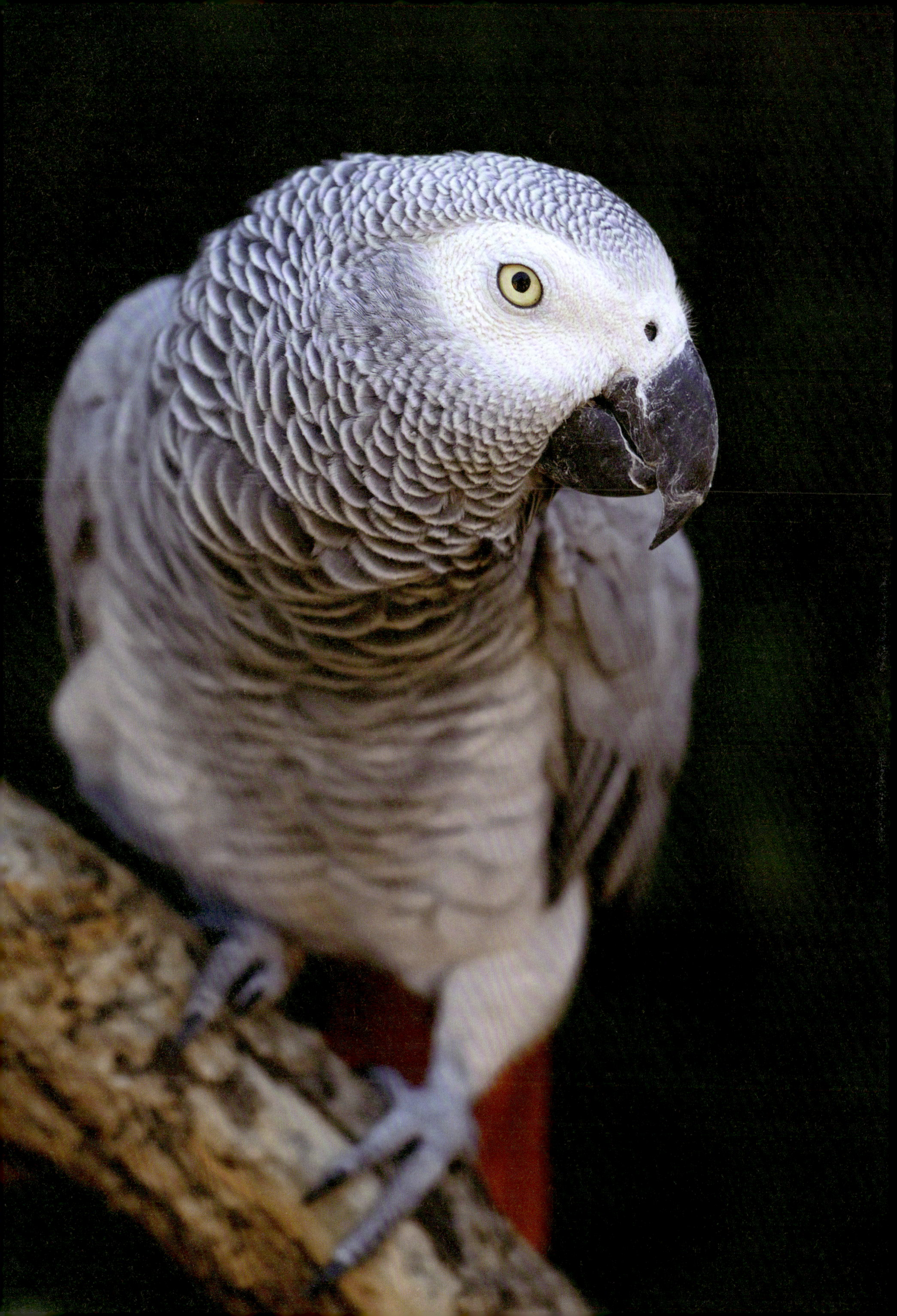

上圖 揚・范艾克（In Jan van Eyck）的作品《聖母和聖嬰與教士范德帕勒》（*The Madonna with Canon van der Paele*），畫中還是嬰兒的耶穌手握一隻鸚鵡，在中世紀的藝術作品中，這通常象徵著聖母瑪利亞以及上帝的話語。

　　鸚鵡也很容易訓練，因為牠們十分靈巧，而且善於雜技；牠們在野外會利用強壯的嘴喙以及對生趾（兩趾向前，兩趾向後）來抓握和攀爬，以尋找水果、種子和花蕾。在圈養的環境中，鸚鵡能夠學習翻牌、翻筋斗、滑行、爬繩索、把硬幣投入槽中，以及玩呼拉圈等技能。羅馬人很愛訓練寵物把戲，赫庫蘭古城（Herculaneum）一幅圖像就描繪一輛由鸚鵡拉著、蚱蜢駕駛的迷你戰車，但這更可能是在諷刺而不是真實場景，畢竟訓練蚱蜢不是件容易的事。

基督教意象
　　早期的基督徒因為各種理由而珍視這些聰明的鳥類。他們覺得鸚鵡很乾淨，所以會把牠們跟純潔以及其他神聖的特質聯想在一起。人們認為鸚鵡不只是會模仿人類說話，還可以傳達上帝之言。據說在468年，安提阿（Antioch）的牧首彼得・富洛（Peter the Fullo）就巧妙地利用這種信仰，訓練他的寵物鸚鵡唱三聖頌（Trisagion），這是一首東正教用來呼求三位一體上主的古老聖歌，並且還額外加上當時頗有爭議的禮拜儀式用語：「為了我們被釘上十字架」。

色彩繽紛的鸚鵡常出現在關於伊甸園的繪畫中；到了中世紀，牠們還成為聖母無染原罪（Immaculate Conception of Mary）的象徵，1436年揚·范艾克的作品《聖母和聖嬰與教士范德帕勒》中，就可以看到鸚鵡的身影。

南美洲象徵主義

許多南美洲的鸚鵡都有鮮豔的色彩，在古代祕魯和馬雅文明中，被視為與天空、太陽、光明、黃金以及神靈息息相關。位於祕魯南部納斯卡沙漠、約1500年前雕刻而成的「納斯卡線」（Nazca Lines），就包含一隻巨大的金剛鸚鵡圖騰。這些只有從空中俯瞰時才看得到的線條，被認為是獻給天空之神的。馬雅人有一位名為基尼奇·卡克莫（Kinich Kakmó，火鸚鵡）的神祇，他是墨西哥伊薩馬（Izamal）的守護神，據說他每天都會化身為金剛鸚鵡降臨城市，享用祭品。

緋紅金剛鸚鵡（*Ara macao*）的羽毛是鮮豔的藍色、黃色與紅色，在中南美洲的古納斯卡人、印加人和馬雅人社群中有著高度的評價，並且廣泛用來交易。以金剛鸚鵡羽毛做成的精美斗篷和長袍，是將鳥羽打結固定在已經編織好的繩子上，再分層縫製在布料上。此外，這些羽毛也常用於製作頭飾、扇子、衣帶和流蘇等裝飾品。

鸚鵡跟金剛鸚鵡在古代也常被當作寵物飼養；古墓中就曾發現用鸚鵡屍體做成的木乃伊。巴西原住民波洛洛人（Bororo）至今仍會飼養緋紅金剛鸚鵡，因為他們相信死者的靈魂會化作這種鳥重返人間。由於金剛鸚鵡不僅會在森林中築巢，還會在波洛洛人神聖先靈的墓穴山洞中建立巢穴，所以這種鳥在野外從來不會遭到獵殺。

愛情之鳥

在印度，關於訓練鸚鵡說話的藝術在《慾經》（*Kama Sutra*）裡有詳細描述。這種鳥也跟愛情有關。伽摩天（Kamadeva），又稱馬丹（Madan），是印度教的愛神或慾望之神，他的坐騎就是鸚鵡。在傳統的印度婚禮中，有時候新娘的腳上會畫上鸚鵡伐訶納（vahana，意指坐騎）的圖案。

鸚鵡大多是一夫一妻制，關係親密，會互相梳理羽毛，甚至會輕啄彼此的喙，看起來就像在親吻。因此，善於社交、情感豐富的小型非洲鸚鵡 —— 情侶鸚鵡（Agapornis）—— 被稱為「愛情之鳥」，可說名符其實。

藝術中的符號

因為鳥類的型態、飛行能力與鮮艷色彩，牠們一直是世界各地藝術創作的重要靈感來源。例如，在澳洲北領地東北部原住民岩畫中，就出現兩隻巨大的鴯鶓（*Dromaius novaehollandiae*），這是目前已知最古老的洞穴壁畫之一。自古以來，鳥類的象徵意涵在東西方文明中，皆占有舉足輕重的地位。

在中國戰國時期（西元前 475 年至西元前 221 年）墓穴中出土的一幅絲綢畫作上，就畫了一隻白鷺，可能是唐白鷺（*Egretta eulophotes*），用以代表死者的品德，因為白鷺跟正直與高貴有關。另外一幅畫則出現了鳳凰，這種傳說中的神鳥據說能引領靈魂升天。

在古埃及文化中，鳥類更是語言、宗教和文化的一部分，不只出現在埃及的象形文字聖書體裡，也成為符號或是神祇的象徵。知識與智慧之神托特（Thoth）就被描繪為擁有埃及聖䴉（*Threskiornis aethiopicus*）的頭和人的身體。在棺材或其他地方，人的靈魂會被描繪成「巴」（Ba）的樣子，一種長著人頭的鳥。在古希臘的墓碑上，鳥類（通常是鴿子）比其他動物更常出現；因為牠們具有飛行能力，所以自然是靈魂進入來世旅程上的夥伴。

神之鳥

在各種宗教中，神祇常與特定鳥類相伴出現。印度創造之神梵天就伴隨著白天鵝或鵝，象徵著優雅與洞察力。古代的雙耳瓶、壁畫以及後來的西方藝術中，奧林匹亞主神宙斯身旁會有金鵰相伴，代表著力量；直到今日，老鷹仍是此一特徵的象徵。羅馬錢幣上也描繪著朱諾與孔雀在一起的樣子；鐵器時代（Iron Age）的頭盔和其他器物上，北歐神奧丁與他的兩隻薩滿渡鴉——福金（Huginn）和霧尼（Muninn），會一同出現。

美洲原住民把風格化的渡鴉、老鷹以及其他鳥類畫在雕刻面具或其他儀式用具上。十六世紀的《特萊利亞諾—雷曼西斯》（*Codex Telleriano-Remensis*）手抄本中，阿茲特克羽蛇神魁札科亞托（Quetzalcoatl）被描繪成華麗的鳳尾綠咬鵑（*Pharomachrus mocinno*）與巨型蟒蛇的可怕結合體。

在傳統東方藝術中，某些鳥類具有特定意義，但不一定與宗教有關。在中國，紅公雞可以趨吉避凶；在日本，牠則成為太陽的象徵。鶴在中日藝術中都代表著長壽，而鴨子和鵝因為大多一夫一妻制，所以象徵婚姻美滿。

……長久以來，
鳥類一直是藝術創作的靈感來源。

基督教意象

在基督宗教藝術中，鳥類也占有重要地位，最常見的例子莫過於鴿子，牠是大洪水時的信使，也是聖靈的象徵，而這只是眾多色彩斑斕鳥類象徵的一小部分。自中世紀起，這類意象便成為傳達宗教理念與信仰的有效方式，特別是針對那些教育程度不高、無法閱讀經文的大眾。

紅額金翅雀在中世紀彩繪手稿與文藝復興藝術中經常出現，不僅與耶穌聖嬰有關，還預示著基督的受難；這種聯想可能源於牠愛吃薊花種子（編按：薊花在基督教中象徵基督受難），並傳說牠曾試圖拔除基督頭上的荊棘。孔雀則因每年換羽、重新長出華麗羽毛，被視為復活的象徵。有時候，公雞會跟聖彼得同時出現，提醒人們聖彼得曾經否認過基督；但同時，公雞也作為黎明的象徵，代表靈魂的覺醒。

老鷹形狀的讀經台象徵福音書作者聖約翰的主張，認為基督就是上帝的話語，因為人們相信這種鳥能夠飛到最接近天堂的位置。鵜鶘形狀的讀經台、雕刻和徽章則代表基督為世人所作的犧牲，傳說牠會以自己的鮮血餵養幼雛，使其復活。

雖然今日鳥類已不如以往承載那麼多宗教意涵，牠們仍保有強大的象徵力量。鴿子依然代表著愛與和平；而鳥兒翱翔於自然美景中的影像，則象徵著日益受到威脅的自然世界。

朱鷺 IBIS

鷺科 *Threskiornithidae*

有些鳥類天生就被賦予神聖的地位。埃及聖鷺是古埃及掌管智慧、知識與文字之神托特的化身，因其近乎純白的羽毛，以及那細長、向下彎曲的鳥喙而廣為人知。埃及聖鷺是一種水鳥，外型像蒼鷺，是二十六種朱鷺的其中一種，分布在溫帶和熱帶地區。由於其彎喙形似新月亮，因此常被與月亮連結在一起；牠們擅長捕捉蟲、小蛇等獵物，因此備受人們重視。自西元前七世紀開始，埃及聖鷺就廣泛出現在徽章、聖書體以及珠寶裝飾上，並且作為奉獻的象徵。

埃及聖鷺會在尼羅河水開始上升的時候遷徙到埃及，因此被認為具有預知能力且帶來好運；因為每年的尼羅河氾濫對於古埃及人來說至關重要。雖然現今聖鷺已因濕地枯竭與土地開發而自埃及消失，但在古時候，其數量十分龐大，能夠消滅大量破壞農作物的蝗蟲以及威脅人類健康的水蝸牛。埃及聖鷺的鳥喙十分靈敏，主要透過觸覺而非視覺來找尋獵物，牠們會把嘴喙探入泥土、軟土或是沼澤地中探索。

托特神的形象就是擁有朱鷺的頭部，並且像這種鳥一樣站在棲木上；其信仰中心在赫爾莫波斯城（Hermopolis，也就是古埃及所稱的「賀蒙城」〔Khmun〕），位於尼羅河東岸，肥沃平原的上端。全埃及各地都有供奉朱鷺的神殿；在赫爾莫波斯城、薩卡拉（Saqqara）以及底比斯（Thebes）等地都有大量的朱鷺木乃伊出土。

殺死怪物

古埃及文獻中提到另一種全身黑色的朱鷺，很可能是彩鷺（*Plegadis falcinellus*），這是分布最廣泛的朱鷺物種。西元前五世紀，希臘史學家希羅多德記載，這種鳥曾在西奈半島某地擊敗巨大的有翼蟒蛇。當時的古代世界普遍接受這則傳說，甚至流傳著聖鷺會用鳥喙替自己灌腸的奇異說法；這可能是一種對鳥類行為的誤解，因為牠們會從自己尾部附近的腺體收集油脂，並塗抹在自己的羽毛上。

與埃及聖鷺血統最相近的澳洲白鷺（*Threskiornis moluccus*）則以捕食現代的「怪物」——海蟾蜍（*Rhinella marina*）聞名（編按：可能因此蟾蜍具有劇毒，故被作者視為一種「怪物」）。而生活在南美與加勒比海地區的美洲紅鷺（*Eudocimus ruber*，右圖），則因其以紅色甲殼類為食而擁有絢麗的羽色，並以其華美外貌而著稱。

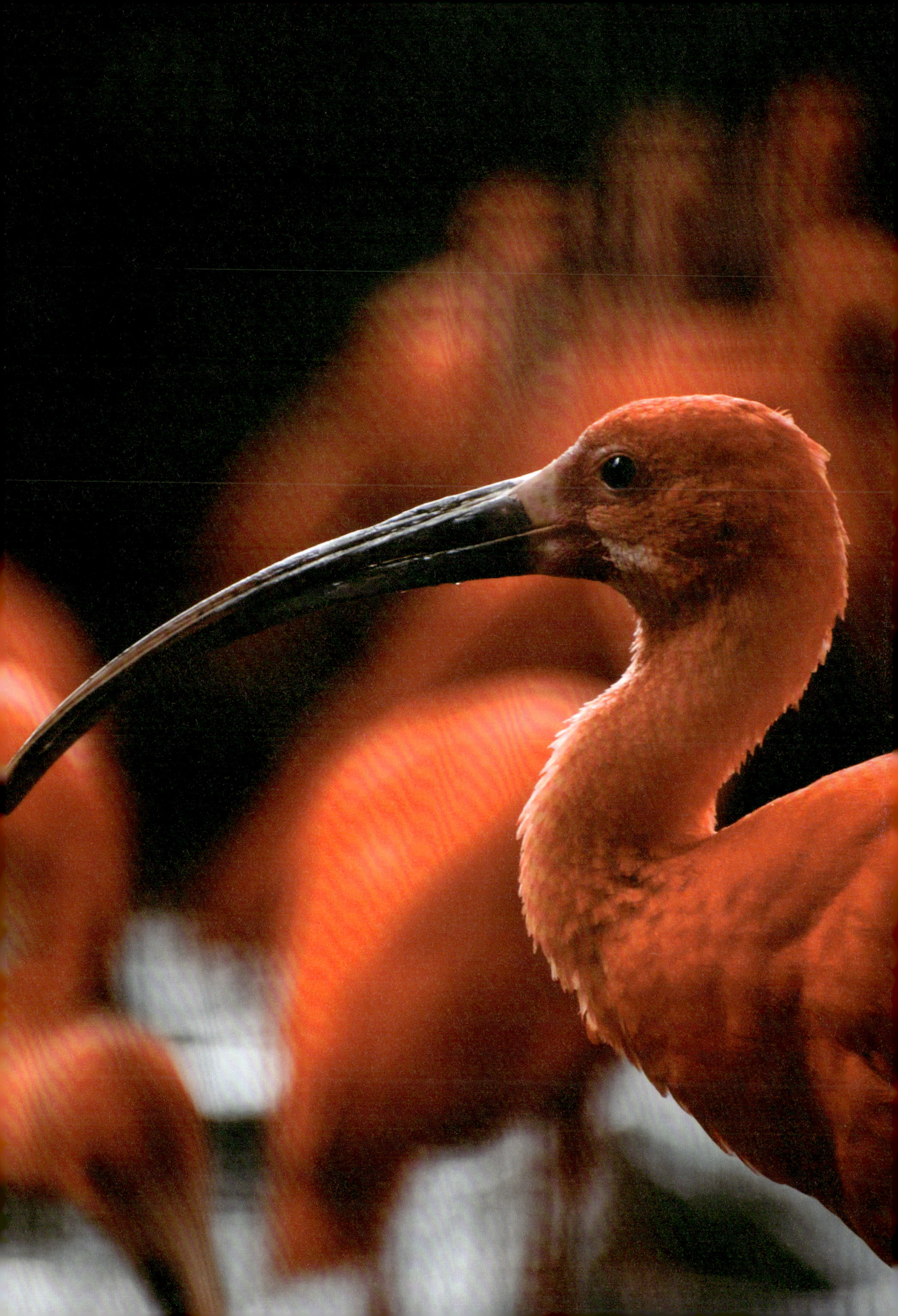

蜂鳥 HUMMINGBIRD

蜂鳥科 *Trochilidae*

蜂鳥堪稱大然的奇蹟，是微小精密的工程奇蹟，也是耀眼奪目的美麗化身。看著蜂鳥在花叢間靈活飛舞，前後急停飛行，陽光在其色彩斑斕的羽毛上閃爍反射，幾乎讓人目不暇給。英國喜劇演員約翰‧芬尼摩爾（John Finnemore）在他的廣播節目中，扮演自視甚高的演化論教授，提到地球上所有的生物都是透過隨機突變和天擇而出現，只有蜂鳥是唯一例外。採訪者一臉狐疑，而他解釋道：「顯然，只有全能的上帝才能夠創造出這些會飛的瑰寶。」

想一睹這些迷人的鳥展現最豐富多樣的樣貌，就必須前往中美洲、南美洲或加勒比海地區。不過，美國南方也能看見若干蜂鳥物種，其中一種是紅玉喉北蜂鳥（*Archilochus colubris*，右圖），十分堅韌，能長途遷徙，夏季甚至能一路飛到加拿大大草原。鳥類畫家約翰‧詹姆斯‧奧杜邦曾形容這種蜂鳥為「閃閃發光的彩虹碎片」；然而，如果與某些熱帶物種相比，其色彩其實相對單調。蜂鳥很容易被裝有糖水的人工餵食器吸引，這讓人們有機會近距離觀賞牠們，甚至在市中心也能一睹風采。

小太陽

許多跟蜂鳥有關的傳說都將這種鳥類跟太陽聯繫在一起。阿茲特克人（Aztecs）視蜂鳥為太陽與戰爭之神維齊洛波奇特利（Huitzilopochtli）的化身。對於馬雅人來說，蜂鳥就是偽裝成小鳥的太陽，不斷試圖誘惑月亮。另一則跟太陽有關的故事出自莫哈維族（Mojave），傳說中人類曾生活在地下洞穴中，直到他們派蜂鳥去尋找陽光，才意外找到通往外部世界的道路。科奇蒂族的版本則是：他們的祖先曾失去對大母神（Great Mother）的信仰，大母神非常生氣，因而降下毀滅性的乾旱，幾乎導致全族滅亡。就在萬物凋零之際，人們發現唯獨蜂鳥依然生氣勃勃。原來蜂鳥知道一條前往地下世界的通道，裡

Ruby-throated Humming Bird. Male 1. F 2. Young 3.
TROCHILUS COLUBRIS.
Plant, Bignonia radicans
Vulgo, Trumpet Flower.

面有豐富的蜂蜜可以食用。這條通道是大母神特意為蜂鳥保留的，因為只有牠始終保持虔誠。見到此景，人們便重拾信仰，大母神也因此結束這場乾旱。

花之力

納瓦荷族（Navajo）有個故事講到，蜂鳥原本體型如烏鴉般大、羽色黯淡，卻因為破壞了太多花朵而被懲罰，被縮小成現在這麼小的模樣。這聽起來似乎有點嚴厲，畢竟蜂鳥是傳播花粉的幫手，基本上對花朵是友善的——雖然有少數種類會偷偷地進行一種叫做「盜蜜」的行為。有些花朵的花冠很長，只有那些擁有長嘴喙的鳥類或是長舌的飛蛾能夠吸取到花蜜；然而，鳥喙較短的蜂鳥會在花冠底部啄出一個洞，直接從洞中汲取花蜜。或許納瓦荷族故事中的蜂鳥，是因為體型太大、太笨重，所以才會傷害到花；不論如何，把蜂鳥縮小的神靈最後還是賜與牠們一身炫麗的羽色當作補償。

在某些文化中，蜂鳥跟菸草花有關，因為這種鳥是某些菸草植物的重要授粉者。契羅基族就有一則傳說，提到薩滿把自己變成蜂鳥，前去尋找失落的菸草植物。同時，蜂鳥也非常容易受到紅花吸引，波多黎各一則故事就以此為核心：一對來自敵對部落的情侶變成一隻蜂鳥跟一朵紅花，從此得以終日相依、不再分離。阿帕契族也有類似的故事：風舞者（Wind Dancer）與明亮雨（Bright Rain）是一對戀人，卻因風舞者遭殺害而生死兩隔。後來，他化為蜂鳥回到人間，在花海中與愛人明亮雨對話，兩人得以重逢。

小小戰士

蜂鳥的體型小巧，卻非常兇猛，牠會毫不猶豫地驅逐比自己更大的鳥類，因此經常作為戰爭跟戰鬥的象徵。阿茲特克神祇維齊洛波奇特利就以蜂鳥的形象示人；他原本是名叫維齊洛（Huitzil）的戰士，在他戰死沙場、即將倒地的那一刻，一隻綠背蜂鳥從他倒下的地方飛起，激勵其他士兵繼續戰鬥，最終擊敗敵人。阿茲特克人也相信，所有在戰場上犧牲的男人都會轉世成為蜂鳥，永遠在天堂花園中翱翔（而他們可能偶而會為了懷念舊時光而打上一架）。

巡診中的鳥醫師

牙買加的國鳥是紅嘴綬帶蜂鳥（*Trochilus polytmus*，右圖），是特別絢麗，體型相對較大的蜂鳥。雄鳥全身閃耀著翠綠色的光芒，後頸有著向上翹起的尖冠，外側尾羽也特別長，在飛行時會隨之飄動。當地人將之稱為「醫生鳥」，但原因並不清楚，也許是牠的羽毛裝飾讓人聯想到舊時代醫生的燕尾服和高帽，也可能是因為牠進食時，就像是用「手術刀」般的鳥喙「刺穿」花朵。南美洲和曾經住在加勒比海地區的原住民族阿拉瓦克人（Arawak）稱呼這種鳥為「神鳥」，相信牠是逝去人類的靈魂轉世。

另外一種島嶼蜂鳥吸蜜蜂鳥（*Mellisuga helenae*）則棲息在古巴，是全世界體型最小的鳥類，只有 5 公分長。古巴人稱牠為「zunzuncito」，大致意思就是「小嗡嗡」。當地的傳說認為，蜂鳥是一種名為「guanín」的金屬的活化身，這是一種由金、銀、銅混合而成的美麗合金。

　　有些蜂鳥會進行長距離遷徙，如同世界各地某些遷徙鳥類，牠們在遷徙習性被揭示前，曾一度被誤認為會躲在湖泊的泥中冬眠。然而多數蜂鳥其實行動範圍不大，包括厄瓜多山蜂鳥（*Oreotrochilus chimborazo*）。這種藍、白、綠相間的美麗蜂鳥生活在安地斯山脈，海拔高達 5,300 公尺，是所有蜂鳥中棲息高度最高的物種。厄瓜多山蜂鳥以及其他生活在高海拔的蜂鳥都具備多種適應寒冷環境的特性，包含在夜晚進入蟄伏狀態以節省能量。在蟄伏狀態下，牠們的心率會從活躍時的每分鐘 1,200 次下降到最低每分鐘 50 次，呼吸減緩，體溫也跟著驟降，與冬眠極為相似。

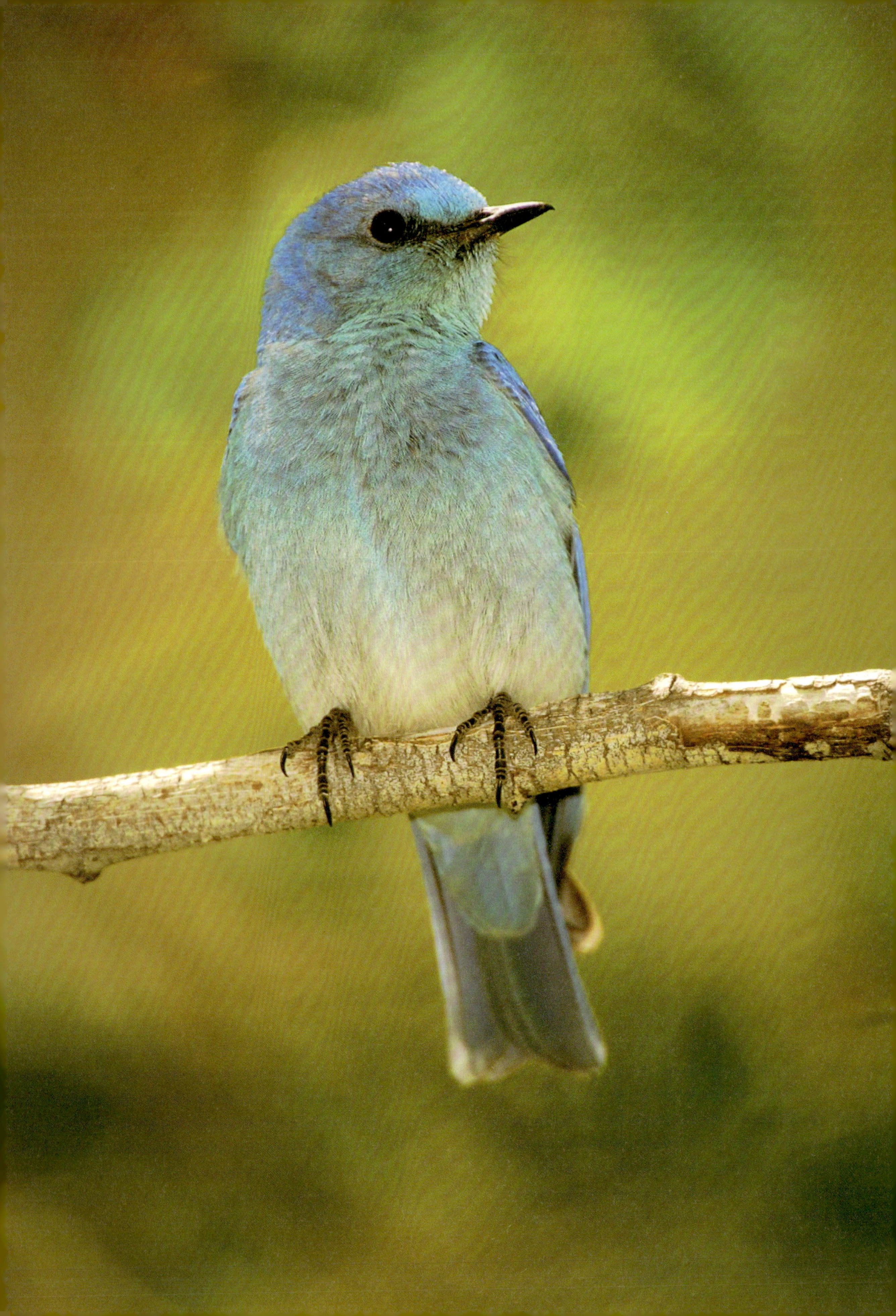

藍鶇 BLUEBIRD

鶇科 *Turdidae*

雖然有著會讓人聯想到憂鬱的藍色羽毛，但藍鶇在原生地美洲以及世界各地都代表著幸福。至少有一齣戲劇、一部歌劇以及許多歌曲以藍鶇為主題，有些作品甚至將藍鶇安置在牠從未出現過的地點，例如「多佛白崖」（the white cliffs of Dover）。

新大陸有三種遷徙型藍鶇，分別是東藍鶇（*Sialia sialis*），其分布範圍從洛磯山脈以東的加拿大南部一直向南延伸到尼加拉瓜；西藍鶇（*Sialia mexicana*），居住地從英屬哥倫比亞延伸到墨西哥；以及山藍鶇（*Sialia currucoides*，左圖），活動範圍從阿拉斯加到墨西哥的森林、草原以及山區。所有藍鶇的雄鳥羽色都更為鮮艷，東藍鶇和西藍鶇的身體皆為藍色，胸前帶有一點紅棕色；山藍鶇則是背部閃耀著鈷藍色，腹部則呈天青色。

春天、太陽和微風的寵兒

對美洲原住民來說，藍鶇是春天的神聖象徵，牠的歌聲響起，冬天就會消退。納瓦荷族與普埃布洛族認為這種鳥與初升的太陽有關；契羅基人則相信牠們跟微風有所聯繫，有一定的能力可以控制天氣。對祖尼族與霍皮族而言，藍鶇象徵季節遞嬗，這也讓牠成為青春期的象徵。在霍皮族的成年儀式中，年輕女孩會製作「少女祈禱棒」，在絲蘭（yucca）條上繫上一根藍鶇的羽毛，以祈求未來的生育力。

亞利桑那州中南部的皮馬族（Pima）有一則傳說，解釋山藍鶇毛色如何從原本的暗灰色轉換為如今鮮豔的藍色。據說，牠發現一個神祕的藍色湖泊，既沒有出水口也沒有入水口。山藍鶇就把自己浸泡在湖中長達五天，身上的羽毛就變成現今閃耀的藍色。

美洲早期拓荒者對東藍鶇一見傾心，親切地稱牠為「藍知更鳥」。這種鳥對人類也很有幫助，會捕食蝗蟲和其他威脅農作物的害蟲。東藍鶇圓潤可愛的外型，再加上甜美的歌聲，讓牠一直深受歡迎，並被賦予聖潔的形象。

這些鳥通常在樹洞或是建築物的洞穴中築巢，但更具侵略性的非原生物種也偏好居住在這些地方，像是家麻雀（*Passer domesticus*）以及歐洲椋鳥等；一得知東藍鶇因為爭奪巢穴的競爭而面臨威脅，美國人就迅速採取行動，在全美各地有藍鶇足跡的地方都架設鳥巢箱，搭建數萬個箱子；最後，藍鶇的數量得以再次回升。

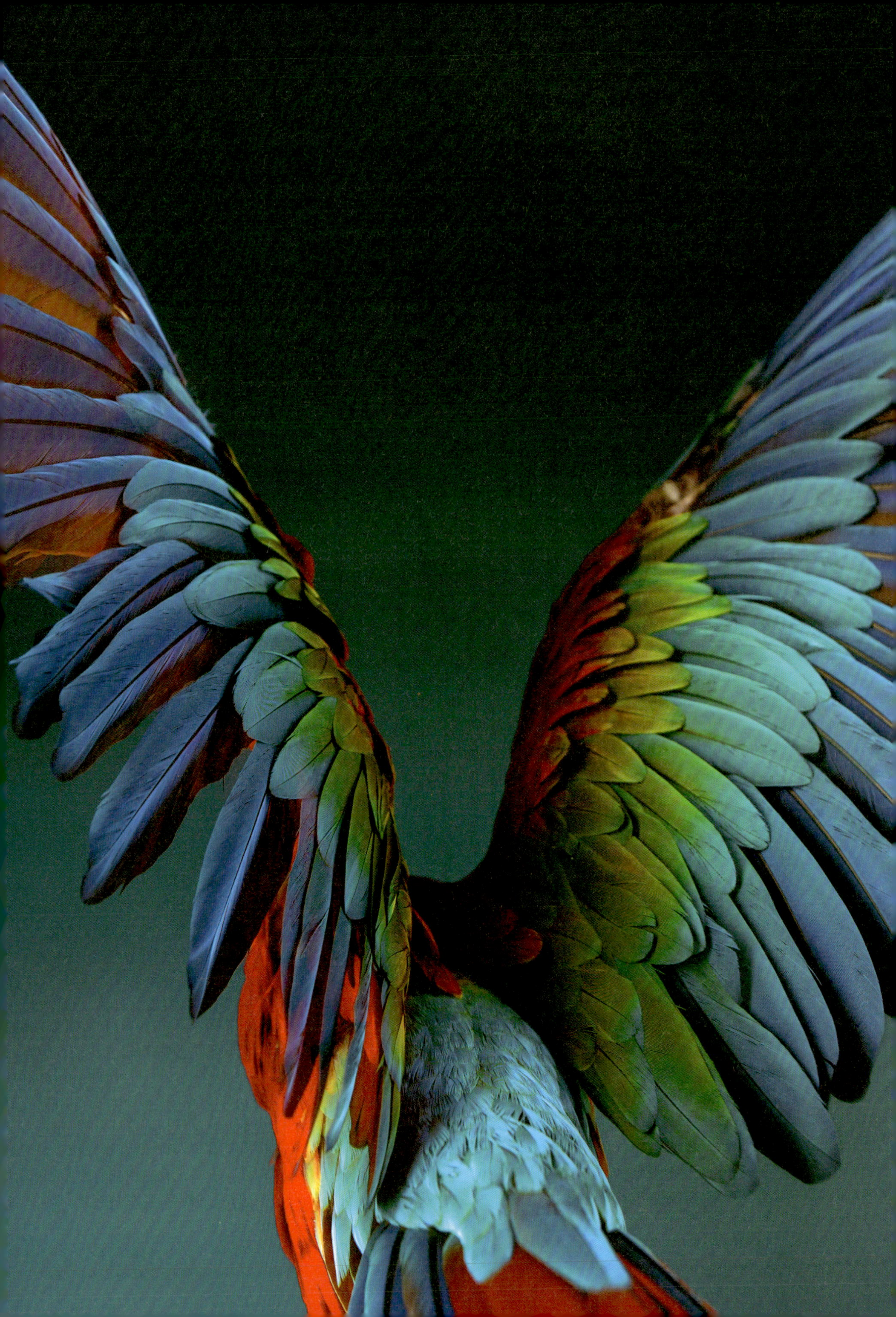

世界各國的迷思

某些美麗而奇特的鳥類對歐洲人來說十分陌生,通常只能在動物園中見到,或像巨嘴鳥與笑翠鳥一樣,僅出現在熱門的兒童故事裡。這些來自澳大拉西亞、非洲以及南美洲的異國鳥類,像是不會飛的鶴鴕、外形像蛇的蛇鵜,或是壯麗的魁札爾鳥等,啟發了當地原住民各種神話,牠們鮮艷的羽毛也常被用於神聖儀式中。相較之下,西方則是掠奪牠們的鳥羽,進行大量的交易,導致許多美麗的鳥類幾乎滅絕。

笑翠鳥 KOOKABURRA

翠鳥科 *Alcedinidae*

在笑翠鳥屬（*Dacelo*）中，有一種大型的樹翠鳥（tree kingfisher），以粗壯、矮胖、楔形體型、大頭和長長的嘴喙為典型特徵，這讓牠成為各種傳說的鎂光燈焦點。幾乎沒有人可以抵擋笑翠鳥（*Dacelo novaeguinea*，下圖）那獨特且令人愉悅的笑聲。這種鳥原生於澳洲東部大陸的森林，也被引進到澳洲西南部、塔斯馬尼亞島以及紐西蘭。

笑翠鳥的羽毛以白色和棕色為主，顏色上顯然比其他三種較少為人知的笑翠鳥屬親戚還要單調；但牠們的聲音卻是獨一無二的。像是分布範圍相似，但是體型稍小的藍翅笑翠鳥（*Dacelo leachii*）；主要生活在新幾內亞的赤腹笑翠鳥（*Dacelo gaudichaud*）；跟同樣在新幾內亞活動，但神祕兮兮的斑頭笑翠鳥（*Dacelo tyro*），都不具備笑翠鳥那種富有感染力的招牌叫聲。

晨喚

數千年來，笑翠鳥迷人的笑聲深深擄獲人類的想像。在澳洲夢時代傳說中，笑翠鳥就扮演著要角。從第一道曙光出現之際，也就是鴯鶓的蛋被擲向天空、蛋黃點燃了火焰照亮整個世界的那一刻起，笑翠鳥就成為諸神的鬧鐘。

上圖 澳洲北領地達爾文以北的提維群島（Tiwi Islands）上的壁畫，一隻笑翠鳥位居中心。

　　為了確保這個世界每天都有光明，天界的神靈會在夜裡收集木材，並請笑翠鳥每天早上負責叫醒他們，提醒他們去點亮火焰。笑翠鳥也很認分地承擔責任，所以原住民禁止任何人模仿牠們的笑聲，以免笑翠鳥生氣辭職，世界再次重回黑暗。

　　當然，笑翠鳥發出響亮的「咕咕咕咕，嘎嘎嘎」（koo-koo-koo-koo-kaa-kaa-kaa）聲音，其實並不是真的在笑。不論牠是單獨發出聲音，還是跟其他同伴一起合鳴，都是一種領域性警告，提醒其他鳥類不要靠近。

　　牠們會在樹洞或白蟻巢中築巢。據信牠們奉行單一伴侶制度，每次最多產下三顆蛋，雌雄共同分擔孵蛋與育雛的責任。較早孵化的幼鳥也會提供協助；由於笑翠鳥有著合作性的社會系統，通常只有社群中最具優勢的那對才會進行繁殖。

　　笑翠鳥主要以肉食為主，會從樹梢上向地面俯衝，獵捕昆蟲、甲殼動物、小蛇、小型哺乳動物以及其他鳥類。親人的笑翠鳥也樂於接受人們提供的肉類碎片。牠們獨特的叫聲透過歌曲、書籍、影視以及電玩廣為傳播，在世界各地持續享有高知名度，也因此受到人們的保護和喜愛。因此，儘管棲地不斷流失，笑翠鳥族群仍然蓬勃發展。

蛇鵜 ANHINGA

蛇鵜科 *Anhingidae*

蛇鵜（*Anhinga anhinga*，上圖）在游泳的時候，常常只有牠那優雅的蛇形頭部和頸部露出水面，因此又被稱作「蛇鳥」。蛇鵜起飛的時候，會露出寬大修長的翅膀和獨特的槳狀尾羽，與其細長的頭部和頸部形成鮮明對比，讓整體輪廓像是從「蛇」變成了「龍」。在民間傳說中，蛇鵜經常被視為不祥之物。巴西的圖皮族（Tupi）稱牠為「惡魔鳥」，印加人也叫這種鳥「薩拉拉」（Sarara），認為蛇鵜是地獄最黑暗的存在。

事實上，這種生活在河川與湖泊間，擁有匕首狀鳥喙的大型黑色鳥類並沒有危險性，只會對牠們的食物──魚──造成威脅。其分布在美國南部與南美洲大部分地區；其他地區則住著三種近親：黑腹蛇鵜（*Anhinga melanogaster*）、紅蛇鵜（*Anhinga rufa*）和大洋洲蛇鵜（*Anhinga novaehollandiae*）。這三種鳥類皆有著相同的 S 形纖細頸部，也同樣被暱稱為「蛇鳥」。在許多文化中，蛇都備受人們猜忌──畢竟不少蛇類的確帶有劇毒──因此這些外形類蛇的鳥兒，也不免一併蒙上了負面形象。

妖魔與惡龍

蛇鵜（*Anhinga*）這個奇特的屬名（以及種名），相傳源自圖皮族語中的「ajíŋa」，這個詞也用來形容森林中的惡靈，但其實「ajíŋa」的原意是「小頭」（little head）。圖皮族認為蛇鵜是惡魔鳥，而在更北方的墨西哥和美國南部，蛇鵜被認為是傳說中長翅膀的「湖怪」蛇的真實原型。這些令人害怕、狀

似龍的生物長達 15 公尺，當牠們不在水底下沉睡時，就會上岸擄走牲畜並襲擊農夫，造成巨大的破壞。

　　對於這些有翼蛇的描繪，通常是雙足，全身覆有鱗片、長著巨大的羽翼跟蹼足，經常從湖中一躍而出。不難想像，當人們目睹蛇鵜突然從水中振翅而起，在充滿想像力的腦海中，很容易就會將其聯想成這類傳說中的怪物。這種怪物也常被描繪成展翅而立的樣子，這是蛇鵜的習慣姿勢。和鸕鶿依樣，蛇鵜的羽毛缺乏大多數水鳥具備的防水功能，所以必須「展開翅膀晾乾羽毛」。這種看似「演化失誤」的特性，其實反而帶來一項優勢，因浮力較小，牠們可以在水下游得更快、更有效率。不過，這種「晾翅」的姿態，也確實讓牠們平添幾分陰森的氣息。

奇異鳥 KIWI

無翼鳥科 *Apterygidae*

紐西蘭的原生哺乳動物數量非常少。在這片土地的演化歷程中,鳥類蓬勃發展並展現多樣性,取代了世界其他地區由哺乳動物扮演的許多生態角色。紐西蘭沒有大型的有蹄草食動物,但這裡有巨大的恐鳥,不過現已滅絕。掠食者則包括令人畏懼的哈斯特鷹(*Harpagornis moorei*),是一種體型超越現今所有猛禽的巨型鷹,宛如鳥界的獅子,但也已經消失。至於那些在地面覓食、嗅覺靈敏的哺乳動物,像是刺蝟,紐西蘭也有自己的替代鳥類版本,那就是奇異鳥。這些可愛的鳥十分受到紐西蘭人的喜愛,「Kiwi」這個名字甚至成為紐西蘭及其人民的代名詞。

國家的象徵

奇異鳥首次作為國家象徵出現,大概是在 1904 年一幅漫畫中;奇異鳥的體型在漫畫中巨大無比,象徵紐西蘭在橄欖球賽中擊敗英格蘭與威爾斯聯隊。到了 1917 年,「Kiwi」開始廣泛地用來稱呼紐西蘭人。雖然奇異鳥的形象家喻戶曉,但這種鳥的數量實際上十分稀少,再加上牠們是夜行性動物,所以一

般很難見到牠們。奇異鳥共有五個物種，全都被列為「受威脅物種」，其中三種即便有保育措施，數量仍持續下降，包括北島褐鷸鴕（*Apteryx mantelli*，上圖）。

無翼之鳥

毛利人流傳著一則動人的故事，解釋原本可以跟其他小鳥一樣飛翔的奇異鳥為何會放棄自己的翅膀，還捨棄一身炫麗的鳥羽。故事中，森林中的樹木因昆蟲從根部啃咬樹根而逐漸枯萎，於是，森林之神塔內－馬胡塔（Tāne-mahuta）召集所有的小鳥來商討對策，詢問是否有鳥兒願意下到地裡對抗蟲害，拯救樹木。前三隻鳥都搖頭拒絕，圖伊鳥（Tui）害怕森林深處的黑暗；紫水雞（Pukeko）不喜歡地面的寒冷與潮濕；杜鵑鳥則說牠忙著築巢，沒空幫忙。但奇異鳥答應了，為了完成這項任務，牠犧牲了翅膀和鮮豔羽色，改長出粗壯的雙腿，終其一生生活在陰冷黑暗的地面，從此再也無法仰望陽光。為了表彰奇異鳥的貢獻，牠成為最受人類愛戴的鳥類。其他三隻鳥也因為拒絕協助而受到懲罰。圖伊鳥的喉部長出白色羽毛，象徵牠的懦弱；紫水雞被迫永遠生

奇異的構造

奇異鳥是全球大型不會飛的鳥類，例如鴕鳥、美洲鴕鳥、鴯鶓以及鶴鴕等鳥的迷你親戚。牠們渾身覆蓋著如毛髮般的長羽毛，矮胖的身體看起來幾乎沒有翅膀；奇異鳥的屬名「Apteryx」就是「沒有翅膀」的意思。奇異鳥的鼻孔位於長喙的尖端（而不是像其他鳥一樣長在嘴喙的基部），而且不同於大多數鳥類，牠們有著非常敏銳的嗅覺。奇異鳥的蛋也很奇異。這些蛋在鳥體內發育時間長達三十天，而家雞僅需一天多；產下的蛋重量會是奇異鳥自身體重的20%到25%，家雞的蛋只占母雞體重的2%。雌奇異鳥「懷蛋」的時候，消化系統會受到嚴重擠壓，導致牠們在生蛋的前兩到三天完全沒有辦法進食。

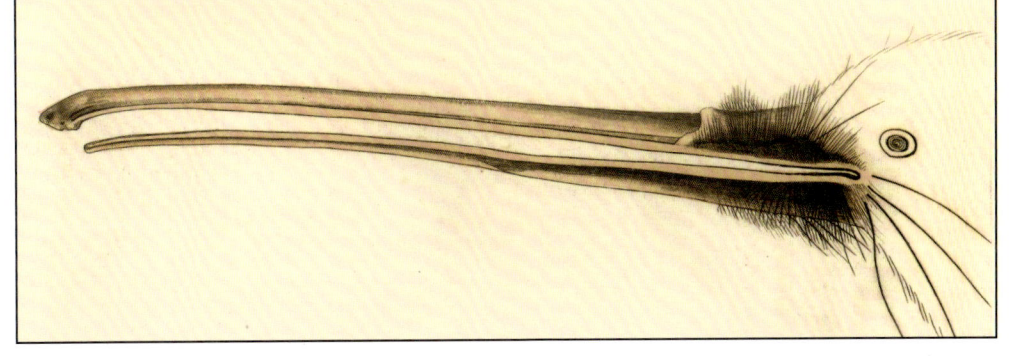

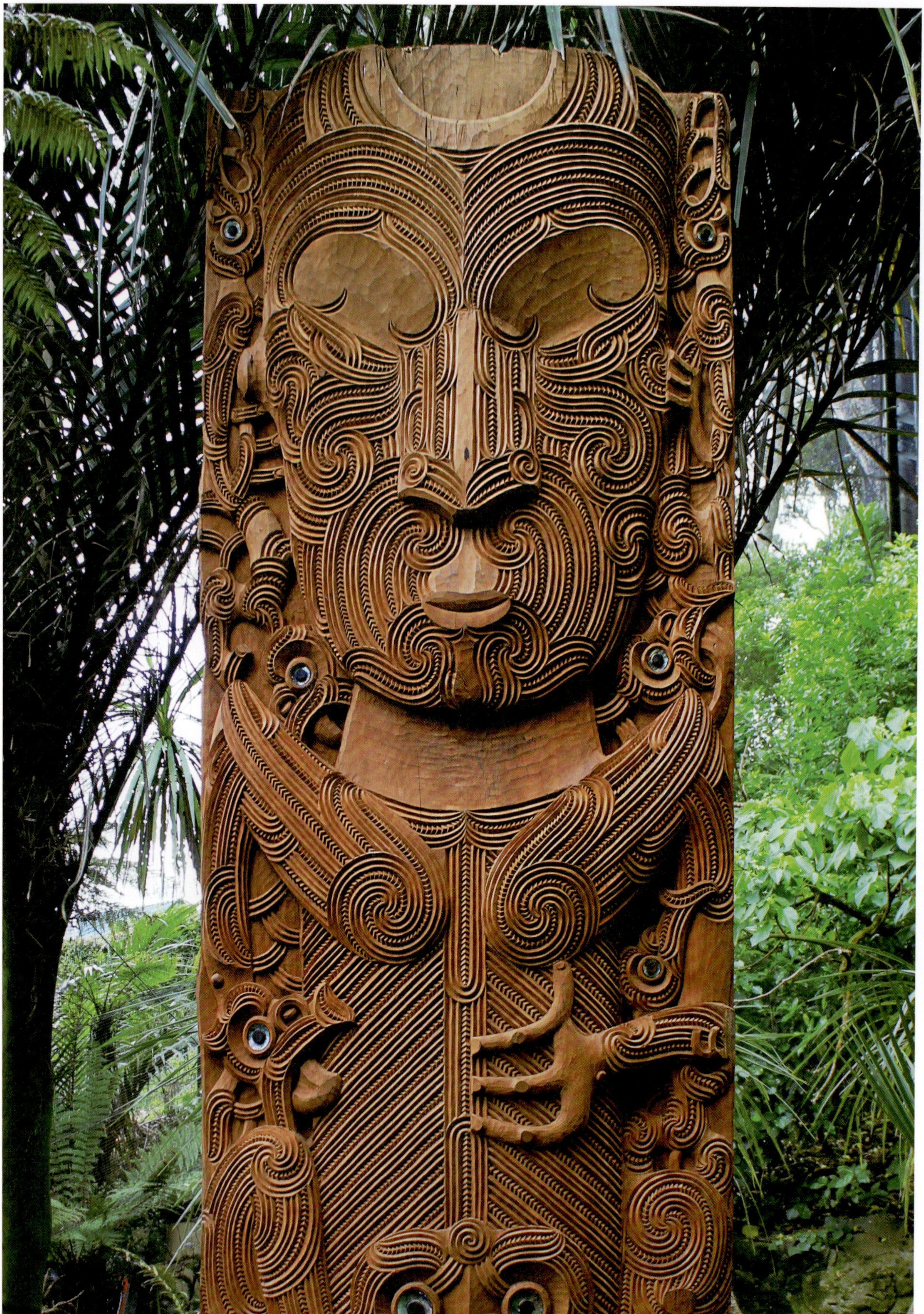

活在寒冷潮濕的沼澤中；杜鵑則從此不再築巢，只能寄居在其他鳥的巢中。

另一個故事版本，則解釋了奇異鳥是如何獲得長長的鳥喙。故事中，森林之神塔內－馬胡塔尋找志工來幫忙清理地上的落葉，因為他喜歡整潔的森林。和先前一樣，除了奇異鳥之外，其他鳥兒都找藉口推辭。奇異鳥原本就是森林之神最鍾愛的小鳥，牠一如既往地爽快答應，讓森林之神更加喜愛牠。作為獎賞，奇異鳥獲得一隻長長的鳥喙，讓牠能更輕鬆地在地面覓食；拒絕幫忙的鞍背鴉（Tieke）則被懲罰，背部被燒成了紅色。

命名傳統

「Kiwi」是毛利語，就跟許多紐西蘭的鳥類一樣，牠們的毛利名稱被保留下來，並直接成為英文中的首選名稱。奇異鳥共有五個物種，其中三種通常以毛利語稱呼，包括奧卡里多褐鷸鴕（*Apteryx rowi*，毛利語：Rowi）、大斑鷸鴕（*Apteryx haastii*，毛利語：Roroa）以及南方褐鷸鴕（*Apteryx australis*，毛利語：Tokoeka）。「Tokoeka」的意思是「杵著拐杖的 Weka」，指的就是奇異鳥細長的長喙。「Weka」則是紐西蘭秧雞（*Galliralus australis*），是另一種棕色、無法飛行、喙短的鳥類。

奇異鳥的傳說展現出毛利人所賦予的多種美德象徵，包括誠信、謙遜、忠誠、堅毅與勇氣。如今，毛利人自視為奇異鳥的保護者，而奇異鳥也是他們的守護者，會在夜間的森林中巡邏，幫忙留意任何潛在的危險。奇異鳥曾經是毛利人的食物來源，羽毛也被用來裝飾儀式長袍（kahu kiwi）；然而，基於奇異鳥的稀有性，人們現已不再獵捕，長袍所用的羽毛皆來自自然死亡的奇異鳥。

定義文化

雖然奇異鳥數量稀少，但在現代紐西蘭文化中，隨處可見與奇異鳥有關的連結。從早餐的奇異鳥牌培根，可以開戶的奇異鳥銀行（Kiwibank），到國家發行的樂透「Golden Kiwi」（現已改成刮刮樂「Instant Kiwi」）。過去電視台深夜結束播映時，螢幕上還會出現一隻打著哈欠的卡通奇異鳥，提醒觀眾該去睡覺了。有趣的是，紐西蘭跟其他英語系國家不太一樣，他們不會用「Kiwi fruit」（奇異果）這個名字稱呼美味獼猴桃（*Actinidia deliciosa*），而是叫它「Chinese gooseberry」（中國醋栗），這個名稱其實較為貼切，畢竟這種水果原產自中國。

左圖 位於紐西蘭奧克蘭動物園的入口處的巨型雕像，這是毛利人的森林之神塔內－馬胡塔，對奇異鳥的喜愛遠勝過其他鳥類。

垂蜜鳥 WATTLEBIRD

垂耳鴉科 *Callaeatidae*

紐西蘭境內的古老垂耳鴉科鳥類極為稀有，但正逐步復育中。這個鳥類家族與毛利神話中擁有神奇力量的半人半神毛伊（Maui）有關。北島垂耳鴉（*Callaeas wilsoni*，右圖）以及牠的近親南島垂耳鴉（*Callaeas cinereus*，最後一次目擊是在 2007 年，現被認為已滅絕）都被視為神話中的垂耳鴉的後裔。據說，垂耳鴉會在豐滿的肉垂中裝滿水，在半神毛伊與太陽搏鬥，試圖說服太陽移動慢一點以延長白晝的時候，提供水來幫助他解渴。垂耳鴉是一種大型鳴禽，擁有藍灰色的羽毛跟黑色的面罩，以及一對垂掛在牠短而有力的鳥喙兩側的深藍色肉垂。牠們的叫聲宛如木管樂器，音色悠遠動人，時常在黎明之際，站在高大的闊葉樹木的頂端啼叫。

傳說中，毛伊為了獎勵垂耳鴉的善行，給了牠一對又長又強壯的雙腿，好讓牠能在林間四處跳躍，尋找喜愛的果實、樹葉、花朵、蕨類、苔蘚以及昆蟲。垂耳鴉擅長在樹木與溪谷之間滑翔，但因翅膀又短又圓，功能不及其他鳥類的雙翼，所以沒有辦法攀升至高空。過去，垂耳鴉生活在森林的低處，可有效躲避高飛的老鷹、遊隼以及鵟鷹等猛禽，而且當時紐西蘭也無地面哺乳動物掠食者。然而，歐洲人來到紐西蘭後，隨之而來的老鼠、白鼬，以及為毛皮貿易而引進的澳洲負鼠，使垂耳鴉面臨極大的威脅。所幸，透過設立保護區與積極推動繁殖計畫，垂耳鴉的數量正穩定回升中。

鞍背故事

北島鞍背鴉（*Philesturnus rufusater*）與南島鞍背鴉（*Philesturnus carunculatus*）是同屬垂耳鴉科的小型森林鳥類，也面臨著相似的威脅。牠們全身羽毛光澤烏黑，帶有紅色肉垂，背部與尾部則覆蓋著栗紅色的「鞍形」羽毛。牠們以強健的雙腿跳躍移動，但只能進行短距離的飛行。牠們習慣在接近地面的洞穴中棲息和築巢，所以很容易成為哺乳類動物的獵物。

鞍背鴉因會發出響亮刺耳的「tee-kekeke」叫聲，所以在毛利語中被稱作「tieke」。牠是神話中比較不溫順的鳥，當半神毛伊跟鞍背鴉要水喝時，牠拒絕了。剛與太陽搏鬥完的毛伊非常憤怒，便用他熾熱的手抓住這隻鳥，燒焦了牠的羽毛，在牠的背上留下了獨特的鞍狀燒痕。據說牠的鳴叫聲可用來預測天氣將會是大風大雨還是晴朗無雲。

下圖 約翰・杰拉德・克爾曼斯（John Gerrard Keulemans）為沃爾特・羅利・布勒爵士（Sir Walter Lawry Buller）的著作《新西蘭鳥類史》（*A History of the Birds of New Zealand*，1873 年）所繪製的插圖；一對北島垂耳鴉正在展示牠們色彩斑斕的肉垂。

三聲夜鷹 WHIP-POOR-WILL

夜鷹科 *Caprimulgidae*

夜行性會為鳥類增添一層神祕色彩，對於這些夜間活動的鳥，我們多半是透過牠們的叫聲而非外貌來認識的，因而更顯神祕。就跟其他夜鷹科的成員一樣，三聲夜鷹（*Antrostomus vociferus*）也是因為其叫聲而得名。雄鳥會發出三音節的鳴唱，所有音調的音高都相同，但後兩個音節之間的間隔要緊密得多。牠們會在靜謐的夜晚和滿月時分，連續數小時反覆鳴叫。三聲夜鷹無止無盡的歌聲，會讓人聯想到北美鄉村那溫暖而迷人的夏夜。

生與死之歌

三聲夜鷹是一種遷徙性夜鷹，分布範圍從加拿大東部（僅在夏季）延伸到墨西哥。牠的叫聲在這些地區普遍被視為不祥，民間傳說認為這種鳥能夠感知並捕捉逝去的靈魂。詹姆斯‧瑟伯（James Thurber）的短篇小說〈三聲夜鷹〉（The Whip-Poor-Will）則稍微顛覆了一下這種說法，故事中的主角因為夜鷹的叫聲而徹夜輾轉難眠，最後精神崩潰，殺光家中所有人後自盡。不過也有較為正面的版本：三聲夜鷹的歌聲預告著婚姻即將到來。猶他族（Ute）認為這種鳥是夜間之神，從青蛙創造出月亮；莫西干族（Mohegan）則相信神奇小人類「makiwasug」會化身為三聲夜鷹，在夜幕降臨的森林中穿梭。

如同其他大多數的夜鷹，人們很難看見三聲夜鷹。為了彌補看不到這種鳥類的空缺，一些荒誕的民間信仰應運而生，談論牠們在夜晚的各種活動。夜鷹科（*Caprimulgidae*）的原文意思是「吸羊奶者」（goat-suckers），反映出一種奇異，但卻廣為流傳的觀點，認為夜鷹會在夜裡偷偷吸山羊的乳汁。美國詩人羅伯特‧佛洛斯特（Robert Frost）在1915年的作品《鬼屋》（Ghost House）中，更精準地用以下詩句描述這種鳥的行為：

三聲夜鷹前來叫喊
靜默、啼叫、振翅徘徊。

三聲夜鷹和其他夜鷹科鳥類一樣，會在夜間靈活地捕食昆蟲，飛行時雙翼柔軟無聲。

三聲夜鷹也出現在1924年的流行歌曲〈My Blue Heaven〉中。這首歌曾被法蘭克‧辛納屈（Frank Sinatra）、格雷西‧菲爾茨（Gracie Fields）、墨跡斑斑（The Ink Spots）以及胖子多明諾（Fats Domino）等數十位歌手翻唱。歌

上圖 布里徹（T Bricher）於 1856 年創作的鋼琴曲〈Whippoorwill Schottisch〉，正是三聲夜鷹鳴叫長久以來深植美國大眾想像的經典例子之一。

詞的開頭寫道：「三聲夜鷹在呼喚，夜幕將至，快來到我的藍色天堂」，營造出如夢似幻的氛圍，也讓三聲夜鷹在美國人心中成為夜晚和魔法的象徵。

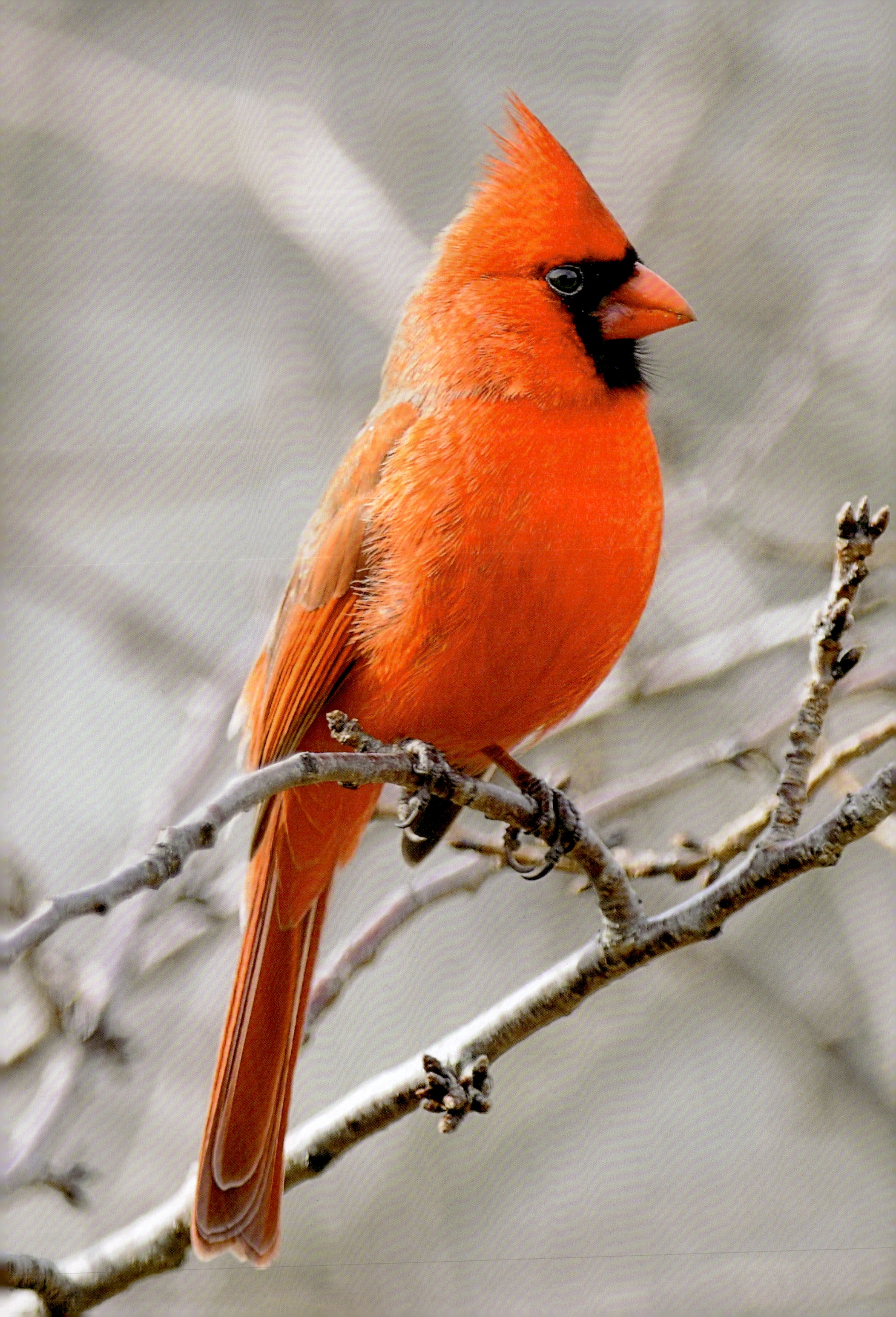

北美紅雀 CARDINAL

主紅雀科 *Cardinalidae*

主紅雀科（Cardinalidae）包含許多原生於美洲、體型粗壯的小型鳥類，主要以種子為食。然而，當中只有少數被稱為「紅衣主教」，而這個名稱主要用來代指北美紅雀（*Cardinalis cardinalis*，左圖）。雄鳥全身覆滿鮮紅羽毛，臉上帶有黑色面罩，頭頂則有尖形冠羽；雌鳥羽色偏棕，但同樣擁有面罩與冠羽。對從緬因州到墨西哥的北美居民而言，牠們是花園中常見的訪客。

這種色彩鮮明、容易觀察的鳥類，自然成為許多民間傳說的主角。美洲原住民的故事中提到，北美紅雀原本是棕褐色的小鳥，直到某次出手幫助一隻狼，才擁有如今艷紅的羽色。傳說中，一隻野狼在追逐一隻狡猾的浣熊時，不慎被引入湍急河流中，幾乎溺斃。狼好不容易爬上岸來，卻因筋疲力竭而昏倒在地，浣熊趁機用河泥封住牠的眼睛。當狼醒來並發現自己看不見時，驚恐又絕望地嚎叫。聽見呼救聲的紅雀飛了過來，替牠啄去眼上的泥巴。為了表達感激，野狼從森林深處一塊特殊石頭中取出神祕的紅色物質作為顏料，並使用咬過的小樹枝當刷子，替小鳥塗上紅衣。北美紅雀對嶄新的羽衣非常自豪，四處飛翔，跟親朋好友炫耀，從此成為最常出現在人們眼前的鳥類之一。

男性的美德

「我跟紅雀一樣帥氣；我跟紅雀一樣具有男子氣概。」這是契羅基族的男子用來追求心上人的咒語，靈感來自雄北美紅雀求偶時的展示行為，以及牠對伴侶無微不至的照顧。紅雀也被賦予其他特質，包括警覺性、保護力，以及預測天氣的能力。據說，若看到紅雀振翅高飛，是好運的象徵；若牠往下飛，則代表厄運可能降臨。

查克托族（Choctaw）有一則特別甜蜜的故事，在這裡，北美紅雀成了媒人。某日，一隻紅雀遇見一位美麗卻孤單的少女，決定幫她找到伴侶。幾天後，牠又碰上一位同樣孤單的年輕勇士，並認為他具備足夠的美德，適合那位少女。於是，紅雀就巧妙地把勇士引到少女的住處。果不其然，兩人一見鍾情，墜入愛河。

鶴駝 CASSOWARY

鶴駝科 *Casuariidae*

對於新幾內亞某些部落來說，鶴駝是他們女性先祖以鳥類型態轉世回到人間；而對其他部族的人而言，這種像鴯鶓的奇特鳥類是他們的原初母親。不過，鶴駝並不親人。由於1926年曾發生過致命攻擊事件，之後也有人因為太過接近鶴駝而受到攻擊，所以這種鳥普遍被視為脾氣暴躁、具攻擊性的鳥類。事實上，鶴駝雖然具有極強的領地意識，但牠們生性十分害羞。

在鶴駝的眾多特徵中，或許最具威脅性的就是牠那雙結實的鱗狀雙腿和腳，以及內側腳趾上的尖刺。這種鳥在森林中奔跑時，時速可達48公里，跳躍高度近2公尺高，並且會為了保護幼雛而猛烈踢打和抓撓敵人。

上圖 約翰·杰拉德·克爾曼斯（John Gerrard Keulemans，1842~1912年）繪製的插畫，生動地描繪出鶴駝獨特的頭部；左側顯示出鶴駝的爪子和尖刺腳，是極具殺傷力的武器。

180

大鳥

居住在新幾內亞和澳洲昆士蘭的南方鶴鴕（*Casuarius casuarius*）是最大的一種鶴鴕，也是澳洲唯一的鶴鴕。其身高可達 2 公尺，體型較大的雌鳥最重可達 60 公斤，是現存第三高、第二重的鳥類。在新幾內亞與周邊的島嶼還有兩個體型較小的物種，分別是生活在低地的北方鶴鴕（*Casuarius unappendiculatus*），以及主要生活在高地的侏鶴鴕（*Casuarius bennetti*）。

雖然三者外型十分相近，但是南方鶴鴕具有獨特的紅色雙重肉垂以及亮藍色的頸部；北方鶴鴕則有藍色的臉部以及單一的亮紅色或亮黃色肉垂；侏鶴鴕沒有肉垂，但頸部是鮮豔的藍色，兩側還有紅色的斑點或是條紋。新幾內亞的科瓦族（Kewa）流傳一則奇怪的故事，解釋這種鳥類頸部為何如此華麗。相傳，一位年邁的婦人被一名男子囚禁，而且被迫只能吃芋頭這種根莖蔬菜，導致她嚴重消化不良。鶴鴕挺身而出，割斷束縛老婦人的繩子，抓死囚禁她的男人，然後用腳踢婦人的肚子，幫助她把難以消化的芋頭吐出來，解除痛苦。作為感謝，老婦人便賜予牠們美麗的頸部色彩。

不會飛的覓食者

鶴鴕的翅膀很小，幾乎看不見，每側僅剩五至六根羽軸。然而，根據巴布亞紐幾內亞北海岸莫雷貝省（Morobe Province）原住民的傳說，這種鳥曾經是強大的飛行者。故事中，鶴鴕與牠的好友犀鳥（很可能就是藍喉皺盔犀鳥〔*Rhyticeros plicatus*〕）爭奪樹頂上最美味的果實，且屢屢獲勝。嫉妒的犀鳥於是設下一場殘酷的比賽，提議雙方都折斷雙翼，看看誰還能飛得更好。犀鳥折斷兩隻乾樹枝來假裝自己已經折斷了翅膀，天真的鶴鴕卻真的親手毀了自己的翅膀，從此無法飛行。

為了在原生雨林的灌木叢間穿梭尋找食物時獲得保護，鶴鴕演化出粗硬如鬃毛般的黑色羽毛以及楔形的身體。每一種鶴鴕的頭上都長有一個「頭盔」狀的構造，過去人們以為這是頭骨的延伸，但其實這是一層角質鞘，外部覆蓋著蜂巢狀的硬殼，內部則由結締組織與充滿空氣的氣室構成。有些專家認為此一突出部分有助於鶴鴕穿過密集的森林植被，或者作為一種幫助聽覺的共振裝置；也有一派認為這種隆起物具有某種性功能，因為其大小因性別而有所差異，而且鶴鴕求偶時似乎會刻意將其朝向潛在伴侶，可能是為了放大求偶過程中所發出的低沉叫聲。

雨林的守護者

對於澳洲與新幾內亞雨林的原住民來說，鶴鴕自古以來便是民間傳說、生活和儀式中不可或缺的一部分。數百年來，牠們剛硬如刺的羽毛被用於宗教儀

變形傳說

鶴鴕長相如此奇特，不太可能成為「天鵝少女」傳說的主角。但巴布亞紐幾內亞卻有類似的故事：一名獵人目睹五隻鶴鴕脫去身上羽毛，變成五位漂亮的姐妹。獵人趁五姐妹沐浴的時候，拿走最年幼的妹妹的羽毛，並且將她擄回家中成婚。後來，獵人的妻子幫他下一個兒子；然而，有一天，她找到被藏起來的羽毛，於是便逃走了。從此之後，她再也沒有以人形出現過，只會用鶴鴕型態示人。

在法國神父安德烈・杜佩拉特（André Dupeyrat）於 1954 年出版的《野蠻巴布亞：與食人族共處的傳教士》（Savage Papua, A Missionary Among Cannibals）一書中，收錄了一則較為近代的「人鳥轉化」故事──〈變成鶴鴕的人〉（The Man Who Turned Into a Cassowary）。故事發生在他所居住的村莊。某天晚上，村民先是聽到鶴鴕奔跑的聲音，接著一名陌生男子現身，不久又在沉重的鶴鴕腳步聲中離去。隔天早上，男子又神奇地回到神父所在的村莊，這裡聯外的山路路程至少要五個小時，人類是不可能在一夜之間走完。

在一個更為暴力的原住民傳說中，南方鶴鴕曾是名叫「Goondoye」、「Gunduy」或「Gundulu」的邪惡男子，渾身長滿蝨子，住在昆士蘭州美利河（Murray River）附近。他非常懶惰，不願打獵，所以就直接捉走並吃掉小孩。當地部落為了報仇，就以幫他清理蝨子為由將他騙到部落中，然後趁著他熟睡時，砍斷他的雙臂；他驚醒後奮力逃命，在逃亡的過程中化為一隻翅膀短小的鶴鴕。

式與製作裝飾品和戰鬥頭飾；骨頭與爪子則被打造成工具與匕首，而鶴鴕本身也經常作為交易物品流通。

然而，如今牠們面臨日益嚴峻的威脅。除了棲地流失與路殺之外，外來掠食動物如野豬與家犬也會傷害牠們的蛋與雛鳥，這讓保育人士十分擔憂。作為食果性鳥類，鶴鴕在維持森林生態上扮演關鍵角色，因為其糞便可能含有數百顆未完全消化的種子，而有些種子的體型巨大，只有鶴鴕有能力藉由排泄物將種子散布出去。鶴鴕的存續意義非凡，不僅對文化傳承至關重要，更與熱帶雨林家園的永續息息相關。

右圖 印尼巴布亞省的阿斯馬特人（Asmat），頭上戴著由鶴鴕羽毛製成的儀式帽子。

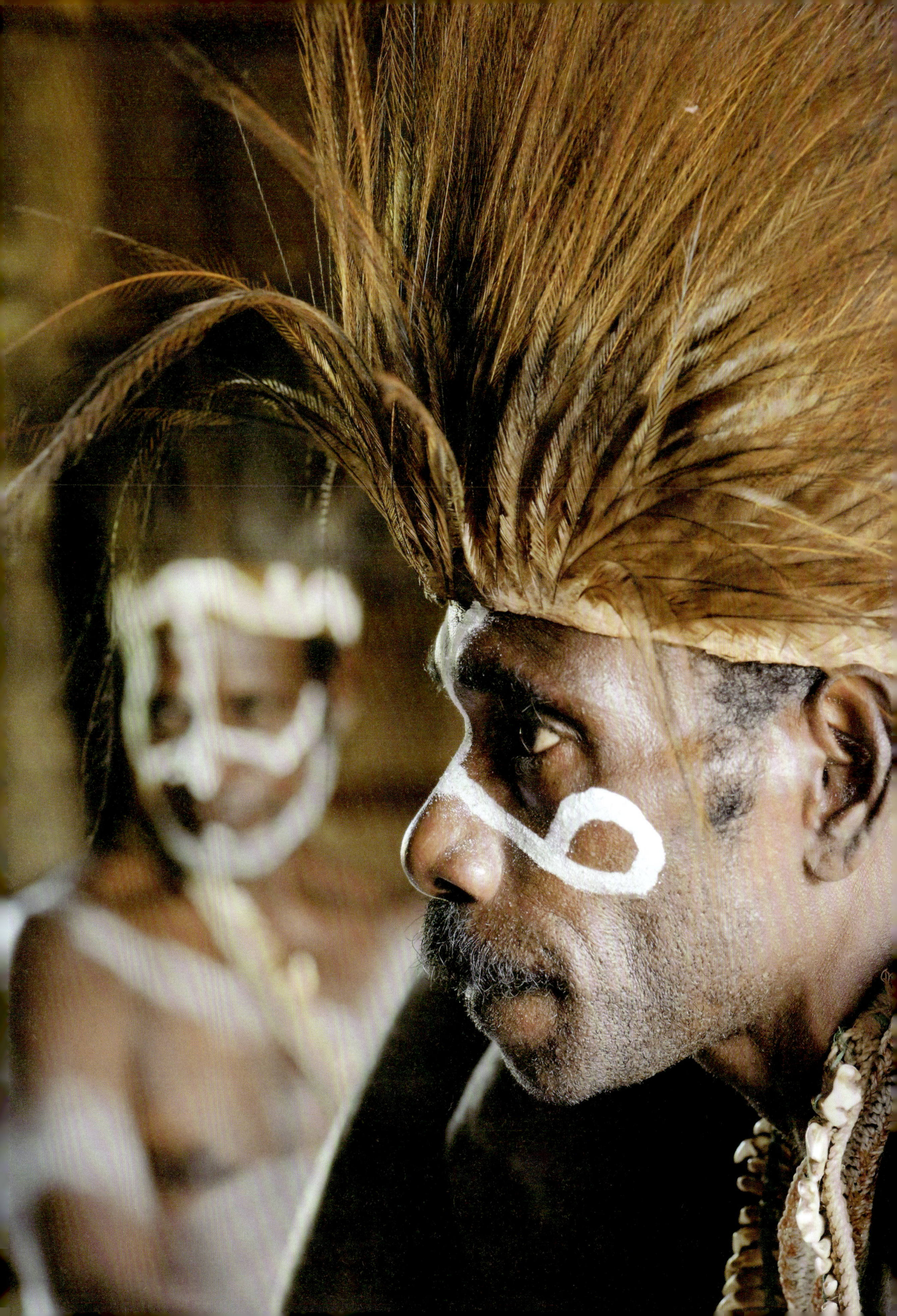

穿戴羽毛

數千年來，人類一直都會穿戴羽毛裝飾，模仿鳥類的華麗鳥羽。羽毛作為身體裝飾，象徵著權力、地位、靈性、性吸引力以及高級時尚；羽毛製成的飾品往往具有特別的意義，常帶有宗教色彩。古埃及的天空與真理女神瑪亞特（Ma'at）會使用紅頸鴕鳥（*Struthio camelus*）的羽毛，在冥界審判靈魂；對於普埃布洛族來說，老鷹的羽毛象徵著生命的氣息。在美洲原住民的文化中，鳥羽代表空氣、微風與雷電之神；對凱爾特的祭司德魯伊（Druids）而言，羽毛能召喚天神的力量與智慧。

人類的頭部在許多文化中被視為力量之源和靈魂的容器，因此常常使用羽毛來裝飾。其中最為華麗的頭部羽飾，是十六世紀的阿茲特克統治者蒙特蘇馬二世（Montezuma II）的羽冠，高達 116 公分、寬 175 公分，使用了超過五百根綠色尾羽，可能出自鳳尾綠咬鵑（*Pharomachrus mocinno*），以及數量差不多的藍傘鳥（*Cotinga nattererii*）羽毛，還有來自美洲紅鶴（*Phoenicopterus ruber*）的紅粉色羽毛與灰腹棕鵑（*Piaya cayana*）的白尖羽毛。

權力的象徵

撒哈拉沙漠以南非洲地區的蕉鵑科（Musophagidae）鳥類擁有色彩繽紛的羽毛，象徵著權力；至今，史瓦濟蘭的國王（譯按：「史瓦濟蘭」已經改國名為「史瓦帝尼王國」〔Kingdom of Eswatini〕）以及馬賽族（Masai）的男人仍會配戴。一直到二十世紀，中國官員的官帽上也有不同的羽毛裝飾，代表不同的榮譽、特權或是權力等級。例如清朝（1644~1912）時期，皇室親王會配戴孔雀羽毛，「三眼花翎」則是一種特殊榮譽，僅授予地位最高的王公貴族。同時，羽毛也象徵對皇帝的忠誠。

鳥羽也經常作為戰士的傳統裝飾。在非洲，藍鶴（*Grus paradisea*）的羽毛頭飾象徵勇敢。在新幾內亞，男子至今仍會穿戴著羽毛跳舞，用以展示自己的地位和財產權。他們所配戴的羽毛多來自鸚鵡、鶴鴕以及天堂鳥等，尤其是華美極樂鳥（*Lophorina superba*）的藍色羽毛。

戰士的標誌

美洲原住民平原印第安人，包括創造出西部片中常見全羽戰鬥頭飾形象的蘇族（Sioux），都認為配戴羽毛頭飾的資格必須靠戰功來獲得。

對於許多部落來說，金鵰的羽毛是最受推崇的戰士象徵，每展現一次英勇行為，就可以獲得一根羽毛，而且這些羽毛必須出自被捕獲而非被殺死的鳥。其他的羽毛選擇還包含白頭海鵰、野生火雞、西方大白鷺以及鶴（鶴屬）等鳥類。

在蘇族傳統中，羽毛上畫一個紅點就代表他射中一名敵人；畫上紅色的條紋則代表他剝去敵人的頭皮；羽毛末端若有橫向剪切則表示他曾經割斷敵人的喉嚨。不同部落的頭飾風格各異。易洛魁人喜歡白蠟木架製成的扁平帽子，然後再覆上剪開的羽毛；阿爾岡昆人通常只配戴一根羽毛，而新英格蘭的莫西干達人（Mohegada）則是戴著兩根羽毛。

神祕意義

薩滿是能夠與神祇溝通的精神中介，會運用羽毛來傳達權威和神祕感。至高無上的印度教神祇黑天配戴著藍孔雀的羽毛，象徵美麗與智慧，其中亮麗的顏色代表幸福和繁榮，較深的顏色則體現出悲傷和災難。在澳洲原住民文化中，被稱為「庫爾戴查」（kurdaitcha）的行刑者會將帶有邪惡寓意的羽毛，以人血黏合後貼在鞋子上，作為追捕並獵殺那些「致人於死者」的儀式裝備。

然而，人類對羽毛製品的熱衷，也讓許多美麗鳥類面臨滅絕。紐西蘭人會使用鐮嘴垂耳鴉（*Heteralocha acutirostris*）的羽毛來製作酋長的頭飾，這種習俗導致該鳥加速絕種。在夏威夷，一件酋長的斗篷可能需要九萬隻鳥的羽毛製作，以象徵最高的地位，夏威夷監督吸蜜鳥（*Drepanis pacifica*）以及奧亞吸蜜鳥（*Moho braccatus*）的絕跡就與此有關。羽色鮮紅的鐮嘴管鴷（*Drepanis coccinea*）的羽毛雖然也深受人們青睞，但幸運的是仍倖存至今。

致命時尚

十七世紀的西方社會中，地位顯赫的男性會在帽飾上配戴鴕鳥羽毛，以彰顯其地位和陽剛魅力；而在十八世紀，白鷺的羽毛則成為交際花情色誘惑的象徵。到了1890年代，配戴羽毛成為時尚的巔峰。雖然保育人士已盡了最大的努力，但在二十世紀的前二十年間，每年還是有超過三萬件天堂鳥的皮毛從新幾內亞跟摩鹿加群島（Moluccas）出口到歐洲和北美。即使到了今日，這些鳥類在繁殖季節展現華美羽姿時，仍常因非法獵捕而面臨威脅。

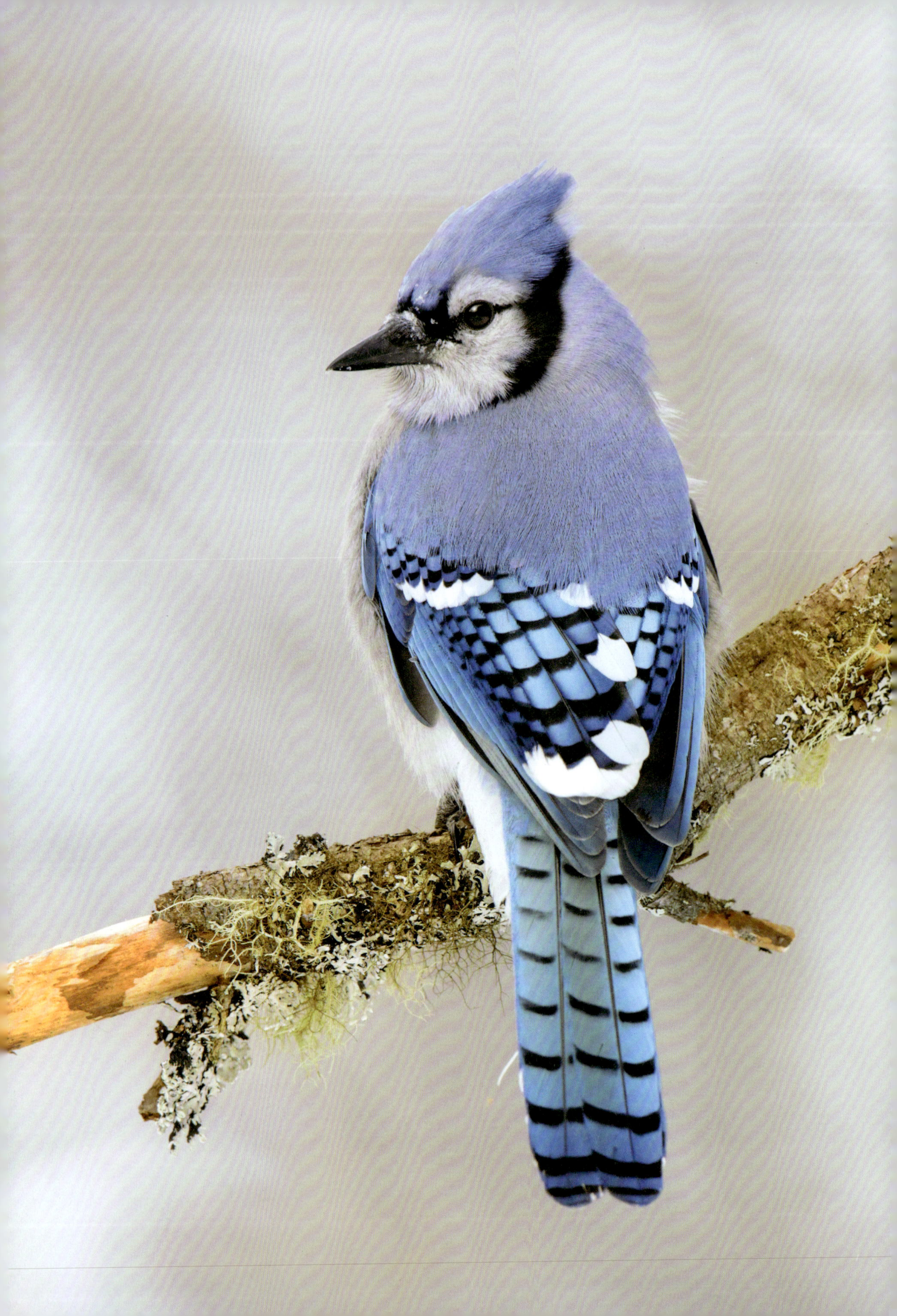

松鴉 JAY

鴉科 *Corvidae*

多倫多藍鳥隊（Toronto Blue Jays）是加拿大的頂尖棒球隊，也是目前全國唯一一支美國職棒大聯盟球隊。在 DC 漫畫中，有一位能夠飛行、縮小自如的超級英雄叫藍鴉（Blue Jay）；此外，「Blue Jay」也是一種用於小艇競賽的美國帆船類型。冠藍鴉（*Cyanocitta cristata*，左圖）在北美文化中如此廣泛出現，實在不足為奇，因為牠既常見又為人所熟知，有著藍白相間的鳥羽、音量十足的叫聲以及一撮活潑的羽冠。

詭計與偷竊

松鴉是烏鴉家族中最華麗的成員，大多數都擁有鮮豔的顏色，許多物種還有裝飾性的羽毛。冠藍鴉在美洲原住民的傳說中常常扮演小偷、惡作劇者或惡霸的角色。牠的冒險故事包括造訪亡靈之地，並在那裡對所有的鬼魂進行無止無盡的惡作劇。作為靈魂嚮導，冠藍鴉具有攻擊性和占有慾，但在保護自己人的時候，牠們無所畏懼，同時也展現出耐心、堅韌和忠誠。

另一種美洲松鴉是生活在遙遠北方的灰噪鴉（*Perisoreus canadensis*），綽號叫做「Whiskey Jack」，這個名稱從阿爾岡昆族鳥靈「Wisakedjak」的發音變化而來。「Wisakedjak」的原型可能是鶴的靈體，而不是松鴉，但其性格的確很像松鴉，滿腹詭計、古靈精怪。牠用魔法創造了世界，同時也釋放出一場毀滅性洪水。

對克里族（Cree）而言，灰噪鴉是和善的靈魂，雖然一樣喜歡惡作劇，但由於牠們愛玩和開朗的性格，所以不管再怎麼頑皮，都可以得到人們的諒解。現代人會稱這種鳥為「營地小偷」（camp-robber），因為灰噪鴉在露營區裡一點也不怕人，甚至會從人手中取食，如果食物沒有妥善保管，還可能會被牠們偷走。「jaywalking」這個字用來描述隨意穿越馬路的行為，這可能也反映出冠藍鴉以及其他種松鴉無拘無束的個性。

在英國和歐洲的賞鳥者眼中，松鴉（*Garrulus glandarius*）雖然是漂亮的小鳥，但並不是那麼受歡迎。原因在於牠們有個壞習慣，只要有人靠近就會發出尖銳刺耳的聲音，驚動周遭所有的鳥類。這種鳥的古凱爾特名叫「schreachag choille」，意思就是「森林中的尖叫者」。

走鵑 ROADRUNNER

杜鵑科 *Cuculidae*

腳程飛快、強壯且看似無所畏懼的走鵑（*Geococcyx californianus*，右圖），顯然就是一個生存高手。牠的奔跑速度最高可達時速 42 公里；雖然比華納兄弟卡通裡面擊敗威利狼（Wile E Coyote）的嗶嗶鳥（上圖）速度還要慢一些，但也足以甩開許多敵人。牠的叫聲比較像鴿子發出的咕咕聲，而不像是卡通裡的那種「嗶嗶」叫聲；但這種跟烏鴉一樣大的鳥類其實是個冷酷殺手，能夠輕鬆殺死毒蛇、蜥蜴、小雞、蠍子、昆蟲以及小型的哺乳類動物。牠會用又長又厚實的鳥喙抓住獵物，然後猛力摔在岩石或是地上，給予致命的一擊。

小走鵑（*Geococcyx velox*）是體型較小的近親，分布於墨西哥以及中美洲北部；牠的嘴喙較短，但一樣擁有長腿，所以這種鳥更習慣奔跑而不是飛行。快速奔跑時，走鵑的頭部跟尾巴幾乎跟地面平行，只有在必要時才會使用身上小而圓的翅膀，進行短距離的飛行，以逃避掠食者。

這兩種走鵑的羽毛都是條紋棕色，能夠完美融入傳統的沙漠棲地當中；但在陽光明媚的時候，牠們的羽毛會散發出青銅色的光澤。牠們也都擁有警戒時會豎立起來的獨特冠羽，以及白邊的長尾羽。

阿帕契的領袖、馬雅傳說中的受騙者

在阿帕契族的一則民間傳說中，走鵑（很可能是美國西南部的走鵑物種）因其力量與速度，被選為鳥類的領袖，擊敗了嘰嘰喳喳的反舌鳥、愛炫耀的冠藍鴉，以及長相更漂亮的黃鸝。

然而，在馬雅傳說中，走鵑原本羽色亮麗，卻被狡猾的魁札爾鳥欺騙。在爭奪馬雅眾鳥之王的競爭中，本來相貌十分平凡的魁札爾鳥跟走鵑借用其身上的華美鳥羽，盛裝打扮後順利奪得王位，卻不歸還鳥羽；走鵑則落得全身赤裸，幾乎快要餓死。其他鳥類同情走鵑的遭遇，紛紛捐出羽毛，於是走鵑便擁有如今斑駁的棕色鳥羽。

X 標記

走鵑另一項讓美洲原住民崇拜和著迷的特徵就是牠那獨特的腳印。跟其他杜鵑科的成員一樣，走鵑也有對趾足，也就是兩趾向前，另外兩趾向後的結構，這種配置可以增強抓地力跟穩定性。由於走鵑是地棲鳥類，所以牠們的 X 腳印比起其他杜鵑鳥種更加引人注目。

這種腳印對美洲原住民來說有著雙重意義。走鵑的足跡可用來召喚其守護力量，因為牠具有力氣、勇氣與速度。同時，由於這種形狀隱藏走鵑奔跑的方向，所以也被視為能混淆邪靈、用來驅邪的神聖符號。

這種鳥還出現在喬納達莫戈永族（Jornada Mogollon）的岩畫中，這是 900 年至 1400 年左右生活在新墨西哥州的原住民族。在三河遺址（Three Rivers site）眾多的鳥獸洞穴壁畫中，其中一幅描繪了一隻走鵑和其獨特的 X 形狀腳趾，嘴裡還叼著一條蛇。傳統上，普埃布洛人會把這種鳥的羽毛交叉呈現 X 形狀，釘在搖籃上來保護孩童，也會用在其他各種儀式中。

美國西南部的祖尼族人會在祈雨儀式中使用交叉的走鵑羽毛，也會在頭皮舞（Scalp Dance）中使用，這是用來慶祝成功獵取納瓦荷人頭皮的人一種成年禮儀式。根據漢密爾頓・泰勒（Hamilton A. Tyler）在 1979 年出版的《普埃布洛的鳥類與神話》（*Pueblo Birds & Myths*）一書記載，「頭皮舞者」會在腳上所穿的莫卡辛鞋（moccasins，譯按：又稱「鹿皮鞋」，一種用鹿皮或其他軟皮製成的鞋子），插上小型的交叉羽毛來獲得勇氣，並在頭部左側佩戴較大的交叉走鵑羽毛。

聖塔菲（Santa Fe）以北約 24 公里處的南貝普埃布洛（Nambé Pueblo）住著許多特瓦人（Tewa），他們名義上是天主教徒，但會將原住民的儀式跟基督的「諸聖節」慶祝活動結合在一起。對他們來說，由於亡靈既能帶來庇佑，也可能招來禍害，因此每年只允許亡靈回村一次。一位老人會被指派送食物給亡靈，其左腳跟左手會用木炭畫上走鵑的 X 形腳印，以防惡靈侵擾。

在新墨西哥州另一個歷史悠久的普埃布洛村落科奇蒂（Cochiti），有多份紀錄指出，在葬禮儀式中，人們會在地上刻劃 X 形狀的足跡，圍繞著死者或代表死者的一穗藍玉米，形成一個圓圈。裝飾性的走鵑腳印也出現在葬禮陶碗上，用來裝盛供品給死者。此外，人們也會用絲蘭編成 X 形的十字架放置在祭壇上，以驅除邪靈。

耐力十足的生存者

走鵑十分敏捷,特別是在躲避身長是牠兩倍的響尾蛇毒牙時,更是將其靈敏發揮得淋漓盡致。「Shuma'kwe」是普埃布洛族中專門治療風濕病的組織,其領袖必須來自走鵑(Roadrunner)氏族。雖然走鵑的羽毛過去曾被廣泛使用,也有部落會吃這種鳥類,希望吸收牠們的特性,但現今走鵑要面對的敵人還包含車輛、家貓以及郊狼等野生掠食者。即便面對這些威脅與棲地流失,走鵑依然能在嚴酷環境中生存下來。

舉例來說,為了在酷熱的沙漠中節省體內的水分並且保持涼爽,牠們會透過兩隻眼睛前面的腺體分泌鹽分,而不是透過尿液排出;牠們還會張口「喘氣」,藉由振動喉部的舌骨肌來散熱。雖然走鵑可能還是無法抵抗寒冷的天氣,但牠們通常會透過降低體溫、進入輕度休眠狀態,以在寒冷的沙漠夜晚中保持溫度。到了早上,牠們會背對太陽站立,並且抖動羽毛,讓深色的皮膚能夠吸收陽光的溫暖。

目前,這兩種走鵑都還未被列為受威脅。大走鵑的分布範圍正從美國西南部穩步地向東擴展到阿肯色州、路易斯安那州以及密蘇里州。根據國際鳥盟(BirdLife International)的資料,小走鵑似乎也在透過尋找新的生活區域來彌補失去的棲息地。

鴯鶓 EMU

鴯鶓科 *Dromaiidae*

現存世上第二大的鳥類與澳洲有著深厚的文化與歷史連結。鴯鶓（右圖）身高約 2 公尺，體重可達 55 公斤；這種溫和的羽毛巨人至今仍奔跑在祖先數千年來棲息的土地上。就跟其他不能飛的平胸鳥類一樣，像是鶴駝、紅頸鴕鳥、南美洲鶆䴈以及紐西蘭的奇異鳥，人們認為鴯鶓是從岡瓦納超大陸（Gondwana）上會飛的祖先演化而來，在這片超大陸分裂成現今的板塊樣貌後，持續適應現代生活。

在澳洲原住民的夢時代故事中，一顆鴯鶓蛋被拋向天空，破裂後，巨大的蛋黃點燃了太陽，照亮了世界。鴯鶓在原住民的生活與文化中，扮演著舉足輕重的角色。牠們是非常重要的肉類來源，羽毛可以用在儀式上，骨頭則用於祭祀和製作武器。在原住民的天文學中，「天空中的鴯鶓」（emu-in-the-sky）是銀河系中清晰可見的一個星座。

在地面奔馳

鴯鶓雖然不會飛，卻能在地上快速奔馳，時速可達 48 公里；其學名「*Dromaius*」出自古希臘文的「*drómos*」，意思就是「賽跑」或是「跑步」。鴯鶓的雙腿修長無羽，尾端有三根腳趾頭，全部都朝向前方；其中中央的趾頭大約 15 公分長，末端帶有銳利的爪。

一則夢時代的傳說解釋了鴯鶓為何擁有鱗狀雙腿。那時，世界還沒有白晝，籠罩在一片黑暗與寒冷之中。一隻名叫戴萬的鴯鶓嫁給了袋鼠布爾拉（Bohra），牠們性情迥異，戴萬活潑好動，布爾拉則喜歡睡懶覺。有一次，戴萬玩弄掉落在布爾拉臉上的樹葉，布爾拉終於忍無可忍，起身抓著戴萬在黑暗中四處穿梭。最後，他們來到一片空地，布爾拉揭開夜幕，讓陽光灑落大地，戴萬終於可以自由地奔跑。然

左圖 裝扮成原住民族群的神聖鳥類的「鴯鶓人」，1920 年代攝於澳洲。

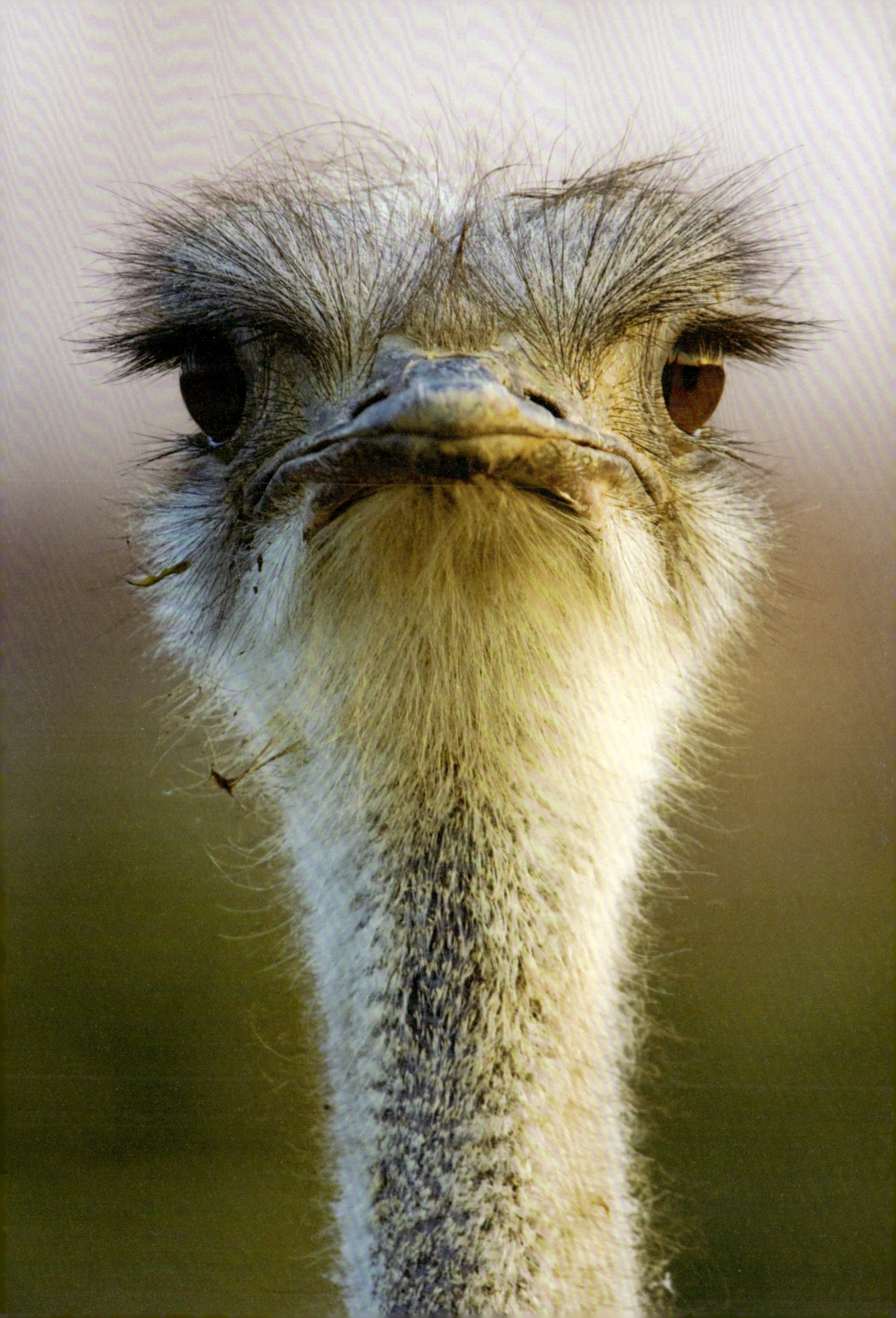

遺失的翅膀

在夢時代的神話中，鴯鶓戴萬是眾鳥之王，曾經也是強大的飛行者。牠的故事跟鶴鴕很像（詳見 181 頁），同樣有個充滿嫉妒心的對手；在鴯鶓的版本中，欺騙牠的是名叫古布估邦（Goomblegubbon）的澳洲鷺鴇（*Ardeotis australis*）。古布估邦把自己的翅膀折起來，假裝已經剪翅，並且說服戴萬相信，剪掉的翅膀才是鳥類之王應有的、合適的特徵。鴯鶓擔心被篡位，便把自己的翅膀給剪了，還叫伴侶跟著照做。鷺鴇見鴯鶓上當，便嘲笑牠的愚蠢，但戴萬也不是省油的燈，馬上展開報復行動。戴萬把自己的幼雛藏起來，只留兩隻在外面，然後嘲笑古布估邦居然生那麼多蛋，一家就十二隻，並說如果鷺鴇想要長得跟鴯鶓一樣大，就要少生一點，這樣幼雛才有足夠的食物可以成長。古布估邦便殺掉所有的小鳥，只留下兩隻。從此以後，澳洲鷺鴇每次最多只下兩顆蛋，而鴯鶓也再也飛不起來。

事實上，鴯鶓跟其他的平胸鳥類一樣，只有退化的翅膀，胸骨上也沒有龍骨，這個部位是用來固定翅膀肌肉，提供飛行時所需的動力。鴯鶓也沒有大多數鳥類用來互鎖和固定羽毛的微小鉤子「羽纖枝」。因此，鴯鶓柔軟的灰棕色羽毛總是鬆散垂掛，看起來毛茸茸的。

而，因為在黑夜裡穿越樹林、躍過倒木，所以她的長腿被刮得光禿禿的，變成我們今天看到的鱗狀腳。這對伴侶，紅大袋鼠與鴯鶓，至今仍生活在一起，雙雙成為非官方的國家象徵，一同持著盾牌出現在澳洲國徽上。

超級女強人

在夢時代的傳說中，鴯鶓戴萬經常被描繪成女性角色，而且相當強悍，或許這有其意義，只是牠們絕對不是慈母的形象。雌鴯鶓在夏季或秋季的求偶期間，占有主導的地位，此時雌鴯鶓的羽毛顏色會變暗，代表牠已經準備好交配，並會從喉嚨發出低沉的鼓聲（平時發出的是低沉的咕嚕聲）。雌鳥每次會產下五到十五顆又大又光滑的深綠色鳥蛋（右圖），雄鴯鶓則獨自完成築巢與

孵蛋的工作，過程約需六十天。

在這段時間裡，雄鳥非常盡責，不太會離開巢穴，也很少進食或排泄。牠們會靠著體內的脂肪儲備生存，偶爾飲用草上的露水；到最後，雄鴯鶓的體重可能會減少三分之一。雖然有些鴯鶓伴侶會待在一起，並且分擔育雛的工作，但大多數雌鳥會離開，甚至在同一年與不同的雄鳥再次交配生蛋。

小鴯鶓出生後，身上會有明顯的保護色條紋，這種斑紋大約可維持三個月。即便如此，鴯鶓爸爸仍會高度保護幼雛，會趕走其他鴯鶓，就連鴯鶓媽媽也不得靠近。鴯鶓爸爸會陪伴幼雛長達七個月，並且教導牠們如何覓食。

天敵稀少

鴯鶓繁殖速度快，有利於牠們的生存。鴯鶓在野外可活長達十九年，在圈養環境下則可達四十年。牠們能夠在澳洲大部分地區的硬葉林（一種能夠保水的常青樹林）以及疏林草原中覓食水果、種子、嫩芽、昆蟲以及小型哺乳類動物等食物，活動範圍可達 1,000 公里，每天移動 14 到 24 公里。

澳洲野犬是牠們少數的天敵之一，但是鴯鶓通常可以跳躍避開攻擊，並且在落地時反踢或踩踏這些野犬。楔尾鵰是比較棘手的敵人，尤其對幼雛跟年少的鴯鶓而言更是。牠們必須要迅速奔跑，並且改變方向來躲避楔尾鵰的攻擊。鴯鶓的其他敵人包括蜥蜴、狗以及會偷蛋的野豬。

或許，比較令人意外的是，這種看起來很像是史前動物的鳥類至今仍然在原生地繁衍生息。澳洲可能有多達 725,000 隻野生鴯鶓，而在其他國家，為了取得牠們的肉、蛋、羽毛、油以及皮毛，有成千上萬隻鴯鶓被圈養，光在美國就高達一百萬隻。

蛋的實際大小

軍艦鳥 FRIGATEBIRD

軍艦鳥科 *Fregatidae*

巡防艦（Frigate）是一種快速、靈敏的戰艦，主要設計來進行高速攻擊，並可以靈巧地躲避敵人。軍艦鳥身上也有相同的特性，這種海鳥十分敏捷、擅長飛行，有時候會從身手不夠矯捷的其他鳥類爪中搶奪食物。牠們也能從海面抓起獵物，而不弄濕任何一根羽毛（事實上，這種鳥從來不會像其他海鳥那樣在海中游泳）。在加勒比海地區航行的英國水手曾幫這種鳥取了個類似的名字，叫做「Man-of-War Bird」（戰艦鳥），這詞出現在英國探險家威廉・丹皮爾（William Dampier）的著作《環遊世界新航行》（*A New Voyage Around the World*）中，但現在已很少使用。軍艦鳥科下的五個物種都生活在赤道以及更南邊的島嶼上；在非繁殖季節，牠們會在海洋上空長途飛行，有紀錄顯示，雄性的黑腹軍艦鳥（*Fregata minor*）就曾飛行數百，甚至是數千公里的距離。

軍艦鳥非常引人注目，牠們有不可思議的長翅膀，飛行姿態也十分優美；雄鳥在求偶時，會鼓起奇特的喉囊，看起來像顆緋紅色的氣球（如左圖）。這種鳥對於復活節島（Easter Island）的居民來說，是個重要的象徵，並且常常出現在關於「tangata manu」（鳥人）的畫作或雕刻之中，這種半鳥半人的生物具有明顯的軍艦鳥特徵，包括牠的喉囊。在繁殖季節開始後，第一位取得海鳥蛋的人會將之獻給他的保護者，然後這位保護者會成為「tangata manu」（鳥人），並且在接下來的一年擁有特殊權力。這項傳統據說起源於十六世紀初，最早用於儀式的海鳥蛋就是軍艦鳥的蛋。大約過了一個世紀，軍艦鳥的數量開始減少，因為牠們並非每年繁殖，每窩也只有產一顆蛋，所以人類的掠奪嚴重影響了牠們的數量。有鑑於此，島民轉而選擇當時仍繁榮興盛的烏領燕鷗（*Onychoprion fuscatus*）。這項習俗在十九世紀中期結束，而如今復活節島上也已經沒有大型海鳥的群落。

美麗與忠誠

軍艦鳥在夏威夷語中叫「'iwa」，在多則民間傳說中牠都是神的信使，任務之一就是從天堂帶來嬰兒，交給凡人夫妻扶養。這種鳥因其優雅和高貴的姿態備受讚揚；在夏威夷，如果看到十分吸引人的異性，你可能會說「Kīkaha ka 'iwa i ka pali」（軍艦鳥在懸崖上翱翔）。吉爾伯特及艾利斯群島（Gilbert and Ellice Islands）的原住民有一項傳統，他們會從巢穴中帶走軍艦鳥幼雛，把牠當成寵物飼養；據說，這些小鳥跟狗一樣忠誠，不僅會跟著主人去上班，還會整天在主人工作地點上空盤旋，等下班後再一起回家。

響蜜鴷 HONEYGUIDE

響蜜鴷科 *Indicatoridae*

關於黑喉響蜜鴷（*Indicator indicator*）的各種說法，究竟是真實行為還是虛構傳說，其實很難釐清。這種鳥類的實際行為非常奇特，所以聽起來很像是神話和傳說中的情節；然而，儘管有部分行為記載是根據現實狀況而寫成，但似乎也有虛構的成分。

在撒哈拉沙漠以南非洲地區，衣索比亞與肯亞的博蘭人（Boran）以及坦尚尼亞的哈扎人（Hadza），長期以來都仰賴黑喉響蜜鴷的幫助，尋找野生蜂窩。他們在開始採蜜前，會吹出特定的口哨聲，讓自己遇到響蜜鴷的機率加倍。這種鳥都會透過大聲鳴叫並飛到蜂巢的所在地，藉此「引導」人們前往；而這些蜂巢通常位於樹洞中。採蜜人會爬到蜂巢附近，用煙燻走蜜蜂後取出蜂巢。跟著響蜜鴷能大幅縮短尋找蜂巢所需的時間。

傳統上認為，每次採蜜都應該給響蜜鴷一塊蜂巢作為回報，牠會食用裡頭的蜂卵以及幼蟲。如果不這樣做，據說牠會懷恨在心，下次把你引入危險之中，像是毒蛇或是躲起來的獅子等。有些採蜜人不會馬上提供獎賞，為的是讓牠保持飢餓、繼續尋巢，但最終還是會留下一些供牠取食。

雌鳥的引導

比起羽色較鮮明的雄性成鳥，引導行為更常出現在雌性的成鳥跟幼鳥身上。雌黑喉響蜜鴷另一個特殊行為是，牠們跟杜鵑一樣會巢寄生，把蛋下在其他鳥類的巢中。牠們的宿主多達三十八種，包括翠鳥、蜂虎科鳥類、五色鳥以及啄木鳥等。有趣的是，年輕的雌鳥通常會選擇養育牠長大的鳥種為宿主，也就是說，牠被哪種鳥撫養長大，之後就會把蛋產在那一類鳥的巢中，因此宿主的選擇會在雌鳥家族中代代相傳。或許，就是這種內建的學習能力，讓雌鳥比雄鳥更傾向擔任引導的角色。

有傳聞指出，響蜜鴷也會引導蜜獾跟狒狒找到蜂巢，但目前尚未有這類行為的正式觀察紀錄。響蜜鴷跟人類之間的合作關係需要持續強化，才有辦法繼續維持，但人們現在居住在不斷發展的都市地區，更傾向於直接購買糖而非採集野生蜂蜜，所以這種引導行為越來越罕見，甚至可能會完全消失。

右圖 一種經常被提及但尚未有實際紀錄的動物合作行為。響蜜鴷會引導蜜獾找到野生的蜂巢，並在一旁等待，伺機上前取食蜜蜂的幼蟲跟蟲卵。

WALTER A WEBER

577

琴鳥 LYREBIRD

琴鳥科 *Menuridae*

有些鳥類具有美麗的外型，有些則擁有美妙的歌喉。只有少數鳥類可以同時具備這兩個優點，琴鳥科中現存的兩個物種就是如此，包括華麗琴鳥（*Menura novaehollandiae*）以及亞博特琴鳥（*Menura alberti*）。這些鳥類十分害羞，平常生活在澳洲森林中，牠們因為豔麗的外表跟高超的模仿能力而聞名天下。

這兩種琴鳥的雄鳥都有壯麗的尾羽，只不過華麗琴鳥的尾羽有點彎曲，看起來好像里拉琴，所以這種小鳥才會叫做「琴」鳥。在求偶展示的時候，雄鳥會把白色上尾羽的羽扇展開，向前覆蓋其背部和頭部，就像一層輕柔的新娘面紗。這種棕灰色的鳥類通常生活在澳洲維多利亞、新南威爾斯以及昆士蘭東南部的雨林中，並已被引入塔斯馬尼亞島（Tasmania）。栗棕色的亞博特琴鳥則是以維多利亞女王的夫婿亞博特親王（Prince Albert）命名，牠們只有出現在昆士蘭東南部以及新南威爾斯東北部一小片地區。

琴鳥是澳洲古老的原生物種；在昆士蘭西北部的里弗斯利地區（Riversleigh）發現了一種體型略小的琴鳥祖先化石，學名為「*Menura tyawanoides*」，估計已有一千五百萬年的歷史。琴鳥長久以來深受原住民的喜愛和尊重，被稱為「Beleck-Beleck」和「Balangara」。在新南威爾斯東部的塔爾瓦斯族（Dhawaral）就以這種鳥為傳統圖騰。

聲樂奇才

琴鳥會模仿並唱出周圍環境中的各種聲音，大約需花費一年的時間學會這項技能。這兩種琴鳥中，雄鳥比雌鳥更擅長模仿，而雄性華麗琴鳥更是所有鳥類中最出色的模仿大師。據說，牠們能夠精準地模仿多達二十種不同鳥類的叫聲，甚至還能模仿無尾熊和澳洲野犬的聲音。雖然比較少見，但牠們也能模仿鏈鋸、汽車引擎、防盜警報以及手機鈴聲等聲音。

琴鳥的叫聲雖然十分迷人，但目的並非為了娛樂。跟其他鳥類一樣，琴鳥透過唱歌來劃分領地，而且似乎還會發展出區域性的方言。一項長達數十年的

左圖 喬治・蕭（George Shaw）以及弗雷德里克・波萊多爾・諾德（Frederick Polydore Nodder）的著作《博文學家文集》（*The Naturalist's Miscellany*，1802 年），內容包含一幅由理查・波萊多爾・諾德（Richard Polydore Nodder）所繪製的版畫，一隻華麗琴鳥正在展示牠的美麗尾羽。

研究顯示，就算琴鳥移居到其他地方，牠們在唱領地之歌時仍然保有原先的口音。從維多利亞引入塔斯馬尼亞島的琴鳥，在五十年後依然保有原本的口音，並一代一代地傳承下去。

雄性琴鳥在六月到八月的繁殖高峰期會激烈地唱歌，除了彰顯存在感，更是一種比拼歌藝、贏得配偶的方式。牠們會展開扇形尾羽進行華麗的展示，同時發出一連串的顫音和抖音，一次最長可達二十分鐘，藉此吸引在附近盤旋的雌鳥。雌鳥的求偶標準除了外型，還包含聲音技巧。

華麗琴鳥會在自己的領地中打造十到十五個展示丘，並且輪流前往展示。這些小丘是牠們用爪子刮擦泥土築成，最高可到 90 公分，寬約 15 公分。亞博特琴鳥則是會踩踏植被，形成展示平台。這兩種雄琴鳥可能會與多位雌鳥交配，但似乎都不會參與育雛。

雌琴鳥會在地面、岩石或是樹樁上築建穹形巢穴，內襯蕨類、樹枝、樹皮和苔蘚，並產下一顆蛋，通常會在六週內孵化。小雛鳥會在巢中最多待個十週，並且跟著琴鳥媽媽生活九個月左右。

意想不到的森林消防員

美麗的外表與出色的模仿能力已經讓琴鳥備受讚譽，但科學研究發現，牠們在環境保護上也扮演重要角色。澳洲拉籌伯大學（La Trobe University）近期發表一項研究，顯示琴鳥覓食時的行為能夠降低森林火災的風險。

琴鳥擁有大腳和長趾，會在落葉堆上踩踏、翻找腐植質，尋覓昆蟲、蜘蛛、青蛙以及其他小型脊椎動物和無脊椎動物。這種行為能夠加速落葉分解，減少可能助燃的乾燥物質，也會抑制可能造成火勢蔓延的蕨類與草類生長。

看來，這種長期在郵票、硬幣、鈔票、徽章和標誌上代表澳洲的琴鳥，現在還可以增加一個新身分：消防員。不過，這種鳥類不喜歡成為焦點，而是偏好孤獨，如同澳洲詩人朱迪絲・賴特（Judith Wright）在其作品《琴鳥》（Lyrebirds）中所觀察到：

> 有些事物應當保持神祕和孤獨；
> 有些事物像是會走動的寓言鳥類，
> 應當只存在於心靈的敬畏之中。

來自神靈的獎賞

一則夢時代傳說解釋琴鳥獲得鳴唱天賦的起源。那是一個萬物說著相同語言、彼此和諧共處的遠古年代。有一天，牠們決定齊聚一堂，舉辦「歌舞會」（corroboree），這是一種包含舞蹈和音樂的節慶儀式，澳洲原住民至今仍會舉辦，以重現夢時代的場景。這場聚會原本和樂融融，直到頑皮的青蛙開始模仿其他生物，一切就變了調；牠成功模仿澳洲鶴（Antigone rubicunda）布羅佳的聲音，並嘲笑袋熊在舞池上笨拙的表演。

這隻青蛙還用布羅佳的聲音侮辱其他動物跟鳥類，包含嘲笑鴯鶓的短小翅膀，導致生物爆發有史以來第一場衝突，各種攻擊與辱罵連番上陣。在這場混亂中，只有琴鳥大聲疾呼和平，但沒有人聽到。

神靈被喧鬧聲吵醒，決定取消生物之間的共同語言，賦予各個生物獨自的叫聲。由於青蛙惹是生非，所以被處罰只能擁有難聽的呱呱聲；試圖維持和平的琴鳥則得到豐厚的獎勵，成為唯一一種能夠說出其他生物語言的鳥類。

在另一則出自藍山（Blue Mountains）的傳統神話中，琴鳥其實是一位悲傷的父親泰瓦恩（Tyawan）。他把女兒們變成著名的地標三姐妹峰（Three Sisters，下圖），自己則變成琴鳥，以躲避兩棲怪物本耶普（Bunyip）的攻擊。泰瓦恩在變身的過程中弄丟了魔法工具，所以化身為琴鳥的他至今仍不斷在地上尋找，並持續呼喚著女兒們，承諾有一天會找到工具，把她們重新變回女孩。

反舌鳥 MOCKINGBIRD

嘲鶇科 *Mimidae*

哈波‧李（Harper Lee）所寫的《梅岡城故事》（*To Kill a Mockingbird*），故事背景設定在1930年代的阿拉巴馬州。故事中，律師亞惕‧芬鵸（Atticus Finch）告誡他的孩子：「只要打得到，冠藍鴉想打幾隻就打幾隻；但是切記，殺反舌鳥是種罪過。」根據故事中善良寡婦莫迪‧阿特金森夫人（Miss Maudie Atkinson）的說法，殺死反舌鳥有罪的原因在於牠們「不僅演唱美妙的音樂為人們帶來愉悅，而且不會糟蹋人類的花園，不會在穀倉裡築巢。牠們一心一意為人類歌唱，其他什麼都不做。」反舌鳥象徵書中無辜且無害的角色，特別是指湯姆‧魯賓森（Tom Robinson），他無端遭到莫須有的強姦罪指控，並且還被有種族歧視的陪審團定罪。

上圖 電影《梅岡城故事》（1962年）中的場景，葛雷哥萊‧畢克（Gregory Peck）飾演亞惕‧芬鵸（Atticus Finch）；布羅克‧彼得斯（Brock Peters）則飾演湯姆‧魯賓森（Tom Robinson）。

南方之歌

書中提到的鳥種幾乎可以確定是小嘲鶇（*Mimus polyglottus*），因為牠是北美唯一常見的「反舌鳥」，其他大約十五個物種主要都分布在更南方的地區，或是生活在特定島嶼上。小嘲鶇是一種帥氣、優雅的灰鳥，擁有長長的尾巴、外向的性格，在美國十分普遍，並且受到民眾愛戴。這種鳥還獲選為阿肯色州、佛羅里達州、密西西比州、田納西州以及德克薩斯州的州鳥，反映出牠們主要集中分布在美國南部和西部。

不論是雄鳥還是雌鳥，小嘲鶇都會頻繁且熱情地唱歌，牠們的歌聲幾乎完美地模仿其他數十種鳥類的叫聲。在小嘲鶇的歌聲中，人們已經成功辨識出將近四十種其他鳥類的歌聲或鳴叫聲；同時，還發現其他的聲音，從吱吱作響的開門聲到狗吠聲都有。在北美地區，這種鳥以無與倫比的模仿能力聞名於世，不僅成為許多神話故事的靈感來源，也成為自己名稱的由來。其學名中的「*polyglottus*」意即「很多舌頭」；其模仿技能也反映在許多美洲原住民族賦予牠的名稱中，例如「會說外語的鳥」。霍皮族人會讓小孩食用反舌鳥的舌頭，

右圖 約翰‧詹姆斯‧奧杜邦《美國鳥類》中的插畫，一群小嘲鶇試圖擊退攻擊巢穴的響尾蛇。

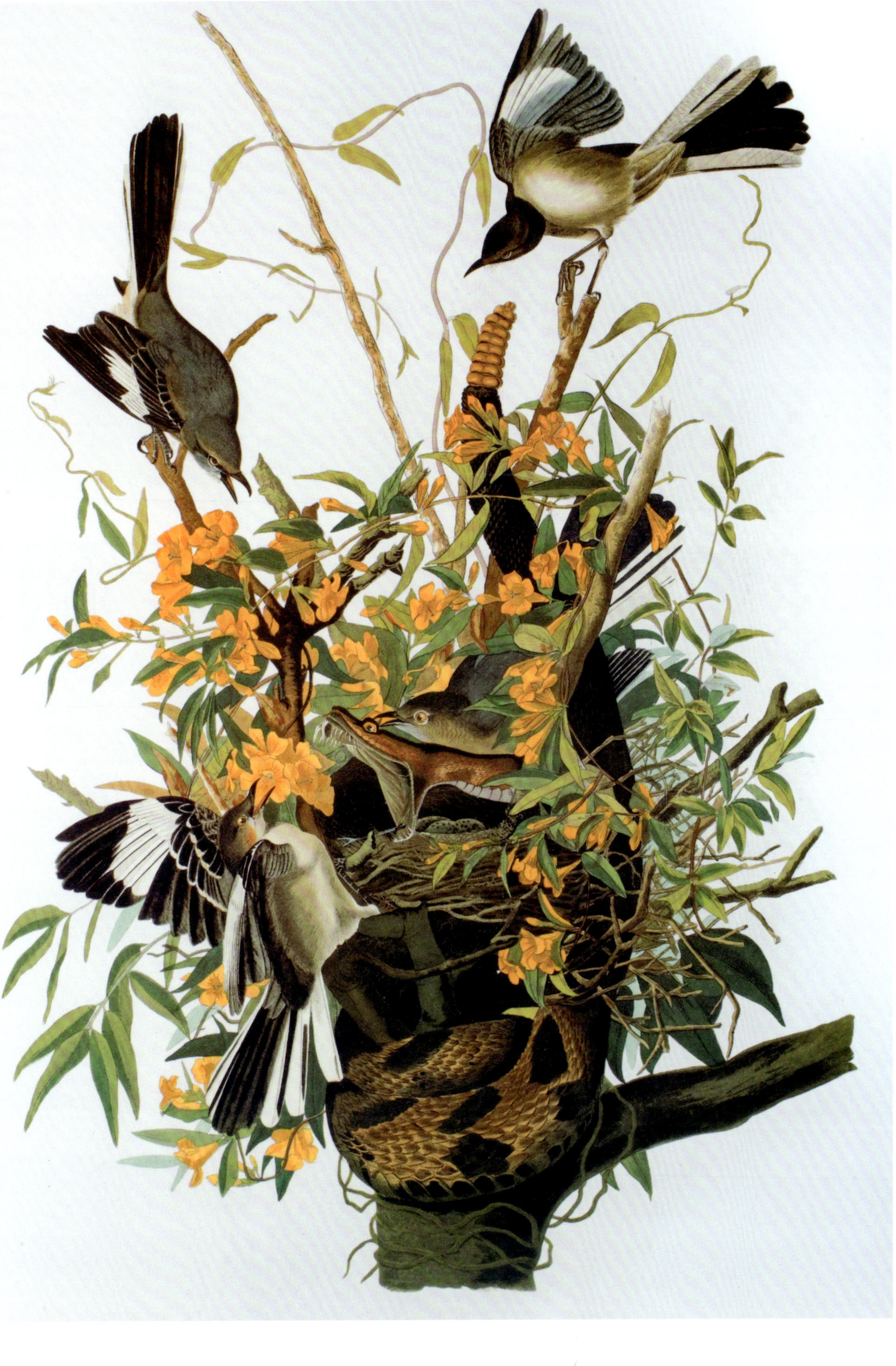

以幫助他們學習部族的傳統歌曲。祖尼族也有類似的傳統。這個儀式是要活捉一隻反舌鳥後切下其舌頭，並貼按在孩子的嘴唇上，然後再將這隻鳥放生，並相信牠們的舌頭會在幾天後長出來（很遺憾這並非事實）；等到舌頭長回來後，孩子也會開始說話。

說書人

不同美洲原住民族的故事中，反舌鳥往往是可信賴的真相傳達者。聖安納族（Santa Ana）的故事就是其中之一，內容提到狐狸和花栗鼠對兔子惡作劇，騙牠跳進湖裡，但當牠們看不到兔子身影時，擔心兔子可能會溺水，正準備跳進湖裡救牠，此時反舌鳥便唱歌告訴牠們，兔子已經逃走了。

如果有消息不能洩露，那就必須讓反舌鳥保持沉默。在祖尼族的一則故事中，就提到一位祖尼族人的妻子被白野牛綁架，森林中其他動物引導她的丈夫前去救人，並叮囑反舌鳥不能讓白野牛知道這項營救計畫。然而，由於不相信反舌鳥會真的閉嘴，弱夜鷹（Poorwill）決定向牠吐口水，讓反舌鳥睡著，以保萬無一失。

聲音導師

霍皮族相信，他們的儀式歌曲最初是由地下世界的反舌鳥靈魂教給他們的。在霍皮文化中，所有霍皮男子都隸屬於四大「社團」（societies）之一，並各自有一套系統、喜愛的神靈以及相關的神話故事，而這些都源自於所有人受困在地下世界的時期發展而來。關於族人是怎麼來到地面世界有許多故事版本，其中一版就是反舌鳥先找到逃生路徑，然後利用各種不同的歌曲，引導人們走向光明。霍皮族的「Tao」或稱「歌者」社團就負責記住這些曲目，並且永遠傳唱下去。

同一則故事還提到，這世上的所有語言都是人們逃離地下世界的那個晚上，由反舌鳥所教的。反舌鳥透過特殊的魔法完成這件事，牠在不同營地的人群間穿梭，取出每個群體的特殊精華，並將之放在一個雄鹿皮袋之中。等到反舌鳥蒐集完所有營區的精華後，牠就把這個袋子拿去找大酋長，要求酋長把袋子埋起來，接著在上面點火。大酋長照做了，隔天早上，人們醒來後發現他們不再使用同一種語言，而是各自擁有不同的語言，就像反舌鳥一樣。

達爾文的靈感

查爾斯·達爾文（Charles Darwin）在加拉巴哥群島（Galapagos Islands）上的觀察，讓他提出著名的演化論，描述不同島嶼上的雀鳥之間的差異，以及牠們如何演化出適應各自生態棲位的特徵。比較少人知道的是，達爾文也有研究島上的反舌鳥。達爾文回家一年後，才發現當初在不同島嶼上取得的反舌鳥標本並不屬於同一個物種，這讓他深深後悔自己當初沒有詳細記錄每個物種標本的來源地。如今，科學界已認定加拉巴哥群島上有四種不同的反舌鳥；達爾文當初蒐集到其中三種，如右圖。就跟加拉巴哥群島上不同的雀鳥一樣，這四種反舌鳥也有一個共同的祖先，在數千年前從南美洲大陸飛到這些島嶼，就此定居。加島嘲鶇非常有魅力，不怕人，對造訪島嶼的人類充滿好奇，也因此常主動靠近。同時，牠們對於當地的野生動物來說算是一種威脅，因為牠們會吃海鳥的鳥蛋，並且會吸取海獅及海鬣蜥傷口所流出的血液。

右圖 達爾文探險中所標記的三種加拉巴哥群島反舌鳥，從左至右分別是查爾斯嘲鶇（又稱為「弗洛雷安娜嘲鶇」，*Mimus trifasciatus*）、聖島嘲鶇（*Mimus melanotis*）以及加島嘲鶇（*Mimus parvulus*）。

王鶲 MONARCH-FLYCATCHER

王鶲科 *Monarchidae*

如同其帝王般的名字所示，王鶲是極為美麗的鳥，在民間傳說中受到高度讚譽。這個科約有一百個物種，分布範圍廣泛，從非洲南部、亞洲，一直延伸到澳大拉西亞以及包含夏威夷在內的各個太平洋島嶼。大多數王鶲都有鮮豔的顏色和醒目的圖案，有些還有冠羽、細長的尾巴和高彩度的眼圈。

印度壽帶（*Terpsiphone paradisi*）就擁有所有這些特徵。雄印度壽帶有著很長的尾巴，至少是自己身體的兩倍長，以及顯眼的尖冠和宛如「眼鏡」般的亮藍色的眼圈。牠們頭部為黑色，身上的鳥羽則有兩種顏色，分別是白色跟棕栗色。印度壽帶會在非繁殖季的時候前往斯里蘭卡；據說，牠們是人類小偷變成的小鳥，身上的顏色顯示出偷竊的物品。棕栗色的鳥是「gini hora」（偷火賊）；白色的鳥則是「kapu hora」（偷棉花賊）。

日本紫綬帶（*Terpsiphone atrocaudata*）是另一種擁有長尾巴和藍色眼圈的漂亮鳥類，但沒有白色型態。日本人將其鳴叫聲詮釋為「tsuki-hi-hoshi, hoi-hoi-hoi」，也就是「月－日－星」，所以這種鳥的日文名稱就是「三光鳥」（sankōchō），象徵有「三道光芒的鳥」。

有益的習性

夏威夷也有王鶲，是外觀較不顯眼的夏威夷蚋鶲（elepaio,「蚋鶲屬」〔*Chasiempis*〕），在當地民間傳說中扮演重要角色。這種鳥有三個相近的物種。據說，夏威夷蚋鶲能夠告訴獨木舟的建造者哪些樹木適合使用，因為牠們會忽略健康結實的木頭，只會啄食內部腐朽且充滿幼蟲的劣質樹木。這種行為啟發出一句諺語：「這棵樹已被『夏威夷蚋鶲』標記為獨木舟。」此外，作為食蟲鳥，夏威夷蚋鶲被視為農作豐收女神伊娜－噗谷－艾（Hina-puku-'ai）的神使，深受尊崇。由於這些重要價值，夏威夷蚋鶲免於遭受密集獵捕的壓力，不像其他夏威夷的本土鳥類一樣，都因為遭到獵殺而滅絕。

在王鶲科中的十七個屬之中，有一個屬特別引人注目。那就是新幾內亞的領皺鶲（frill-necked monarch），隸屬於「皺鶲屬」（*Arses*）。此一屬名不確定是否出自拉丁文的「ars」（藝術），但卻十分適合用來形容這種美麗的鳥類；其屬名也可能出自其他沒那麼恭維的詞語，只是目前尚不清楚。

右圖 印度出生的英國藝術家瑪格麗特・布什比・拉斯塞爾斯・科克本（Margaret Bushby Lascelles Cockburn）繪製的插圖，出自《尼爾吉里鳥類與細節》（*Neilgherry Birds and Miscellaneous*，1858年），顯示印度壽帶雄鳥和雌鳥尾部及羽色上的差異。

Bird of Paradise Flycatcher. Male & Female
Muscipeta Paradisea 288 Jerdon

天堂鳥 BIRD-OF-PARADISE

天堂鳥科 *Paradisaeidae*

上圖　弗朗索瓦・勒瓦揚（François Levaillant）的著作《天堂鳥與佛法僧的自然歷史，額外附有巨嘴鳥和鬚䴕的記述》（*Histoire naturelle des oiseaux de paradis et des rolliers, suivie de celle des toucans et des barbus*，1806年）中的插畫，描繪出大天堂鳥的華麗鳥羽。

Le grand Oiseau de Paradis, émeraude, mâle. N.º 1.

當麥哲倫（Magellan）的探險隊在十六世紀從澳大拉西亞帶回第一批大天堂鳥（*Paradisaea apoda*）的毛皮時，歐洲社會大眾普遍的反應是難以置信。這些鳥類羽毛色彩極其華麗多彩，看起來簡直不像真實存在的生物；而當地人在處理這些鳥的毛皮時，會把牠們的雙翼跟雙腿去除，更增強了這種印象。因此，人們認為這些「上帝之鳥」從不下凡落地，而是靠著牠們身上金黃色尾羽形成的雲彩懸掛著，永遠在天空中漂浮，只有死亡時才會墜落到地面。其學名「apoda」就是「無足」的意思。

天堂鳥科包含四十一個物種，和鴉科是近親。這聽起來可能很難相信，因為烏鴉通常羽色漆黑、外型樸素，天堂鳥卻以羽色鮮豔、造型華麗著稱，兩者看起來簡直南轅北轍。然而，並非所有天堂鳥都如此華麗；例如，輝風鳥屬（*manucodes*）就沒有豔麗的羽毛，牠們的外型偏黑，看起來更像烏鴉。大多數天堂鳥都生活在新幾內亞，牠們所居住的森林很難進入，這也讓牠們幾世紀以來蒙上神祕色彩，為其天上來客的傳說增添可信度。即使到今日，許多天堂鳥物種的生物學和生態學仍幾乎是未知之謎。

盛裝起舞

天堂鳥科成員中，只有雄鳥擁有鮮豔的羽色和裝飾，並且會在精心設計的歌舞表演中展示身上的華羽，以吸引配偶。有些新幾內亞的原住民會模仿這種行為，使用死去的天堂鳥羽毛裝飾自己，在進行儀式舞蹈時，作為身上華麗且繁複服裝的一部分。

這些男人頂著一身厚重的羽飾起舞，其實就跟雄天堂鳥在雌鳥面前賣力表演一樣，都是在展現自己的體力。演化中的「累贅理論」（handicap theory）指出，在競爭激烈的交配環境之中，「挑選配偶的一方」（通常都是雌性）會偏好能夠承受較多負擔的伴侶。這些個體即便背負沉重的裝飾，仍然可以生存並進行展示表演，就代表牠具有良好的健康狀態與體能，是優秀基因的象徵。有些天堂鳥是群聚炫耀求偶的物種；也就是說，雄鳥會在習慣的地點競相展示，前來觀看的雌鳥會選擇最

火鳥

不死鳥是神話中的不朽鳥類，最初由火而生，並能浴火重生，與太陽有著緊密的聯繫。西方對於不死鳥的觀念是出自希臘神話；但在世界各地都有極為相似的傳說故事，像是俄羅斯、西藏、中國以及日本等地。有許多真實世界的鳥類都跟不死鳥的神話有關，而最早看到無足、無翼天堂鳥毛皮的歐洲人便認為牠們就是活生生的不死鳥，永遠住在天上，與太陽共存。

具吸引力,且羽飾最華麗的舞者交配。

鬆脫的四肢

那些捕殺天堂鳥的人,無論是為了部落儀式使用,還是作為貿易用途,都非常清楚這種鳥生前擁有雙腳跟翅膀。去除天堂鳥的四肢是為了凸顯牠們美麗的羽毛,也方便將整張毛皮製作成裝飾品,通常會串在木棍上展示。關於這種鳥類無腳無翼的奇幻說法,是英國探險家威廉・丹皮爾(William Dampier)傳到歐洲;他在十七世紀造訪摩鹿加群島(Moluccas)的安汶島(Ambon Island)時,看到沒有雙腳與翅膀的天堂鳥毛皮正在進行拍賣。有人告訴他們團隊,這種鳥會飛到島上吃肉豆蔻,但是這種食物太過香醇,會使牠們醉倒而失去意識,跌落地面後遭螞蟻啃食雙腿和翅膀。愛爾蘭作家托馬斯・摩爾(Tom Moore)在他的史詩《蒙兀兒公主》(*Lalla Rookh*,1817年)中提到這一點,這部作品背景設定在十七世紀的波斯:

那群金色鳥兒，
在香料盛開之時紛紛墜落花園，
沉醉於那誘使牠們越過夏日洪水的甜美果實。

迷霧森林中的傳奇

　　新幾內亞流傳著一則哀傷的故事，講述一名男子孤零零地生活在充滿天堂鳥的森林之中；直到某天，一名女子來到他身邊，並為他生下一個女兒。有一天，女子的兄長因為不認同她的選擇，來到這對幸福夫婦的藏身處，並拉弓射殺了一隻美麗的天堂鳥。男子悲憤至極，殺了女子的兄長，然後離開了家人。他用燒火時的木炭把自己化身為當地人所稱的「kalanc」，也就是黑鐮嘴風鳥（*Epimachus fastosus*），有著耀眼的黑綠色羽毛，還有彎曲的黑色鐮刀狀嘴喙以及向下彎垂的長尾巴。他變成鳥後振翅飛入群山，再也沒有回來過。

　　馬來地區也流傳著關於天堂鳥的奇異神話，講述牠們浪漫且特別的繁殖方式。據說，雌鳥會在飛行的時候產蛋，蛋落地破裂時，便會蹦出一隻已經完整成形、能獨立生活的幼鳥。另一個說法則認為，雌鳥會把蛋產在雄鳥背上；這或許是因為某些雄天堂鳥背部與臀部有著濃密的羽毛，看起來很柔軟，很適合下蛋。（事實上，雌天堂鳥會為鳥蛋搭建極為隱密的巢穴；某些物種的天堂鳥繁殖週期較快，從產蛋到幼雛離巢只需要一個多月就能完成。）

　　如今看來離奇的想法，其實都源自於人們對這些鳥類的生活方式認識不足。與那些農田或村莊中常見的鳥類不同，天堂鳥幾乎都生活在難以穿越的茂密雨林中，而且這些雨林往往位於難以探索的島嶼上，有些物種的分布範圍甚至極為狹小。若不是牠們外型絢爛、求偶行為華麗，很可能大部分的物種都不會被當地人或是探險家注意到，甚至完全不為人所知。畢竟，在1998至2008年間，科學家就在新幾內亞發現至少一千個新的物種，其中還有超過一百種是脊椎動物。或許，還有更多絕美的天堂鳥，正潛藏在原始森林的深處，等待著我們發現的那一天。

左圖　新幾內亞每年都會舉辦哈根山文化節（Mount Hagen Cultural Festival），一位部落女子展示其華麗服裝上一系列的天堂鳥羽毛。

山雀 CHICKADEE

山雀科 Paridae

高山山雀屬（*Poecile*）鳥類在北美被稱為「chickadee」（山雀），在英國則稱為「tit」（山雀），這個字曾用來代指小巧的生物，有時候也是小女孩的意思。北美山雀有七個物種，其中包含一些備受喜愛的花園常客。「chickadee」這個字也廣泛作為親密的暱稱，特別是在稱呼女朋友或孩子的時候。

最常見的山雀物種是黑蓋山雀（*Poecile atricapillus*，右圖），牠們是那些放置在加拿大和美國北部大部分地區的餵鳥器的常客。這種鳥兒擁有鮮明的黑、白、灰褐色羽毛，以及大膽、淘氣的性格，因此深受人們喜愛；特別是在冬季，其他小鳥都飛往溫暖南方的時候，牠們更加受歡迎。十九世紀美國詩人拉爾夫・沃爾多・愛默生（Ralph Waldo Emerson）曾在其詩作《山雀》（The Titmouse）中提到過這種鳥：

輕輕地——但命運正朝這裡指引，
它正快速走向這樣的命運，
微小的聲音從一旁響起，
愉悅而有禮，歡快鳴啼，
Chic-chic-a-dee-de！淘氣音符
出自真誠的心與愉快的喉，
彷彿說道：「您好阿，先生！」
多麼美好的午後，老朋友！
很開心在這地方碰頭，
因為一月沒有新面孔。

名字的由來

「Chickadee」這個英文名稱，可能是模仿這種鳥清脆悅耳的叫聲。不過關於其語源，眾說紛紜，也有一種說法認為它源自契羅基族對這種鳥的稱呼「tsigili'i」。切羅基人很喜歡山雀，認為牠象徵真理與智慧，也與占卜吉凶有關。一則切羅基傳說提到，一位邪惡女巫潛伏在路邊準備殺人時，一隻山雀飛到她肩膀上並發出叫聲，讓部落的人知道她的位置，得以將她制服。其他原住民族對這種機靈的小鳥也有不同看法。有人相信山雀的舌頭會隨著冬天來臨而裂成兩半，之後變成三叉，或許是因為牠們的叫聲會隨繁殖季節接近而改變。平常的叫聲是「chick-a-dee」，但黑蓋山雀在繁殖季的歌聲節奏不同，常被形容像是在說「Hi, sweetie」。

美洲原住民族米克馬克族（Mi'kmaq）有一則和山雀有關的創世神話。故事中有一對兄弟，一個非常善良，另一個則普普通通。他們玩一種叫「沃爾蒂斯」（woltis）的遊戲，賭上整個世界的命運。遊戲中用的核桃石有黑白兩面，就像黑蓋山雀的頭。最後，這些石頭變成山雀飛走，打亂遊戲結果，好讓善良的兄弟不會輸。

在北美，山雀可說是真正的「贏家」。根據國際鳥盟（BirdLife International）的資料，北美所有的山雀物種目前都不在受威脅名單中，其中黑蓋山雀的表現特別出色。近年來牠們的數量持續增加，每十年約成長16%，四十年下來，增加幅度已超過八成。

巨嘴鳥 TOUCAN

鵎鵼科 *Ramphastidae*

巨大的鳥喙讓人能一眼辨認出這種色彩斑斕的巨嘴鳥，某些大型物種的巨嘴鳥嘴喙的長度甚至達身體的一半。對中美洲和南美洲熱帶及亞熱帶地區的原住民而言，這種鳥的奇特附屬器官具有神奇力量，包含巨嘴鳥、山鵎鵼屬鳥類、小型巨嘴鳥以及簇舌鵎鵼屬鳥類都是如此。

對厄瓜多的卡內洛斯克丘亞人（Canelos Quichua）與吉巴羅人（Jibaro）來說，巨嘴鳥的鳥喙是黑魔法的工具。他們相信，這種鳥（可能是紅嘴巨嘴鳥〔*Ramphastos tucanus*〕）能夠攜帶巫師的箭矢，傳播疾病。當婦女懷孕時，丈夫會遵循儀式，避免食用巨嘴鳥的肉，以免新生兒遭到詛咒。巫醫則認為巨嘴鳥是生者與靈界之間的橋樑，在治療受到巫術侵擾的病人時會召喚巨嘴鳥。

亞馬遜的阿秋爾族（Achuar）十分欣賞巨嘴鳥多變且響亮的叫聲。母親會在孩子吊床上掛一截巨嘴鳥的嘴喙，希望孩子未來能擁有宏亮的嗓音。早期的法蘭德斯畫家常常在天堂的場景描繪巨嘴鳥。二十世紀，巨嘴鳥成為健力士啤酒（Guinness）的廣告代言人，但這背後似乎沒什麼特別的原因。

非凡的生理特徵

托哥巨嘴鳥（*Ramphastos toco*，右圖）又稱普通巨嘴鳥，嘴喙約占全身體重的二十分之一，但材質非常堅韌，內部由骨纖維網絡構成，外部包裹著重疊的角蛋白鱗片。其強度足以破碎堅果和種子，長度則讓牠們可以勾取樹枝上的水果，或深入樹洞和巢穴中補食。由於其嘴喙在體型上占比很高，因此推測可能具有調節體溫的功能；巨嘴鳥似乎可以調節流向喙部的血液量，從而決定要發散或保存多少熱量。

雄巨嘴鳥在競爭的時候，會互鎖鳥喙以取得優勢；在求愛的時候，牠們會使用嘴喙來互相投擲或傳遞美食，這可能就是為什麼在阿秋爾族文化中，巨嘴鳥象徵著幸福愛情。巨嘴鳥還有一個討喜的特徵，就是牠們能夠蜷曲在樹洞裡休息，看起來就像一顆柔軟毛球；這種姿勢得益於其後三節融合的脊椎跟其他的脊椎是透過杵臼關節相連，所以可以將尾巴靈活地翻折過頭部。

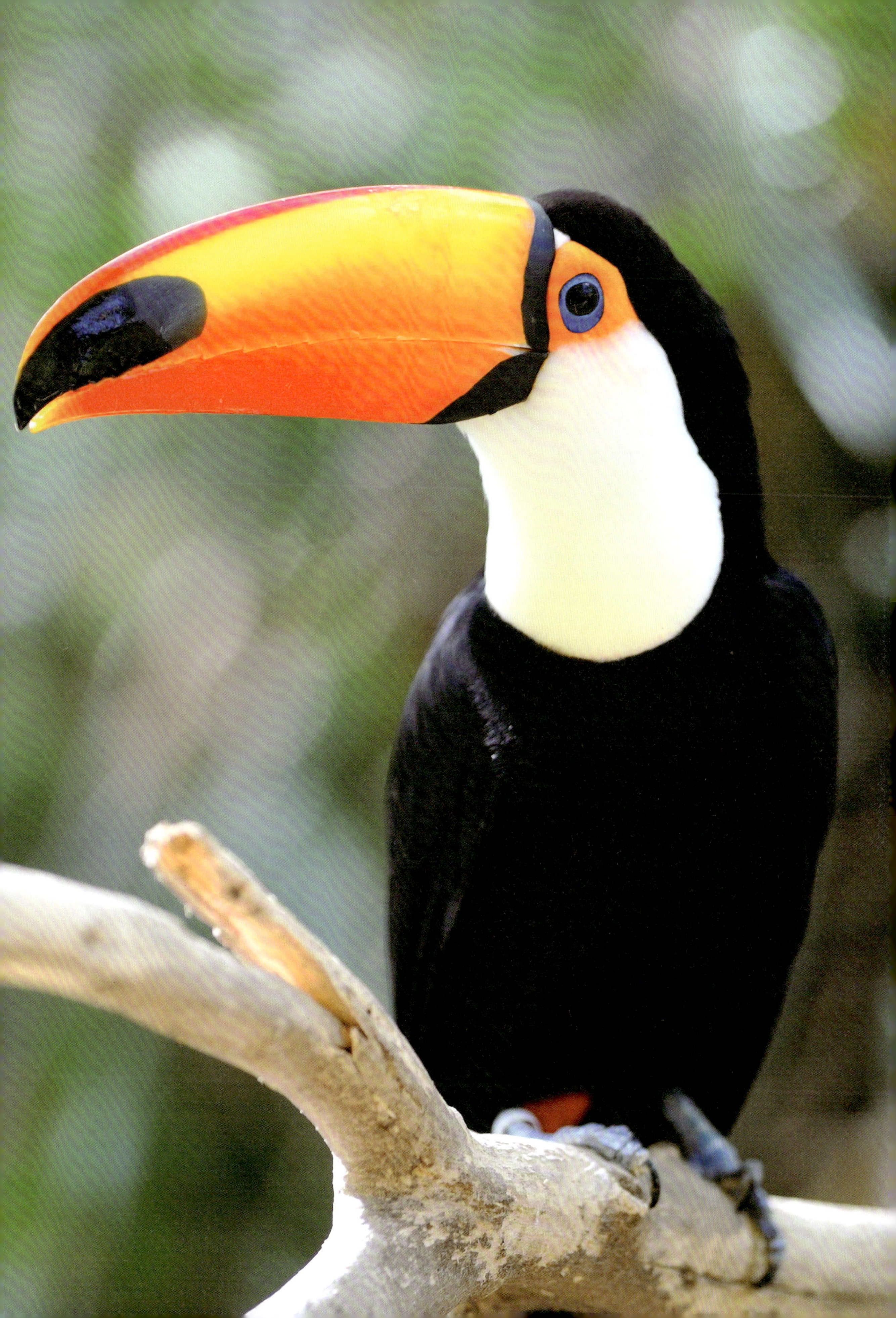

鶺鴒扇尾鶲 WILLIE WAGTAIL

扇尾鶲科 *Rhipiduridae*

澳大拉西亞有一種外型亮眼的小型鳥類，既活潑又友善。早期定居於澳洲的歐洲人親切地稱呼牠們為「威利搖尾鳥」（Willie-wagtail），但其實鶺鴒扇尾鶲（*Rhipidura leucophrys*）跟歐亞的鶺鴒科（Motacillidae）鳥類一點關係都沒有，而是隸屬於扇尾鶲家族。牠們擁有黑色的背部、白色的腹部，並不算是最鮮豔的鳥類；跟其他近親物種不同的是，牠們不會抬起並展開長尾巴。然而，如同牠們的名字所示，鶺鴒扇尾鶲在空曠地區覓食的時候，會不停地左右扇動尾巴。

新幾內亞也是鶺鴒扇尾鶲的棲息地，住在高地的卡拉姆人（Kalam）稱牠們為「konmayd」，在耕地或是放牧的時候，十分享受這種鳥吱吱喳喳的陪伴。據說，鶺鴒扇尾鶲能夠帶來豐收，並會照顧那些牠們盤旋上方、甚至停駐其上的動物（事實上，牠們只是在捕食這些動物活動時驚擾而出的昆蟲）。人們認為鶺鴒扇尾鶲是祖先的化身，所以不會傷害牠，更不會把牠當食物。

在一則澳洲原住民傳說中，鶺鴒扇尾鶲是拯救部落的英雄。一隻岩大袋鼠（wallaroo）因年邁體衰無法狩獵，便假裝需要幫助，接著再用迴力鏢殺死幫助牠的人。勇敢的鶺鴒扇尾鶲選擇介入。牠先是用長腿靈活躲避一連串的武器攻擊，最後再抓住岩大袋鼠的迴力鏢，給予致命的一擊；之後牠凱旋而歸，被推舉為部落的首領。

上圖 一隻澳洲紅大袋鼠（*Macropus rufus*）完全不在意停留在其屁股上、等待捕食昆蟲的鵲鴝扇尾鶲。

　　實際上，鵲鴝扇尾鶲會攻擊貓咪跟小狗，但不會襲擊岩大袋鼠；牠們甚至會對抗楔尾鵰，以保衛自己的地盤，特別是牠們的杯狀樹巢，因為鳥蛋和雛鳥常遭到其他鳥類、野貓以及老鼠的侵擾。在跟其他鵲鴝扇尾鶲爭奪領地的時候，牠們會張開其獨特的白色眉毛，彷彿彼此對峙怒視，直到一方退讓為止。

暗黑力量

　　與來自歐洲的定居者和新幾內亞人不同，澳洲原住民社群對這種擅於交際的鳥類始終抱持戒心。在澳洲東南部的一些部落，人們相信鵲鴝扇尾鶲會傳遞壞消息，還會偷聽祕密，經常在營地周圍徘徊，因此族人會互相告誡，只要牠出現，務必要謹言慎行。

　　在澳洲西北部的金伯利地區（Kimberley），人們認為鵲鴝扇尾鶲能跟靈界交流，如果有人說死者的壞話，牠就會傳達給亡者。這種鳥也被視為具有神祕的魔力。在北領地，父母會告訴孩子千萬不可以欺負「Titjarritjarra」，這個名稱是根據其叫聲而來；否則這種鳥會帶來毀滅性的風暴。

219

鴕鳥 OSTRICH

鴕鳥科 *Struthionidae*

紅頸鴕鳥（*Struthio camelus*，下圖）在許多方面都堪稱極致，長久以來激發出許多神話和誤解。牠們是目前世界上最大，也是最重的鳥，身高可達 2.5 公尺，雄鴕鳥體重可達 156 公斤。鴕鳥也是陸地上跑步速度最快的鳥，最高時速可達 72 公里，能夠輕易地甩掉大部分的掠食者。牠們那巨大、如瓷器般的鳥蛋，自古以來便受到人類珍視，並會加以裝飾；同時，鴕鳥精美的羽毛早在成為西方社會的時尚象徵之前，就代表著生育能力與男子氣概。

鴕鳥原生於非洲稀樹草原、沙漠和半沙漠地區，是古老的居民，雖然數量在過去兩百年間快速下降，但仍努力生存中。數萬年前，鴕鳥是非洲狩獵採集者的食物來源；他們也會使用鴕鳥蛋來運送水源，並在堅硬厚實的蛋殼上刻劃圖紋，研究人員推測，這可能是早期的符號交流形式。

為生存而設計

古時候的作家對於鴕鳥半鳥半獸的外觀感到困惑。牠柔軟蓬鬆的羽毛無法像多數鳥類那樣緊密扣合，因此不能用來飛行。就跟其他不能飛的平胸鳥類一樣，鴕鳥的龍骨，也就是胸骨的延伸部分，比起其他會飛的鳥類小得多，而這個部位正是

被嚴重誤解的鳥

紅頸鴕鳥已滅絕的亞種——阿拉伯鴕鳥（*Struthio camelus syriacus*）——可能在古亞述時期被作為獻祭用的鳥類；在一幅保存完好的雕刻中，一位神祇正準備斬斷牠的頭。或許是因為外型異於常鳥，所以人們認為鴕鳥十分邪惡；在巴比倫神話中，鴕鳥便與象徵初始混沌的黑暗女神提阿瑪特（Tiamat）有所關聯。

聖經《約伯記》（Book of Job）更錯誤地將鴕鳥描寫成愚蠢且不負責任的母親，會拋棄自己的蛋：「牠不把幼雛當成自己的孩子看待……因為上帝奪走了牠的智慧。」但事實上，一隻主導地位的雌鴕鳥會帶著其他雌鳥，在雄鳥挖掘的共同巢穴中各自產下七到十顆蛋；之後由主導的雌鳥和其他雄鳥負責孵蛋。

對於古希臘和古羅馬的思想家跟作家來說，鴕鳥顯然就是一個謎。亞里斯多德在西元前 350 年寫了《動物的身體組成》（*On the Parts of Animals*）一書，他困惑地寫道：「牠跟其他的四足獸不同，因為身上有羽毛；但牠也不像鳥類，因為不會飛，羽毛就像是毛髮，無助於飛行。牠跟四足獸一樣有上睫毛，因為頭部跟頸部上方赤裸無毛，所以睫毛看起來更明顯；但牠也很像鳥類，因為頸部以下都覆蓋著羽毛。牠像鳥，因為牠雙足站立；但牠也像四足獸，因為牠有分裂的蹄子……」

鳥類在飛行時提供翅膀肌肉槓桿支點的關鍵結構。

鴕鳥也是極少數擁有上睫毛的鳥類。牠們的眼睛直徑可達 5 公分，是所有脊椎動物中最大的。這些睫毛除了幫助遮陽，也能在覓食的時候保護牠們的雙眼免受沙塵干擾和傷害。鴕鳥身形高大、雙眼靈敏，視野極佳，所以可以輕易地發現潛在的掠食者。

鴕鳥的內側趾有點像蹄子。與大多數鳥類擁有四趾不同，鴕鳥僅有兩趾，長腿覆有鱗片，這可能是為了高速奔跑所演化出的特徵，也讓牠們能施出致命的一踢。雖然鴕鳥在短距離內無法逃過時速達 97 公里的獵豹追擊，但能在長距離追逐中勝出，牠們能夠保持時速 48 公里奔跑長達 30 分鐘。其耐力關鍵在於鴕鳥的韌帶。跟人類或其他生物那種耗能的肌肉或肌腱不同，鴕鳥的韌帶可以在不消耗能量的情況下限制側向移動，並在前進時穩定腿部；腳踝關節的韌帶則有助於雙腿保持伸展。因此，鴕鳥的肌肉僅用來推動身體向前移動，有利於長距離的耐力奔跑。

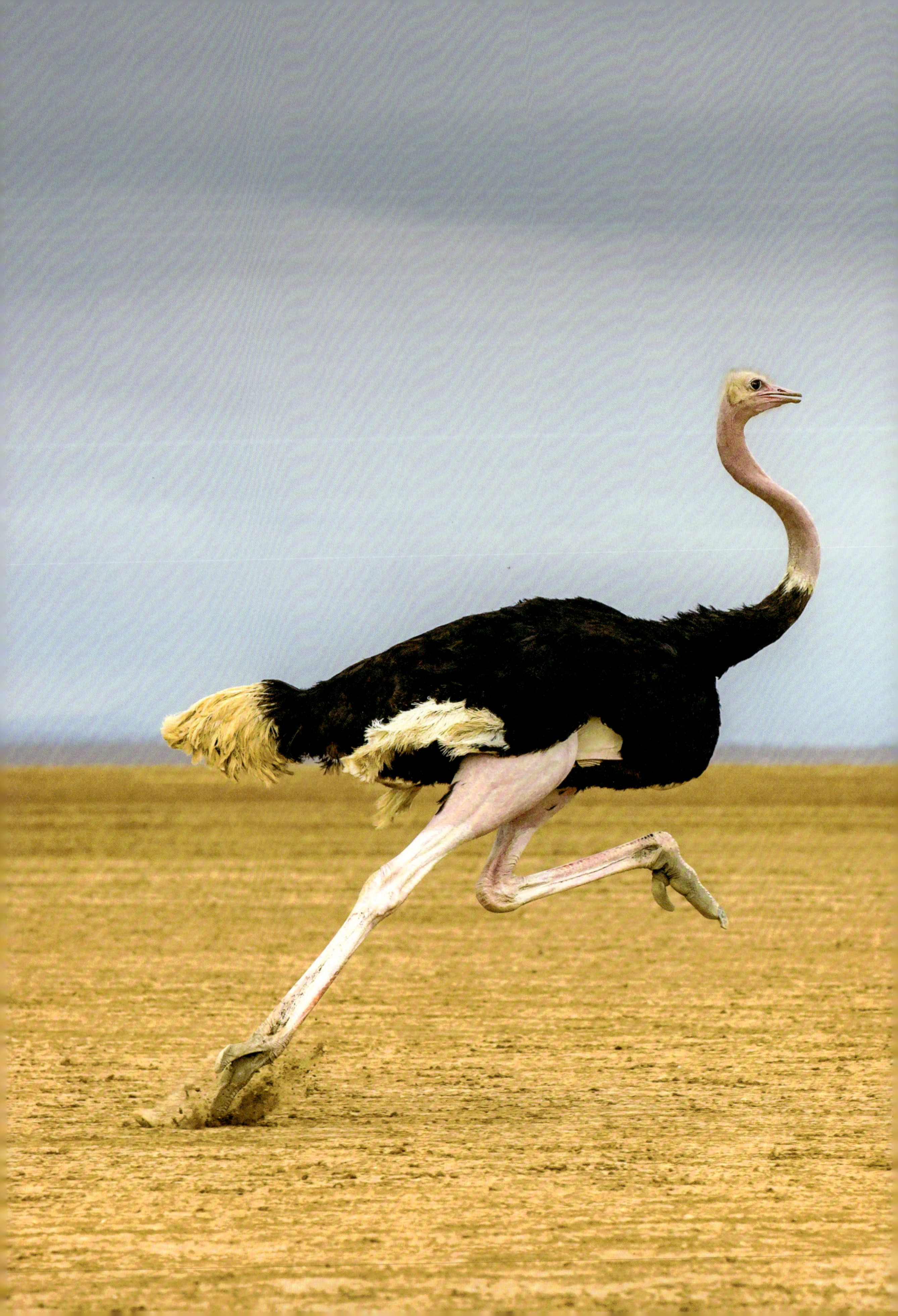

更多的困惑

在亞里斯多德描述完鴕鳥後,又過了兩百年,但這種鳥的生理結構仍然是個謎。西元前一世紀,希臘歷史學家狄奧多羅斯(Diodorus Siculus)在《書庫》(*Bibliothēkē*)中提到一種名叫「Struthocameli」的奇特生物,有「分裂的蹄子」以及能夠快速奔跑的能力,其外型結合鴕鳥跟駱駝的形象,有著長長的脖子、毛茸茸的羽毛與強壯的大腿。他甚至荒謬地宣稱,當這種生物被騎兵追趕時,「牠會把腳下的石頭踢向敵人」。他還補充,如果快被抓住,牠會把頭插進沙子裡;但這麼做並非如我們所想的那樣愚蠢,以為這樣可以隱藏自己,而是為了保護脆弱的頭部。但後來的羅馬作家老普林尼卻真的相信鴕鳥把頭插進沙裡是為了把自己藏起來。

直到今日,「鴕鳥把頭埋進沙子裡」仍是個常見的隱喻,用來形容逃避問題、妄想問題會自己消失,但這並不符合現實。鴕鳥有時候會把頭貼在地面上,然後躺下,以此降低在遠處掠食者眼中的可見度。雄鴕鳥擁有黑色羽毛與白色翅膀,看起來相對顯眼;雌鴕鳥的暗棕色和奶油色羽毛則可以提供更好的偽裝,在繁殖季節非常實用。

鋼鐵般的腸胃?

這種把頭埋進土裡的觀念可能也來自於對鴕鳥行為的誤解,牠們會把嘴喙插進地面,吞下砂礫或小石頭,幫助在胃裡磨碎難以消化的植物纖維。過去的學者早就觀察到這個現象,但他們卻扭曲這個觀念,認為鴕鳥的消化系統十分強大,足以消化掉鐵。

這個想法也反映在紋章學中,有時候人們會把鴕鳥描繪成叼著馬蹄鐵或鑰匙的形象;莎士比亞的《亨利六世》中也出現類似的描述,叛軍傑克·凱德(Jack Cade)宣稱:

……在你我分開之前,我會讓你像鴕鳥一樣吃鐵,像吞下一根巨大的針一樣吞下我的劍!

直到一百年前,人們仍普遍相信這個會傷害鴕鳥的謬論。美國博物學者歐內斯特·英格索爾(Ernest Ingersoll)在其著作《傳說、寓言與民間故事中的鳥類》(*Birds in Legend, Fable and Folklore*,1923年)中提到,有些動物園損失大量的鴕鳥,「因為具有實驗精神的遊客讓鴕鳥吞下銅幣以及其他的金屬物體,而這些金屬物不但無法被消化,也沒辦法排出體外。」

神話中的鳥類與半鳥類

目前地球上大約有一萬種真實存在的鳥類，其多樣性令人嘆為觀止，讓人不禁覺得，再去額外虛構鳥類是多此一舉。然而，幾乎所有的文化都還是有屬於自己的神話鳥類；除了那些完全就是鳥類樣貌的傳奇生物之外，還有許多奇異怪獸也帶有鳥的特徵，例如翅膀與羽毛，並融合了其他動物的特質。在過去，這些有翅膀的超級生物有時是神祇，喚起人們的恐懼與敬畏，有時則是神的使者，往來於天地之間。

壯麗而原始的力量

希臘神話中的不死鳥跟太陽與火焰密不可分。這種大鳥通常被描繪成具有金色豐羽的老鷹外型，壽命極長，可活數百年。不死鳥象徵著人們追求永生的渴望，當牠衰老死去時，會被火焰吞噬，隨後從灰燼中重生。類似的神話鳥類還有埃及的貝努鳥，其外型神似蒼鷺，也是在死亡的時候重生；還有俄羅斯的火鳥（zhar-ptitsa），其羽毛在黑暗中會發光。

阿拉伯傳說中也有一種超大型的神話鳥類洛克鳥（roc）。這種猛禽能輕鬆抓起一隻成年的大象，鳥蛋比一個成年人還要大。在《航海家辛巴達》（Sinbad the Sailor）的故事中，水手打破洛克鳥的蛋、殺死其中的幼雛後，洛克鳥憤而毀了他們的船。另一種阿拉伯傳說中的巨鳥較為冷門，名為「肉桂鳥」（cinnamologus），牠們會用肉桂棒來築巢。老普林尼認為這種鳥是被人杜撰出來的，目的是炒高肉桂的價格，讓人以為肉桂只能從這種鳥的巢穴中取得，而且過程充滿風險。

美洲原住民也有巨大的傳說鳥類，如同其他神話生物一樣，象徵自然中令人畏懼、不可預測的力量。這種大鳥稱為雷鳥（thunderbird），牠們十分強大，能以翅膀掀起暴風，能以雙眼發射閃電，性格易怒且十分危險，並擁有化為人形的能力。斯拉夫神話中的「拉羅格」（Raróg）則是展翅如焰的「火隼」，通常會出現在古代斯拉夫戰士的徽章上。牠兇猛但正直，總是正面攻擊獵物。事實上，隼在獵捕的時候，的確比老鷹更常發動正面突擊。

奇異的組合體

許多神話中的生物都是由兩種以上動物的身體部位拼接而成，通常取自那些在人們心中備受敬畏或推崇的動物。其中最受歡迎一種就是獅鷲（griffin），在古今藝術中頻繁出現。這種生物擁有老鷹的頭和翅膀，配上獅子的身體，是「百鳥之王」與「百獸之王」的結合。作為萬物的統治者，獅鷲

在古希臘藝術和傳說中屢見不鮮；牠們作為紋章上的神獸，象徵著終極的力量和勇氣。

同樣具有鳥類特徵的較小型怪物包括雞蛇（cockatrice）與巴西利斯克（basilisk），兩者都是爬行類生物，卻擁有公雞的頭，分別出自英國和希臘的傳說。牠們雖然沒有大型野獸的蠻力，但同樣致命，可以透過有毒的氣息或是令人麻痺的眼神擊退敵人。據說，雞蛇是從公雞所下的蛋孵化出來。如果發現公雞下蛋，防止孵出雞蛇的方法就是把蛋丟過自家屋頂，且過程中不能讓它碰到屋子。

為神話生物添上鳥類的羽翼，賦予其生物飛翔的能力，是個十分普遍的創作主題。希臘人創造了飛馬佩加索斯（Pegasus），阿茲特克人與馬雅人則崇拜擁有翅膀的羽蛇神魁札科亞托（Quetzalcoatl）。此外，大天使（Archangel）、金翅鳥迦樓羅（Garuda）以及鷹身女妖哈比（Harpy）等都是出現在神話或是傳說中的半人半鳥混和生物，有些是神聖的存在，有些則是惡魔；牠們象徵人類對於擺脫地心引力、飛向天界的渴望，以及如何透過魔法或神力來實現。其中，最著名的飛行怪物就是龍，多半被描繪成具有蝙蝠般的那種指狀、皮革質的小翅膀；但在某些中世紀藝術作品中，也能見到羽毛翅膀的版本。

荒誕奇想

在英國和澳洲的民間傳說中，有一種可笑又荒謬的烏茲倫鳥（Oozlum bird），牠們不擅長應對突發的事件，據說一旦受到驚嚇，會以極快的速度繞圈飛行，越繞越小圈，最後飛進自己的屁股裡，消失不見。牠的親戚包括烏茲倫雀（Oozlefinch），會倒著飛以防止塵土進入眼睛；以及「威吉威吉鳥」（Weejy-weejy bird），因為只有一隻翅膀，所以牠只能繞圈飛行。

我們現在會用 Photoshop 創造出不可能存在的動物，但這種做法早在 1950 年代就已經出現；當時，鳥類學家莫里・梅克勒約翰（Maury FJ Meiklejohn）就虛構了一種叫做「裸額騙鳥」（Bare-fronted Hoodwink）的鳥。牠代表鳥類觀察者因為匆匆一瞥或視野不清而無法正確辨識的鳥種，據說有著「模糊的外觀」。1975 年，愛丁堡皇家蘇格蘭博物館（Royal Scottish Museum）就展示了裸額騙鳥的標本，用烏鴉、鴒鳥以及鴨子拼接而成。

魁札爾鳥 QUETZAL

咬鵑科 *Trogonidae*

把擁有華麗綠色羽毛的鳳尾綠咬鵑（如右圖）與強大的蛇結合，就成了羽蛇神魁札科亞托——空氣和光明的創造神，也是墨西哥跟中美洲古老信仰中最廣為人知的神祇之一。該地區許多文化都崇拜過這位有翼的蛇形神祇，包括馬雅人跟阿茲特克人。最早關於魁札科亞托的描繪可追溯至西元前 900 年，出現在墨西哥新文塔（New Venta）奧爾梅克遺址（Olmec site）中的一幅雕刻作品。然而，就算沒有跟這位重要神祇聯繫在一起，鳳尾綠咬鵑在其棲息地依然備受敬愛，甚至還有「世界稀有的寶石鳥」等美稱。咬鵑科鳥類的通稱「魁札爾鳥」（quetzal），源自阿茲特克納瓦特語（Nahuatl）中的「quetzalli」，原意是「尾羽」，後來引申為「美麗」或「珍貴事物」之意。

尾羽之王

鳳尾綠咬鵑體型中等、色彩斑斕，居住範圍從墨西哥南部延伸到巴拿馬的山地雲霧森林之中。雄鳥因極為修長的尾羽而聞名，最長可達 65 公分，相較之下，牠們的身長僅約 38 公分。其尾羽連同背部以及胸部的羽毛都是鮮豔的虹彩綠色，翅膀為黑色，腹部則是鮮紅色。翠綠且修長的尾羽，常讓人聯想到春天與新生。雌鳥則擁有相對黯淡的綠色羽毛，頭部跟腹部呈灰色（除了紅色的尾下覆羽），其尾巴也相對短上許多。

成年雄鳥絢麗的羽毛曾被大量用來製作頭飾與裝飾品，價值極高。由於殺死鳳尾綠咬鵑是一大禁忌，加上這種鳥在圈養的環境中壽命都不長，所以人們通常都會活捉雄鳥，拔去其尾羽後再放生。雖然鳳尾綠咬鵑受到這種粗暴的對待後還是可以存活，但繁殖能力很可能因此受損，因為雌鳥都偏愛擁有最華美羽毛的雄鳥。

鳳尾綠咬鵑有著珍貴的羽毛，並且無法在圈養的環境中生存，所以象徵著財富與自由；而且，只有統治者或是擁有貴族血統的人才能夠配戴這些羽毛。頭飾上的鳳尾綠咬鵑羽毛，也被視為與羽蛇神魁札科亞托之間的神聖聯繫。

美麗永存

鳳尾綠咬鵑的光芒幾乎掩蓋了同屬下的其他四個物種，牠們都分布在相同的地區，外型也十分相似，不過體型較小，尾羽也比較短。牠們所屬的「綠咬鵑屬」（*Pharomachrus*），原文意思是「長斗篷」，正是形容鳳尾綠咬鵑那驚人的尾羽以及背上宛如斗篷的長羽毛，在歇息的時候會蓋住翅膀。另外還有

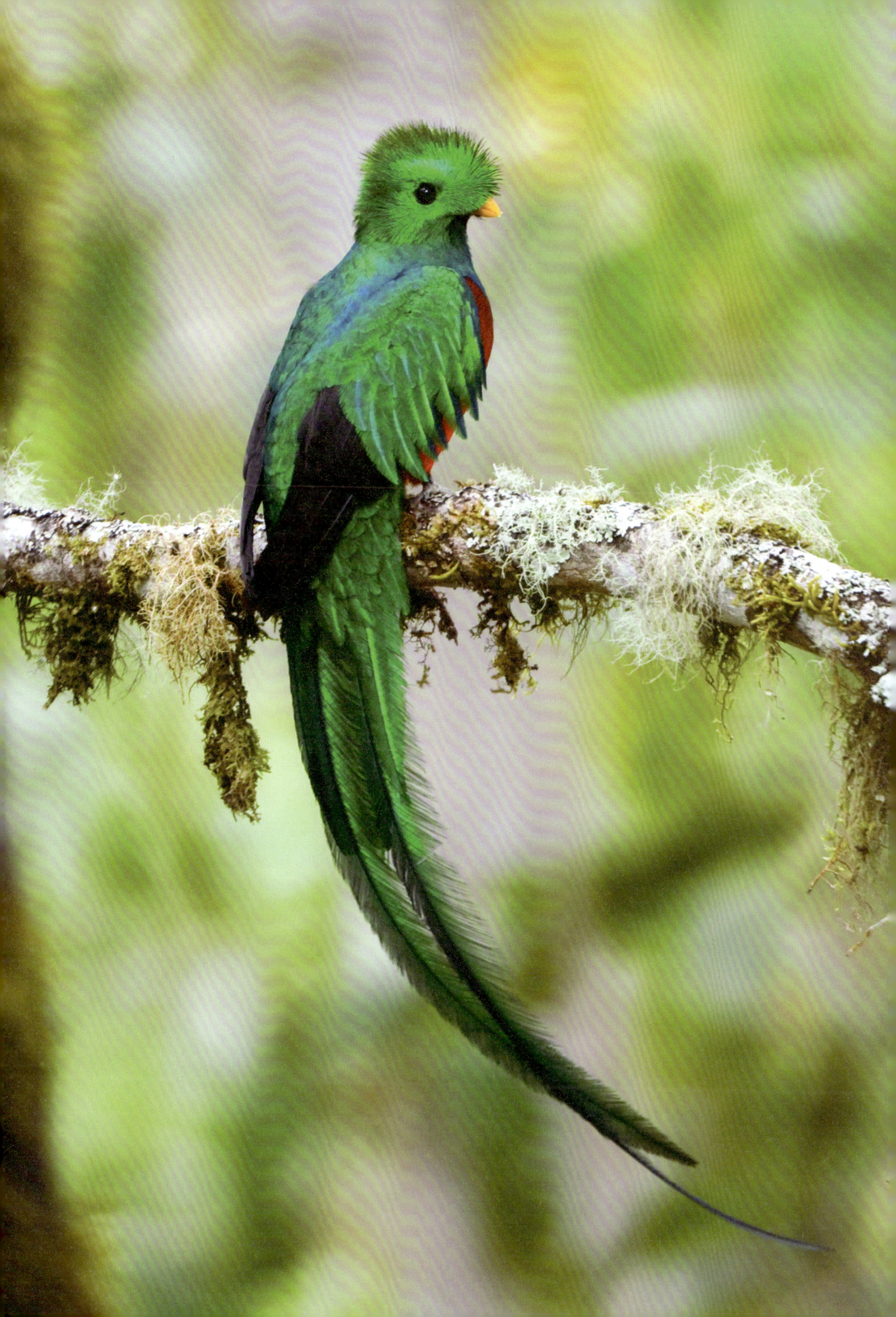

上圖 阿茲特克的《波旁尼克手抄本》(Codex Borbonicus，1519~1540 年) 中的一個細節，顯示一半是蛇、一半是鳳尾綠咬鵑的羽蛇神魁札科亞托正在跟左邊的希佩托特克 (Xipe-Totec) 抗衡。

一種叫做角咬鵑 (Eared Quetzal，學名 *Euptilotis neoxenus*)，雖然名字裡也有「quetzal」，但牠與綠咬鵑屬的親緣關係較遠。角咬鵑跟鳳尾綠咬鵑都被國際自然保護聯盟 (International Union for Conservation of Nature, IUCN) 列為「近危物種」，因其棲地森林不斷遭到砍伐；其他四種咬鵑數量則相對穩定。

雖然鳳尾綠咬鵑十分稀有，數量也不斷下滑，但在多個保護區內都還有穩定的數量，所以人們還是可以觀察到牠們。前往中美洲的賞鳥人士會因為其盛名與驚人的美貌，將牠列為最想一睹的物種之一。近年來，研究人員也成功找到讓鳳尾綠咬鵑在圈養環境下存活並繁殖的方法，因此也能在動物園中觀賞到牠們。

首次在圈養環境中成功繁殖的案例發生在 2004 年墨西哥圖斯特拉古鐵雷斯 (Tuxtla Gutiérrez) 的米格爾·阿爾瓦雷斯·德爾·托羅動物園 (Miguel Álvarez del Toro Zoo)。雖然這麼做可能會削弱鳳尾綠咬鵑「不自由，毋寧

死」的形象,但就務實層面而言,當野生族群瀕危時,掌握圈養與繁殖技術至關重要。當然,比起圈養,保護咬鵑棲息的雲霧森林依然是最優先的工作,這樣也能守護眾多鮮為人知、卻同樣迷人的野生物種。

戰爭與鮮血

許多身上有著鮮紅色羽毛的鳥類,都激發出血腥的民間傳說,雄性鳳尾綠咬鵑也不例外。瓜地馬拉就流傳一則馬雅英雄特昆‧烏曼（Tecún Umán,左圖）的故事。他是基切馬雅人（K'iche' Mayan）的領袖,也是對抗西班牙征服者的重要人物,戰鬥力強,在許多對抗入侵者的戰役中都能見到他的身影。這位英雄可能生活在十六世紀上半葉,但關於他到底是不是真實存在的歷史人物則議論紛紛。傳說中,烏曼有一隻魁札爾鳥擔任他的靈魂嚮導（nahual）,並且在他跟征服者佩德羅‧德‧阿爾瓦拉多（Pedro de Alvarado）進行決鬥時,在上空盤旋飛行。烏曼第一次攻擊讓對手的馬匹受了重傷,但是德‧阿爾瓦拉多成功逃脫,並騎著另一匹馬回到戰場上,以長矛刺殺了烏曼。魁札爾鳥見狀,馬上飛落下來,悲傷地降落在烏曼的屍體上,腹部也因為沾染鮮血而變成緋紅色。

這個傳說還有一段後記：在西班牙入侵之前,魁札爾鳥原本擁有一副好歌喉,但在馬雅人被征服後,因悲傷而從此不再開口。事實上,鳳尾綠咬鵑並非沉默的鳥類,雄鳥在繁殖季節會頻繁發出聲音,但其各種高聲尖叫或哀鳴聲實在算不上是「美妙的歌聲」。

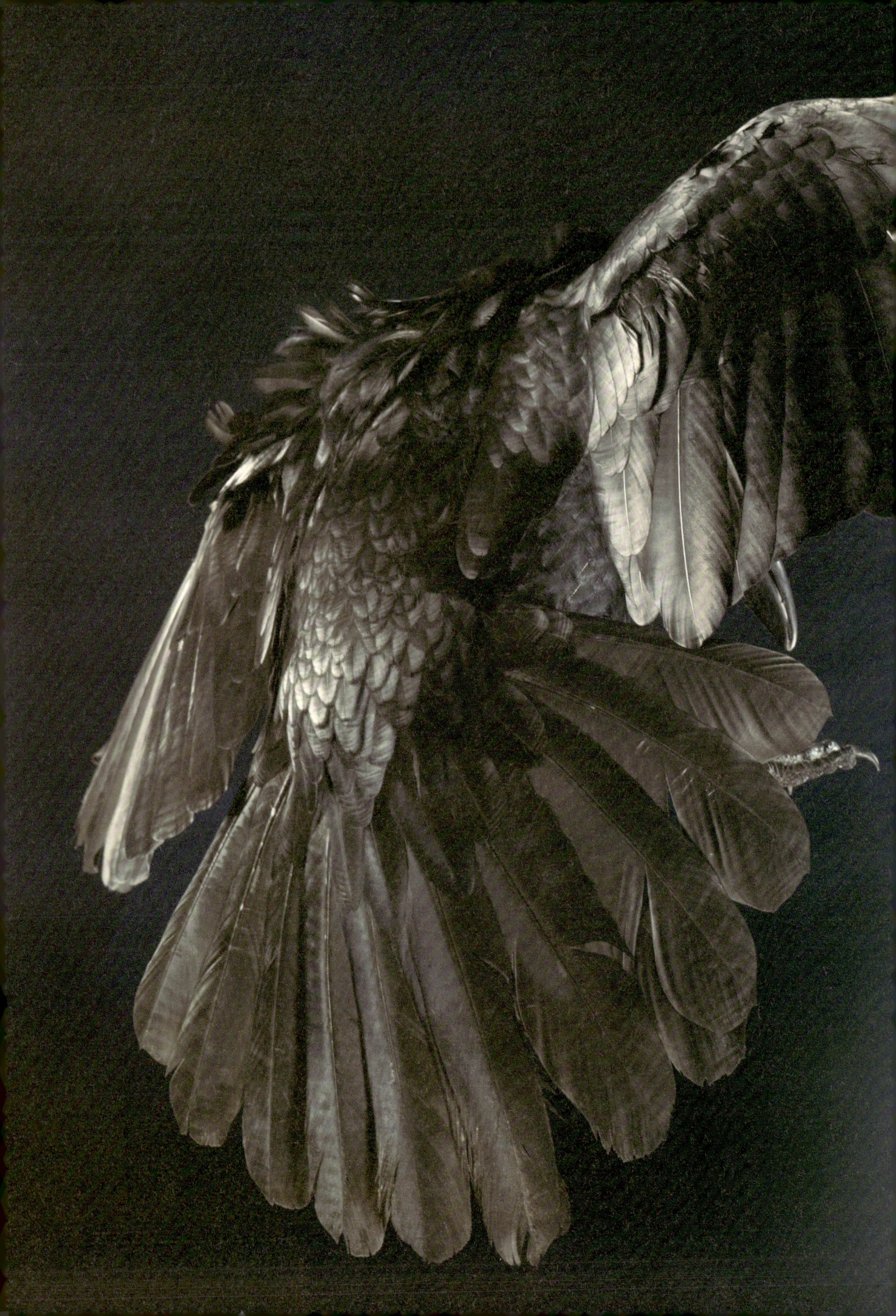

善與惡

如果說美麗與力量能讓一隻鳥備受景仰，那麼某些特徵，例如羽色、夜行習性或詭異的鳴叫聲，則能喚起人類深層的恐懼。夜鷹常被視為女巫的化身，烏鴉與尖叫的貓頭鷹則普遍與死亡扯上關係。禿鷲因其外貌和以腐肉為食的習性而遭人厭惡；雲雀則因輕快婉轉的夏日歌聲而深受人們喜愛；至於黃鸝，其宛如笛音的鳴叫與金黃色羽毛，甚至被詩人譽為「神聖的」鳥類。

禿鷲 VULTURE

鷲鷹科 *Accipitridae*、美洲鷲科 *Cathartidae*

禿鷲非常強大,是令人歎為觀止的猛禽;各個大陸上都能見到牠們的蹤影,除了南極洲和澳洲之外。然而,禿鷲並未因此受到敬仰,反而常常引起人們的恐懼與厭惡。數千年來,西方的文學與文化早已深刻影響人類對於這類鳥的觀感。

舊世界的十六種禿鷲與老鷹同屬鷲鷹科,但在形象上卻天差地遠。正如十九世紀英國動物學家愛德華・特納・班尼特(Edward Turner Bennett)所言:「人類選擇將老鷹視為勇氣和慷慨的象徵,而把禿鷲貼上卑鄙、懦弱和汙穢的標籤。或許,禿鷲才是最實用,也絕對是最無害的鳥類,但牠們卻永遠遭到人類譴責;反觀老鷹,則在戰爭浪漫主義的魅力之下,被人推舉至神壇……」。

但情況並非總是如此。土耳其查塔爾胡尤克(Çatalhöyük)遺址中出土一幅西元前 6500 年的禿鷲圖像,描繪禿鷲在無頭屍體的上方,顯示其與死亡的關聯,但同時也象徵著生育,可能代表某些早期的神祇。其他古代遺址發現的禿鷲模型和覆蓋著紅赭石的禿鷲骨骼,進一步證實這些鳥類在新石器時代的精神意涵。

古埃及的涅克赫貝特女神,又稱「眾母之母」(Mother of Mothers),就被描繪成禿鷲的樣子,可能是西域兀鷲(*Gyps fulvus*,右圖)或肉垂禿鷲(*Torgos tracheliotos*);這位女神的祭司會穿著由禿鷲羽毛製成的長袍。在圖坦卡門的墓穴中,曾出土一枚金光閃閃、呈禿鷲形狀的華麗胸飾,如下圖。涅克赫貝特女神被視為王室子嗣的守護神,後來也成為所有孩童與孕婦的庇佑者。

根據羅馬詩人奧維德的記載,羅穆盧斯(Romulus)與瑞摩斯(Remus)尋找建立羅馬城的地點時曾進行占卜,並得到這段話:「鳥類值得信任,就從牠們身上尋找答案吧。」;因此,他們決定尋求禿鷲的

左圖 一枚出自法老圖坦卡門(Tutankhamun)墓穴的金質琺瑯墜飾,描繪出埃及的禿鷲女神涅克赫貝特(Nekhbet)。

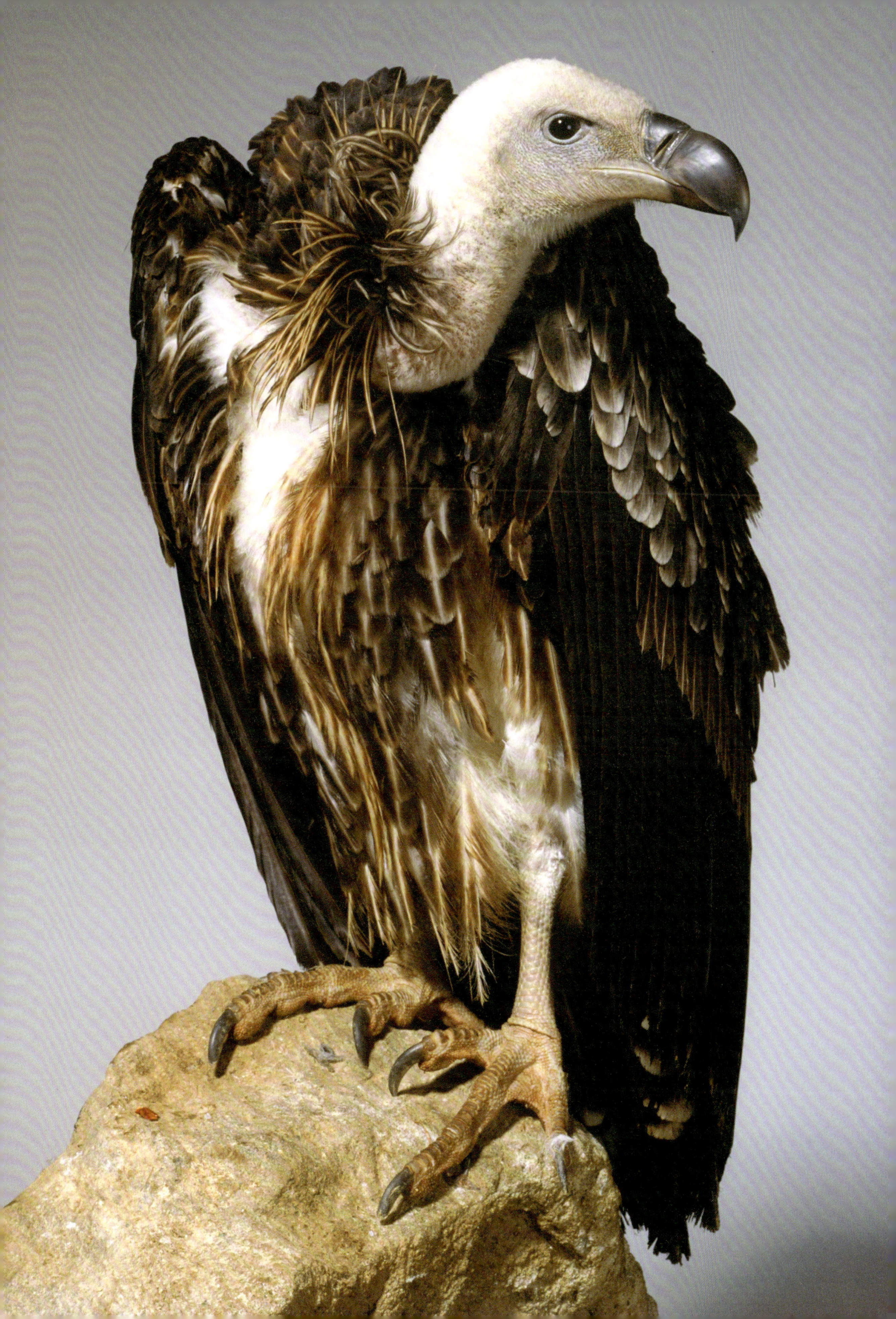

指引。瑞摩斯站在阿文提諾山（Aventine Hill）上，看見六隻禿鷲；羅穆盧斯則站在偏東北的巴拉丁諾山（Palatine Hill），表示自己看到十二隻禿鷲，隨後便在該地建立了以自己名字命名的城市——羅馬城。

「不潔」之鳥

然而，最終主導世人觀感的還是《舊約》中對禿鷹的描述。牠與貓頭鷹、鸕鶿、鵜鶘以及老鷹等眾多鳥類一樣，被列為「不潔之物」，所以不適合人類食用；禿鷲之所以不潔，是因為牠們以腐肉為食。儘管其他鳥類的聲譽逐漸恢復，但在西方人的意識中，禿鷲仍然是卑劣的食腐者，甚至成為貪婪無厭的人的代名詞。

外型絕對是一大因素。大部分的禿鷲頭部小而光禿，避免食用腐肉時弄髒羽毛，還可以幫助調節體溫。牠們擁有威脅性十足的長鉤喙，以尾端稍顯蓬亂的巨大翅膀。班傑明・喬爾・威爾金森（Benjamin Joel Wilkinson）在《腐肉夢 2.0：人類與禿鷹關係編年史》（*Carrion Dreams 2.0: A Chronicle of the Human-Vulture Relationship*）一書中指出，歐洲新石器時代神話與傳說所提到的禿鷲形象，在後來演變成可怕的巫婆角色，禿鷲的鳥喙變成巫婆標誌性的鉤鼻，而其刷狀的翅膀變成巫婆的掃帚。

新世界的輝煌

儘管新世界禿鷹和舊世界禿鷲相似，一樣都有光禿禿的頭部、較弱的腳，並且缺乏鳴管（發聲器官），但這七種屬於美洲鷲科的新世界禿鷹都有著較好的名聲，包括安地斯神鷹以及加州神鷹（詳見 110 頁）。

黑白相間的大型王鷲（*Sarcoramphus papa*）在馬雅古代文獻中經常出現，有時候會被描繪成人身鳥首的神祇般；有時則結合哺乳動物的特徵。對於馬雅人來說，禿鷲是靈魂的信使，能與諸神溝通。

對部分美洲原住民來說，紅頭美洲鷲（*Cathartes aura*）是強大的巫醫。漢密爾頓・泰勒在 1979 年出版的《普埃布洛的鳥類與神話》中提到，紅頭美洲鷲為了拯救世界，把炙熱的太陽推回天空，因此失去頭部的羽毛。同時，這種鳥也是淨化的象徵，牠們的食腐特性被視為具潔淨意義。事實上，其學名就有「淨化空氣」或是「黃金淨化者」的意涵。紅頭美洲鷲與死亡的密切接觸，也賦予牠驅邪的能力，為戰後的暴力死亡提供一絲和諧，或是在瘟疫之後帶來治癒之光。紅頭美洲鷲的卡奇那木雕（kachina，代表靈魂的雕像）被用於治療儀式中；在霍皮族的淨化儀式裡，會在禿鷲的羽毛上撒上灰燼，並在「去除不祥」的吟唱中呼喚禿鷲的名字。

氣體偵測器

所有的禿鷲都有敏銳的視力,但是分布在北美和南美的紅頭美洲鷲(右圖),以及兩種棲息在南美森林的近親小黃頭美洲鷲(*Cathartes burrovianus*)與大黃頭美洲鷲(*Cathartes melambrotus*)除了視力之外,還有極為靈銳的嗅覺,能夠嗅出腐肉散發出來的乙硫醇氣體。喬納森・埃爾菲克(Jonathan Elphick)在 2014 年出版的《鳥類世界》(*The World of Birds*)中指出,聰明的工程師善用了牠們這項天賦,在天然氣中添加乙硫醇,透過觀察紅頭美洲鷲聚集的地點,找到天然氣管線外洩的位置。

祆教的喪葬儀式

加泰土丘(Çatalhöyük)遺址出土的禿鷲圖像顯示,人們早已敏銳觀察到這種鳥類在處理腐爛屍體和遺骸過程中的重要性。有些人推測,如果把死者暴露在外,讓禿鷲前去食用屍體是一種刻意為之的行為,那麼這項傳統可能透過祆教的儀式與藏傳佛教的天葬傳承至今。例如在印度,人們會建造名為「達克瑪」(dakhmas)的石塔,屍體搬運者會將裹著白布的屍體,通常會是多具屍體,搬運到塔頂裸露的平台上,然後拍掌吸引禿鷲的注意,牠們就會飛來啄食遺體。

過去已有數千具遺體以這種方式處理。然而,隨著禿鷲數量驟減,這項傳統儀式已大幅減少。自 1990 年代初期開始,許多曾經繁盛的禿鷲物種數量驟降,例如白腰兀鷲(*Gyps bengalensis*)、長喙兀鷲(*Gyps indicus*)與細嘴兀鷲(*Gyps tenuirostris*)等;據報導,印度的禿鷲群體已減少近九成五。人們認為這與雙氯芬酸(一種用於家畜的止痛藥)的廣泛使用有關。禿鷲若啄食曾接受過此藥治療的動物遺骸,會因腎衰竭而死亡。儘管該藥已被禁用,但禿鷲族群的恢復仍需相當長的時間。

雲雀 LARK

百靈科 *Alaudidae*

以嘰啾聲、顫音與哨音，組成節奏分明、起伏多變、持續數分鐘的鳴唱，這是歐亞雲雀（*Alauda arvensis*，下圖）的標誌；牠們在花田或草地上空輕盈飛舞，嘴上哼的歌聲是最令人心情愉悅的夏日體驗。雖然百靈科中的九十二種鳥類都能發出差不多甜美、清澈的聲音，但是歐亞雲雀卻是最多信仰和迷信的靈感來源，同時也啟發大量的詩歌和音樂創作。

歐亞雲雀在離地約 60 公尺的高空唱出悠揚歌聲，替牠增添了一種神聖氣息。牠們體型嬌小，有著棕色條紋羽毛以及強壯的寬闊翅膀，頭上還有警覺時會豎起的小冠羽。在英國，牠常被稱為「laverock」，在蘇格蘭的奧克尼群島（Orkney Islands）則有「聖母之雞」（Our Lady's Hen）之稱，與聖母瑪利亞有著緊密聯繫。

快樂的神聖小鳥

在愛爾蘭，雲雀是聖布麗姬（St Brigid）的聖鳥；相傳雲雀每天早上都會喚醒布麗姬，並開始祈禱。在神話和文學中，雲雀常常與破曉相連，其充滿活力的歌唱聲也讓牠成為快樂的象徵，上述兩種意象都體現在莎士比亞第 29 首十四行詩中，詩中悲傷的主角在想起心愛之人時寫道：

……此時，我的心境，
猶如黎明時升起的雲雀，
從陰鬱的大地飛向天際，在天堂門前高唱讚美詩……

英國詩人珀西・比希・雪萊（Percy Bysshe Shelley）的《致雲雀》（To a Skylark）也呼應了這種文學形象，將雲雀描繪成受到祝福、充滿喜悅的鳥兒：

歡快的靈魂啊，向你致敬！
你並非鳥，
你自天堂，或近乎天堂之處，
傾訴你滿心歡暢，
那自然流露的藝術的豐盛樂章……

在音樂領域中，雷夫・佛漢・威廉斯（Ralph Vaughan Williams）根據詩人喬治・梅瑞狄斯（George Meredith）同名詩作改編的《雲雀飛昇》（The Lark Ascending），巧妙地運用高亢的小提琴聲，完美捕捉雲雀縱身飛上高空、滿懷歌聲的模樣。

與神爭論

在詩人羅伯特・格雷夫斯（Robert Graves）的著作《白色女神》（*The White Goddess*）中，雲雀是夏至的鳥：「在這個季節，太陽升到最高點，雲雀則高飛鳴唱，讚美太陽。」但在信奉萬物有靈的日本阿伊努族傳說中，日本雲雀（*Alauda japonica*）則是與神爭吵。

相傳這隻小鳥原本住在天堂，受命下凡傳達神的訊息。但牠在人間玩得太開心，甚至還過夜，隔天飛回去的途中被神半路攔截。神以其違命為由，禁止牠回天堂。儘管小鳥不斷懇求，神仍不為所動。於是每到夏天，這隻憤怒的小雲雀就會日復一日地奮力高飛，與那位不准牠重返天堂的神爭論不休。

虐待與屠殺

雖然雲雀有神聖的形象與甜美的歌聲，但在歷史上，歐亞雲雀和其他近親物種卻都遭受極為殘酷的虐待。有一種殘忍的古老信仰認為，如果用燒紅的針刺瞎籠中雲雀的眼睛，那麼牠的歌聲就會更加甜美動人。西元二世紀，希臘醫師蓋倫（Galen）曾經建議病人食用鳳頭百靈（*Galerida cristata*）來治療腹絞痛；這是一種體型較短小，且較為結實的鳴禽，分布在歐洲、北非、亞洲和中國等地；據說，這種錯誤的醫療建議持續了一千四百年之久，被托馬斯・埃

> ## 全球布局
>
> 雲雀的外觀並不顯眼，體長僅10到23公分，羽毛多為暗沉的大地色調，視棲地不同，可能呈現灰色、黑色或白色。由於雲雀棲息於地面，這樣的羽色有助於偽裝。牠們以枯草或樹枝築成杯狀巢穴，有時還會加入小石子或糞便，幫助隔熱，保護蛋與雛鳥免於高溫威脅。雲雀的多個物種分布於歐洲、亞洲與非洲。北美唯一的雲雀是角百靈（*Eremophila alpestris*），牠們也出現在北歐和亞洲，並在哥倫比亞及南美洲地區有一小部分族群。澳洲則有北非歌百靈（*Mirafra javanica*），十九世紀時，殖民者還將一些歐亞雲雀引入澳洲和紐西蘭等地。

拉斯圖斯醫師（Thomas Erastus）駁斥後才結束。

其實，人們不需要額外鼓勵，就會去食用這些小鳥。西元一世紀，羅馬著名美食家馬庫斯·蓋烏斯·阿皮基烏斯（Marcus Gaius Apicius）發明了「雲雀舌餡餅」；他顯然不知道有一種民間傳說認為，雲雀的舌頭上有三個斑點，每個斑點都帶著詛咒，會降臨到食用者的身上。一份羅馬食譜還提到，四人份的炒雲雀舌頭需要至少一千隻雲雀的小小舌頭，身體其餘部位則直接丟棄不用。

雖然這種做法在英國已經不合法，但雲雀就跟其他鳴禽一樣，曾經是英國人廣泛獵捕的對象，至今在歐洲部分地區仍持續遭人捕殺。自1249年以來，英格蘭劍橋郡（Cambridgeshire）的梅爾德雷斯村（Meldreth）每年都必須繳納名叫「雲雀銀」（lark silver）的稅金。直到1858年有人提出異議後，人們才發現這個稅最初是為了當地居民能在克萊爾伯爵（Earl of Clare）領地的法庭解決糾紛，不必遠赴劍橋出庭。所謂的雲雀銀，其實是取代每年聖誕節需向伯爵進貢一百隻雲雀的傳統。

歐洲有三種雲雀曾被視為美味佳餚，包括歐亞雲雀、體型稍小的林百靈（*Lullula arborea*），以及體型比較大的草原百靈（*Melanocorypha calandra*）。草原百靈曾是十分受歡迎的籠養鳥，擁有甜美的歌喉，義大利人甚至以「Canta come una calandra」（他的歌聲宛如雲雀）來作為讚美之詞。這種鳥類常常被巨大的網子捕捉，會在牠們從地面驚動飛起時將其一網打盡。從十六到十九世紀的英國，乃至最近的歐洲，獵人還會使用名為「雲雀鏡」的裝置誘捕雲雀。這是一根架設在矮柱上的橫桿，上面鑲有以奇特角度排列的金屬片或鏡片，用來反射光線。當捕鳥者拉動繩索轉動橫桿時，數百隻雲雀會像被催眠般飛撲而下，遭到等候多時的獵人射殺。直至今日，還是沒有人知道為何雲雀會被這種鏡子吸引。

右圖 藝術家喬治·詹姆斯·蘭金（George James Rankin）繪製的插圖，出自蘇格蘭鳥類學家亞瑟·蘭茲博羅·湯姆森（Arthur Landsborough Thomson）1910年出版的《英國的鳥類與其巢穴》（*Britain's Birds and Their Nests*）一書，畫中一隻歐亞雲雀在其地面巢穴的上方放聲高歌。

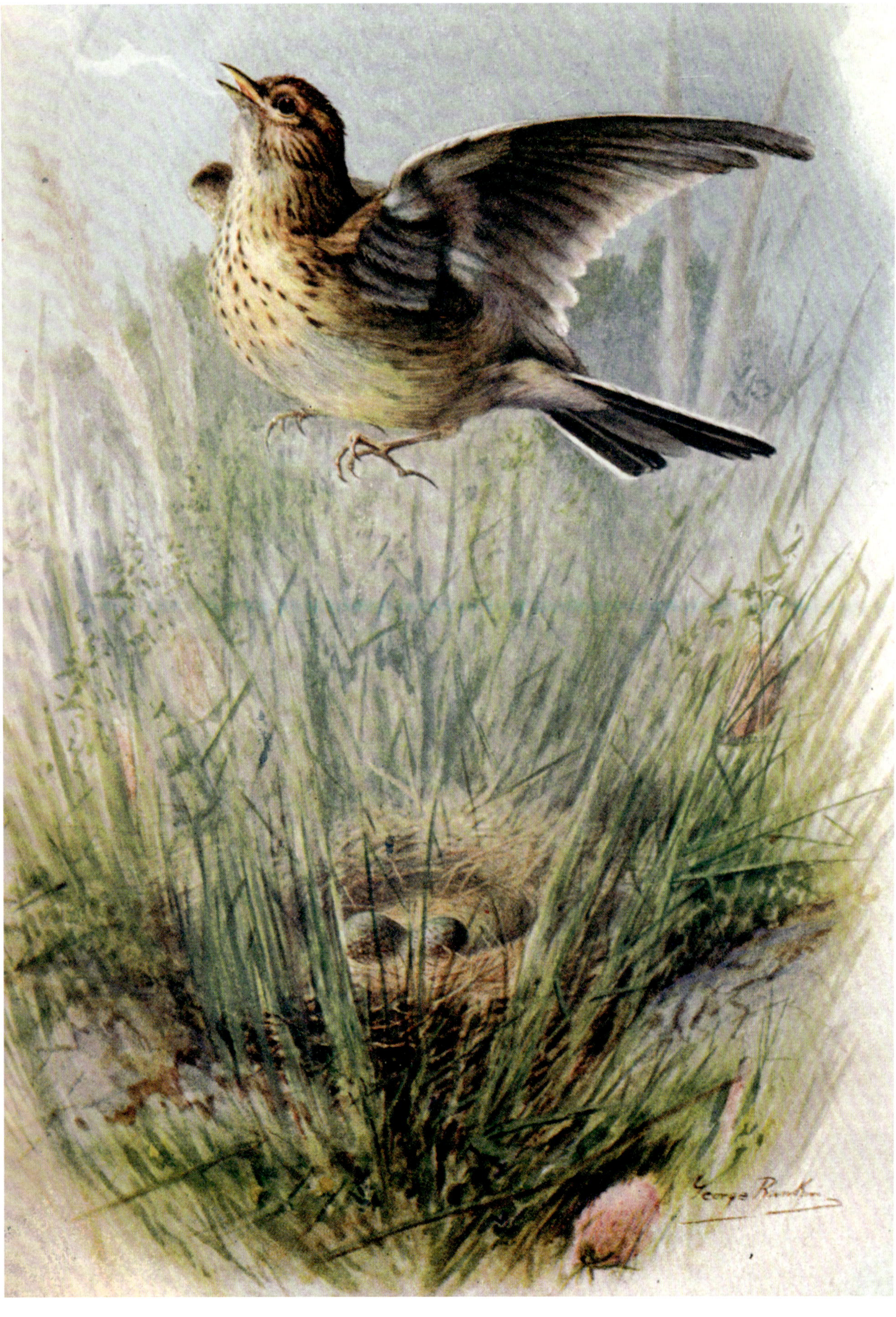

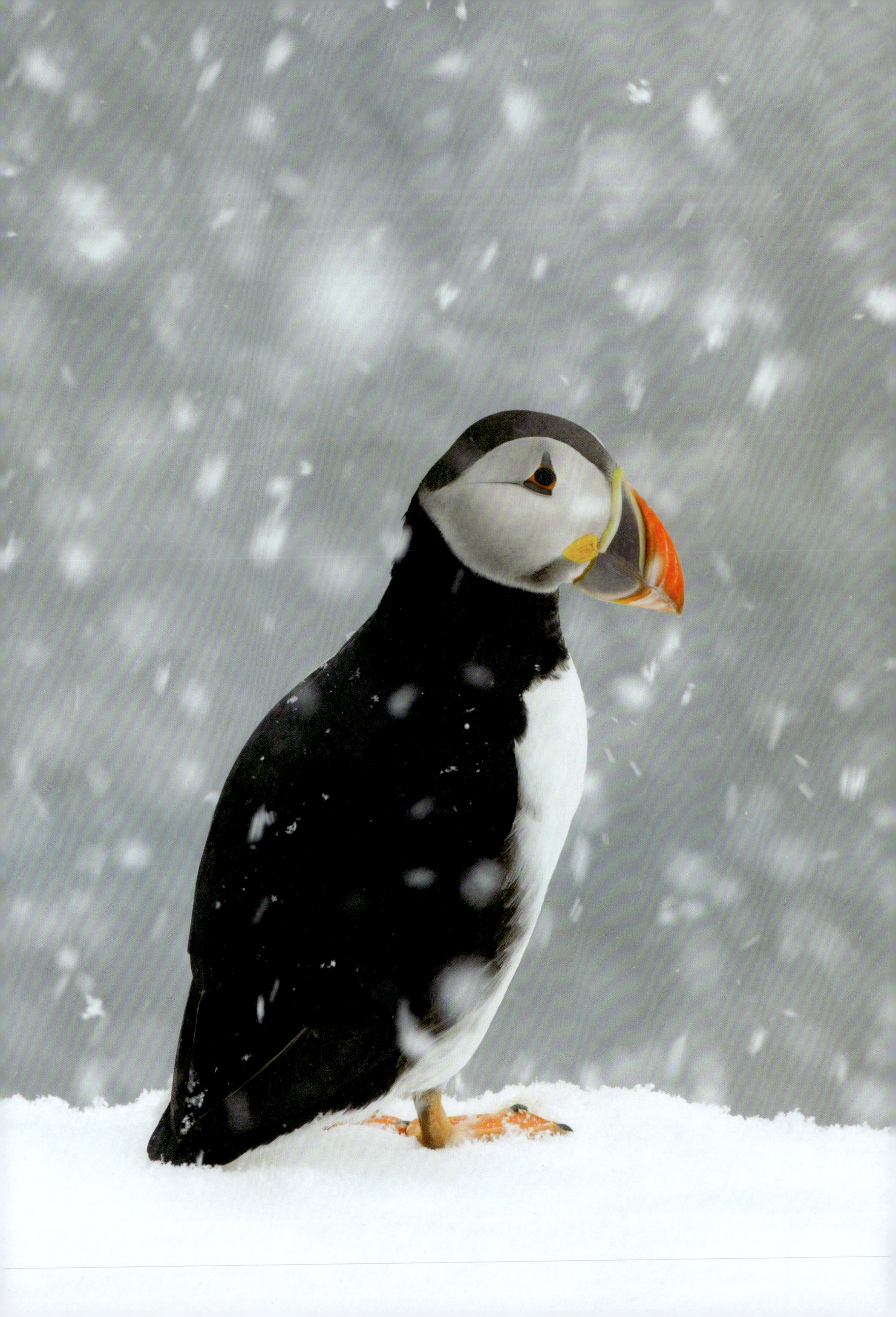

海鸚 PUFFIN

海鸚科 *Alcidae*

圓胖胖的身材、俏皮的黑白羽毛、憂鬱的表情以及碩大多彩的鳥喙，北極海鸚（*Fratercula arctica*，左圖）是一種外型極具特色、甚至帶點滑稽感的海鳥。紐卡斯爾大學（Newcastle University）在 2005 年進行一項研究，測試學童辨識英國鳥類的能力；結果發現，在兩百一十七名受試者中，大多數人都可以輕鬆辨識出海鸚，儘管他們從未親眼見過；反倒是對家麻雀以及紅額金翅雀等庭院常見的鳥類感到困惑。

小修士

「frater」是拉丁文中「兄弟」的意思，也可指「修士」。因此，海鸚屬名「Fratercula」可以解釋成「小兄弟」或「小修士」。從牠們黑白相間的外衣，以及在陸地時總是低著頭、慢慢走路的莊嚴姿態，「小修士」的說法似乎更合理。在愛爾蘭的民間傳說中，海鸚被視為僧侶轉世；在海鸚數量眾多的法羅群島，人們將之稱為「牧師」（prestur）。

雖然海鸚算是較為小型的海鳥，但在繁殖季結束後，牠們會遠離陸地，在海上度過嚴酷的冬季風暴。因此在各地民間傳說中，牠們常與天氣相關聯。在冰島，海鸚被視天氣預報專家；在因紐特與阿拉斯加的原住民部落中，更被賦予改變天氣、驅逐暴風的能力。對那些高度仰賴海洋資源的群體而言，海鸚以及牠們的近親如海鳩等，往往擁有深遠的文化意義與實用價值。阿留申群島（Aleutian Islands）的阿留申人會將角海鸚（*Fratercula corniculata*）和簇絨海鸚（*Fratercula cirrhata*）的嘴喙製成具有宗教意義的面部與身體穿刺飾品。而牠們防水性極佳的厚羽，也被用來縫製保暖衣物。

阿拉斯加的特林基特族（Tlingit）流傳一則故事，一名女子非常喜愛海鸚，希望能跟牠們一起生活。女子某天出海捕捉貝類，結果獨木舟意外翻覆，同伴全都溺水身亡，但海鸚救了她，並且把她帶回去一起生活。女子的父親前去尋找，想把女兒帶回家，但海鸚捨不得失去這位新朋友，就把她藏了起來，直到父親答應給每隻海鸚一根白髮做為裝飾後才肯放人。直到今天，簇絨海鸚眼睛上方依然保有那撮長長的白色羽毛，如同傳說中那根「白髮」。

雨燕 SWIFT

雨燕科 Apodidae

刺耳的尖叫聲、分叉的尾巴，以及深色的羽毛，這些就足以讓普通樓燕（Apus apus，下圖）在當地被冠上「小惡魔」（Deviling）或是「搖擺魔鬼」（Swing-devil）等稱號。雖然牠們的外表跟備受人們喜愛的燕子與岩燕十分相似（但沒有親緣關係），但在英國與愛爾蘭，人們常將牠視為撒旦的鳥。不過，赫瑞福夏郡（Herefordshire）一則古老民謠卻為雨燕平反這種不公的惡名，詩句寫道：

燕子與雨燕，皆為上帝的恩典。

日本阿伊努族深信，雨燕平常生活在天堂，在夏季時分降臨人間遊玩，夜晚則飛回天上的家園；而他們所說的雨燕很可能是小雨燕（*Apus nipalensis*）或是白腰雨燕（*Apus pacificus*）。這種難以捉摸的鳥類的頭部與皮膚都是珍貴之物，據說能夠帶來好運。

超凡的能力

雨燕家族有九十四個物種，分布於全球各地，除了兩極地區。這個家族中某些成員確實具備令人驚嘆的能力。例如，普通樓燕在空中持續飛行的時間可說睥睨群雄，牠們可以在飛行中進食、飲水、睡覺甚至交配；據說年輕的雨燕在首次築巢繁殖前，會在空中盤旋好幾年。

雨燕（Swift，意為「快速的」）的飛行速度可能沒有其英文名字暗示的那般飛快，牠們在空中盤旋捕食昆蟲時的飛行速度約為每小時 23 公里，但其流線型的身體以及鐮刀狀的翅膀讓牠們可以進行長距離滑翔，在遷徙時保持每小時 40 公里的速度穩定飛行，並能夠短暫急速衝刺。普通樓燕的飛行速度經常可以超越猛禽；曾有紀錄顯示一隻雨燕的飛速達到每小時 113 公里。

雨燕很少降落到地上停留，因為牠們短小的腿跟細小的腳使牠們幾乎很難再次起飛；其學名「apus」源自希臘文，意指「無足」。不過，牠們強壯尖銳的爪子能緊抓牆壁或石頭表面，方便牠們停棲在育養幼雛的巢穴周遭。如果天氣狀況不佳導致親鳥無法餵食，普通樓燕的幼鳥就會進入一種休眠狀態，透過減慢呼吸和心跳來降低能量消耗，使牠們即使處於飢餓狀態，也能存活數天甚至數週。

營養滿分的巢穴

有些雨燕以及其近親金絲燕物種，都具備一項驚人特徵，牠們可以分泌濃稠且高黏性的唾液，將巢穴牢牢固定在垂直表面上；棕雨燕屬（*Cypsiurus*）的雨燕甚至可以在棕櫚葉的背面築巢。

爪哇金絲燕（*Aerodramus fuciphagus*）以及大金絲燕（*Aerodramus maximus*）這兩種東方雨燕的燕巢完全由唾液構成，極為珍貴。據說這些燕巢富含促進健康的營養成分，成為傳統燕窩的主要材料，如今更發展成為價值超過三十億英鎊的全球性產業。

夜鷹 NIGHTJAR

夜鷹科 Caprimulgidae

夜晚時分，很少有聲音會比歐夜鷹（*Caprimulgus europaeus*）的叫聲更令人毛骨悚然，牠那綿延不絕、柔和低沉的嗡鳴十分詭異，聽起來就像來自陰間的無線電干擾聲。這種鳥的外型也跟叫聲一樣，有點超現實：牠擁有極佳的保護色，有沿著棲木生長方向停棲的奇特習性（大多數鳥類是將身體橫跨在樹枝上，與樹枝垂直），飛行時動作輕盈無聲，宛如飛蛾。在英格蘭，人們將夜鷹視為巫婆的化身，認為牠會吸食山羊與乳牛的乳汁，還會讓牲畜失明或生病。夜鷹因為這些迷思而受到迫害；但事實上，夜鷹對農夫有益無害，因為牠們只以昆蟲為食，會在飛行時以寬闊、帶有鬚毛的嘴巴捕食。

惡魔的歌聲

並不是所有的夜鷹都會發出催眠般的嗡嗡聲。夜鷹科約有一百個物種，幾乎遍布全球，儘管外型相似，但叫聲風格迥異。有些物種的叫聲簡單明瞭，例如三聲夜鷹的三個重複短音（詳見176頁）。據說，環頸毛腿夜鷹（*Eurostopodus diabolicus*）會發出雙重「撲通」聲，這種叫聲激發出牠是邪惡生物的傳說，會在夜晚挖取熟睡者的雙眼。不過，近期對這種鳥類叫聲的錄音研究發現，「雙撲通聲」並非其典型聲音。在南美洲的蓋亞那（Guianas），當地多種夜鷹組成一支獨特的夜間合唱團，聲音詭異至極；拉斐爾·卡斯頓（Rafael Karsten）博士於1926年出版的《南美洲印地安人文明》（*The Civilization of the South American Indians*）一書中寫道：「牠們的叫聲讓夜晚變得陰森恐怖。」

由於夜鷹是夜行性動物，牠們的真實習性難以詳細觀察。白天時，牠們會靜止不動，停留在樹梢上或地面上，仰賴精緻擬真的保護色躲避掠食者。牠們也會在地上築巢，蛋與幼雛同樣具備與環境完美融為一體的花紋。據說，夜鷹受到驚擾時，會用嘴叼著蛋或幼雛逃至安全的地方，但目前尚未有確切證據可以證實這種「叼運行為」的存在。

右圖 這幅版畫出自蘇格蘭裔美國鳥類學家亞歷山大·威爾遜（Alexander Wilson）於1808至1814年間出版的《美國鳥類學》（*American Ornithology*），刻劃出生活在北美的美洲夜鷹（*Chordeiles minor*）飛行和休息時的樣貌，其中一隻在守護牠的蛋。

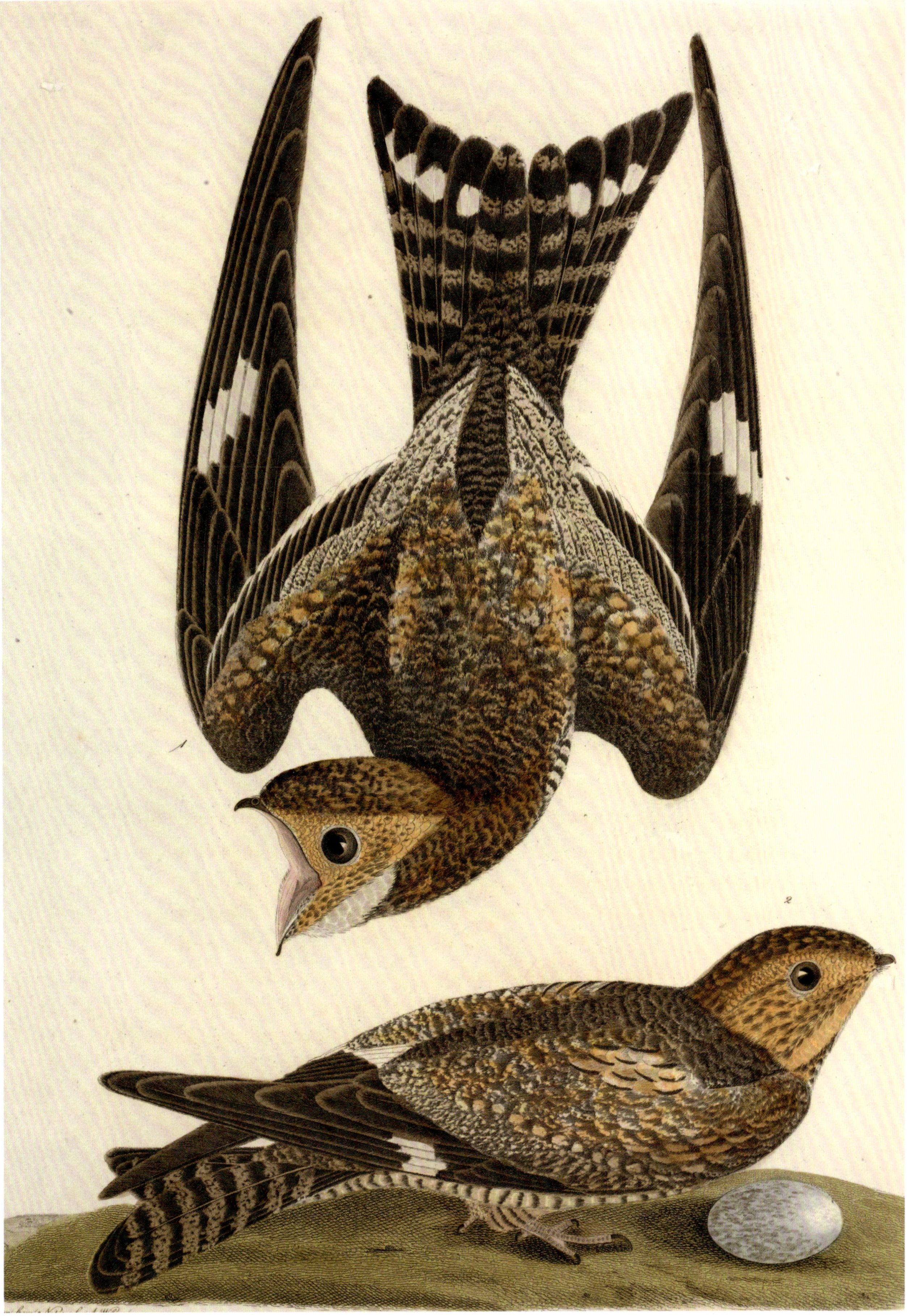
1
2

鴴 PLOVER

鴴科 *Charadriidae*

這些可愛、大眼的涉禽，擁有高亢的叫聲，其六十八個物種分布於除了南極洲外的各個大洲，衍生出許多不同的綽號與故事。小辮鴴（*Vanellus vanellus*，右圖）頭頂羽冠、背部帶有綠紫色光澤、胸前雪白，分布範圍橫跨歐亞大陸並延伸至北非，人們普遍稱其為「田鳧」（Peewit），還有人稱牠們為「Peaseweep」和「Teeuck」。

詛咒還是祝福？

根據瑞典的傳說，小辮鴴的叫聲是「tjuvit」，來自瑞典語「tjuv」，意思是「小偷」；據說是因為偷了聖母瑪利亞縫紉用的剪刀，所以發出這種叫聲以表懺悔之意。傳說中，小辮鴴——也可能是歐洲金斑鴴（*Pluvialis apricaria*）或灰斑鴴（*Pluvialis squatarola*）——曾經參與耶穌的受難，甚至在他被釘上十字架時加以嘲弄。因為這些罪過，牠被詛咒永遠在世上漂泊；這可能是一種隱喻，表達牠們長距離遷徙的特性。

喬叟在十四世紀詩作《眾鳥之會》（The Parliament of Foules）中，將小辮鴴描寫為「充滿詭計」的鳥，因為牠擅長以聲東擊西的方式保護巢穴，會假裝翅膀受傷、拖著身體逃跑，以此引開掠食者，遠離地面的巢穴。據說，清晨若聽見小辮鴴的叫聲，預示家中將有人過世；如果看到七隻小辮鴴，就可能招來厄運。

然而，在冰島的傳說中，鴴鳥的叫聲為「dýrðin」，意即「榮耀」。傳說有一位法利賽人（Pharisee）因為小孩在安息日上捏製鳥形泥偶而訓斥他，甚至把泥偶打碎。這名孩子其實就是耶穌，他把雙手覆在碎片上，將它們變成一群活生生的鴴，牠們振翅高飛，並發出獨特的叫聲。

美洲的雙領鴴（*Charadrius vociferus*）擁有棕褐色的羽毛，因具哨兵功能而受到普埃布洛人的敬重。祖尼族認為雙領鴴的叫聲會驚動敵人，所以出征前會把牠們的羽毛插在祈禱棒上，祈求牠們保持安靜。

鳳頭距翅麥雞（*Vanellus chilensis*）是南美唯一有羽冠的涉禽，羽色棕灰、青銅與白色相間，在草原和牧場上十分顯眼。這種鳥是名副其實的戰士，翅膀下方長有紅色骨刺，可用來擊退掠食者。烏拉圭人稱牠為「tero」，其勇猛好鬥的性格讓牠成為該國橄欖球代表隊「Los Teros」的吉祥物。

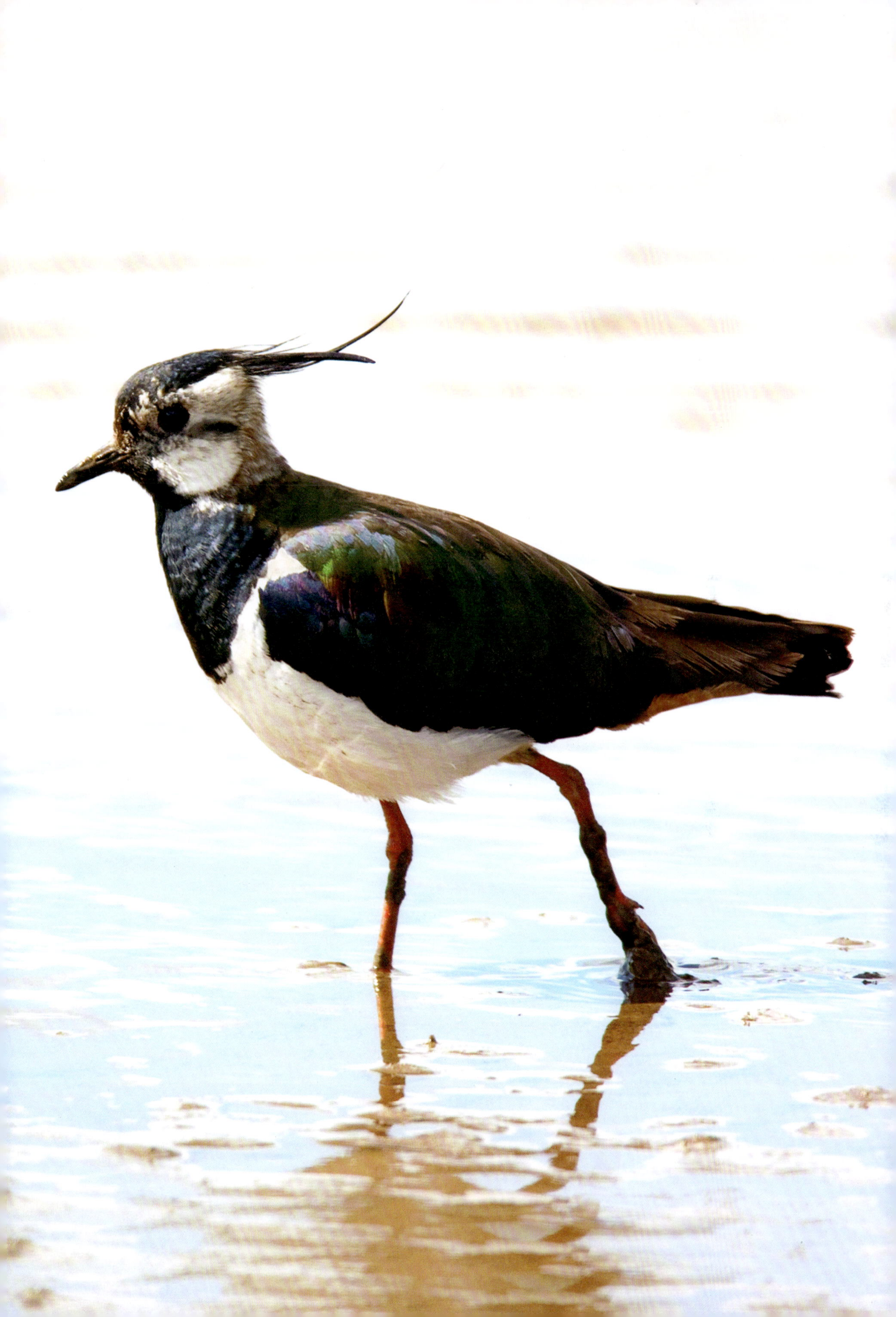

詩意形象

飛行能力、自由自在,以及幾乎能模仿所有人類情感的各種叫聲,使鳥類自古以來便成為詩歌中常見的明喻或暗喻題材。自最早的文明開始,鳥類因翱翔於天際而與天堂、神祕或精神世界緊密相連。對古埃及人而言,傳說中的貝努鳥曾飛越原始之海,決定世界的本質;在西元前1000年的莎草紙文獻中,牠被記載為「自我誕生者」。在印度教、道教、玻里尼西亞、芬蘭等地的信仰與文學中,則常見「宇宙蛋」孕育出整個世界的意象。

身為天空的生物,鳥類在西方神話與宗教中經常被視為神祇的使者,例如大洪水中的白鴿、宙斯的金鵰,以及奧丁派去蒐集情報的兩隻渡鴉「福金」與「霧尼」。在印度教中,藍孔雀等鳥類則是神祇的夥伴與座騎。《梨俱吠陀》中的梵文讚歌也以鳥類作為靈魂與世俗生命的隱喻,並反映出死者會以鳥的形態重返人間的信仰。

同時,詩歌延續了早期文化意象的傳承。某些曾啟發古代神話的鳥類,至今仍保有其浪漫色彩。例如,詩人丁尼生筆下的老鷹在「接近太陽的山巢」中盤踞,俯衝獵物時「如雷霆萬鈞」,體現出古希臘人眼中的力量與無情。對印度詩人穆罕默德・伊克巴勒(Muhammad Iqbal)而言,老鷹同樣是強大的象徵,這位據說啟發了巴基斯坦運動的詩人,曾勉勵穆斯林同胞,他們每個人都擁有「如山鷹般高飛」的能力。同樣地,不祥的烏鴉、純潔的鴿子、華麗的孔雀與善歌的夜鶯,這些意象至今仍在一代又一代的詩人筆下反覆出現。

永恆的聲音

西元前四世紀,在阿里斯托芬的劇作《鳥》當中,夜鶯以美妙的歌聲召喚全世界的鳥兒。在傳統波斯詩歌裡,夜鶯又稱作「bolbol」,是戀人的象徵,會為心愛的玫瑰唱出哀婉動人的樂音。在約翰・濟慈的《夜鶯頌》中,夜鶯那宛如天籟的歌聲,賦予牠近乎不朽的神聖意義。

對許多詩人來說,鳥鳴是一種幸福與樂觀的象徵;雪萊筆下的雲雀是「歡快的靈魂」;勃朗寧的詩作《異國思鄉》中,報春的鶇鳥會發出「無憂的狂喜」;湯瑪士・哈代(Thomas Hardy)的作品《朦朧的畫眉》(Darkling

Thrush）則提到鶇鳥在荒涼冬日所帶來的歡愉。在愛德華・托馬斯（Edward Thomas）所寫的《阿德爾斯特羅普》（Adlestrop）中，歌唱中的鳥兒捕捉一個靜謐的瞬間，發自內心感到喜悅：

那一刻，烏鶇輕唱；
近在咫尺，歌聲揚，漸遠漸朦朧；
牛津郡、格洛斯特夏，
群鳥隨之，聲悠揚。

情感的載體

鳥類那超凡脫俗的特質，總能觸動詩人的情感。華茲渥斯（Wordsworth）因思念年少時光而聽著杜鵑鳴唱，直至他重新感受到「那段黃金歲月」。法國作家波特萊爾（Baudelaire）用信天翁象徵詩人的命運，如同靈感湧現的藝術家，這隻「雲端的王子」（prince des nuées）在天際壯麗翱翔，但被迫降落地面時，其巨大的翅膀只能無力掙扎。

在詩歌和文學中，無助的受害者常被比作「籠中鳥」。美國非裔作家馬雅・安吉羅（Maya Angelou）透過詩句描述她在美國經歷的種族歧視與壓迫：「……一隻鳥徘徊著，在狹小的籠子裡，很難看清外界，看穿憤怒的柵欄」。美國詩人朗斯頓・休斯（Langston Hughes）也表現出類似的情感：

抓緊夢想，因為如果夢想死去，
人生就像折翼的小鳥，再也無法飛翔。

相較之下，對於毫無飛行能力的人類來說，飛翔的鳥類是一種自由和力量的鮮明象徵。在《風鷹》（The Windhover）一書中（「The Windhover」是紅隼〔Falco tinnunculus〕的舊稱），作者傑拉爾德・曼利・霍普金斯（Gerard Manley Hopkins）形容「在斑斕晨曦中飛來的隼鳥」是「粗獷美麗與英勇」的存在，是天空的主宰，「在狂喜之中……高飛於空中。」亨利・華茲華斯・朗費羅（Henry Wadsworth Longfellow）的《過路鳥》（Birds of Passage）中，則將候鳥的飛行與叫聲化為抒情的象徵：

牠們是詩人歌詠的群像，
低訴著歡愉與愁傷，
亦是那，振翅欲飛的字句，
聲聲迴盪，意境悠長。

烏鴉 CROW

鴉科 *Corvidae*

不論是偏遠的村莊，還是城市的中心，世界各地的人類聚落都可以見到叫聲嘈雜、羽毛漆黑的烏鴉。這些聰明、適應能力強又堅韌的鳥類，總能把握機會，迅速學會如何與人類共存，並且在人類為符合需求而改變環境的時候，找到方式讓自己獲益。每當我們講述跟烏鴉有關的故事，通常會對牠們的狡點與大膽抱持某種程度的敬意（即使有時帶著幾分不情願）；雖說如此，這些傳說很少把烏鴉描繪成正面的形象。

危險的存在

烏鴉與其近親鳥類雖然不像貓頭鷹或猛禽那樣完全食肉，但如果有機會，牠們仍然會攻擊並殺死其他動物，特別是年幼、病弱或是受傷的虛弱動物。十八世紀的蘇格蘭有個習俗，牧羊人會對黑頭鴉（*Corvus cornix*）、老鷹及其他潛在的掠食者獻祭，以求牠們不要騷擾生病的羊以及新生的羔羊。蘇格蘭摩瑞郡（Morayshire）有句俗話：「爛草、戈登以及黑頭鴉，是摩瑞最糟糕的三件事。」黑頭鴉是最令人厭惡的野生動物，「爛草」是一種有害的雜草，「戈登」是鄰近部落的姓氏，以反社會和竊盜聞名。在愛爾蘭與蘇格蘭西部的民

比一般鳥聰明

老普林尼早就觀察到，烏鴉會把堅硬的食物從高處摔到石頭上打碎。現代對烏鴉行為的研究證實，牠們的確具有驚人的智慧，以及高度的學習與創新能力。新喀鴉（*Corvus moneduloides*，右圖）特別聰明，牠會把樹枝當作工具，從樹洞中取出鳥喙觸及不到的昆蟲幼蟲。而且，在同一群體中的鳥類會互相學習，因此工具會持續改善並代代相傳，這種過程就稱為「累積性文化演化」。這種行為在其他鳥類中前所未見；事實上，除了某些靈長類之外，其他哺乳動物也幾乎沒有這種能力。一隻名叫貝蒂（Betty）的圈養新喀鴉就讓研究人員大為驚訝，牠竟能將金屬線彎成鉤子，用來操縱籠裡其他物品，取得隱藏的食物。野生的新喀鴉也同樣展現出類似製作鉤子的行為。在日本，小嘴烏鴉（*Corvus corone*）會利用更大的工具來取得食物，牠們會在繁忙的路口等待紅燈亮起，把核桃放在馬路上讓車輛輾過，等紅燈再次亮起再飛下來，享用已經壓碎的果仁。

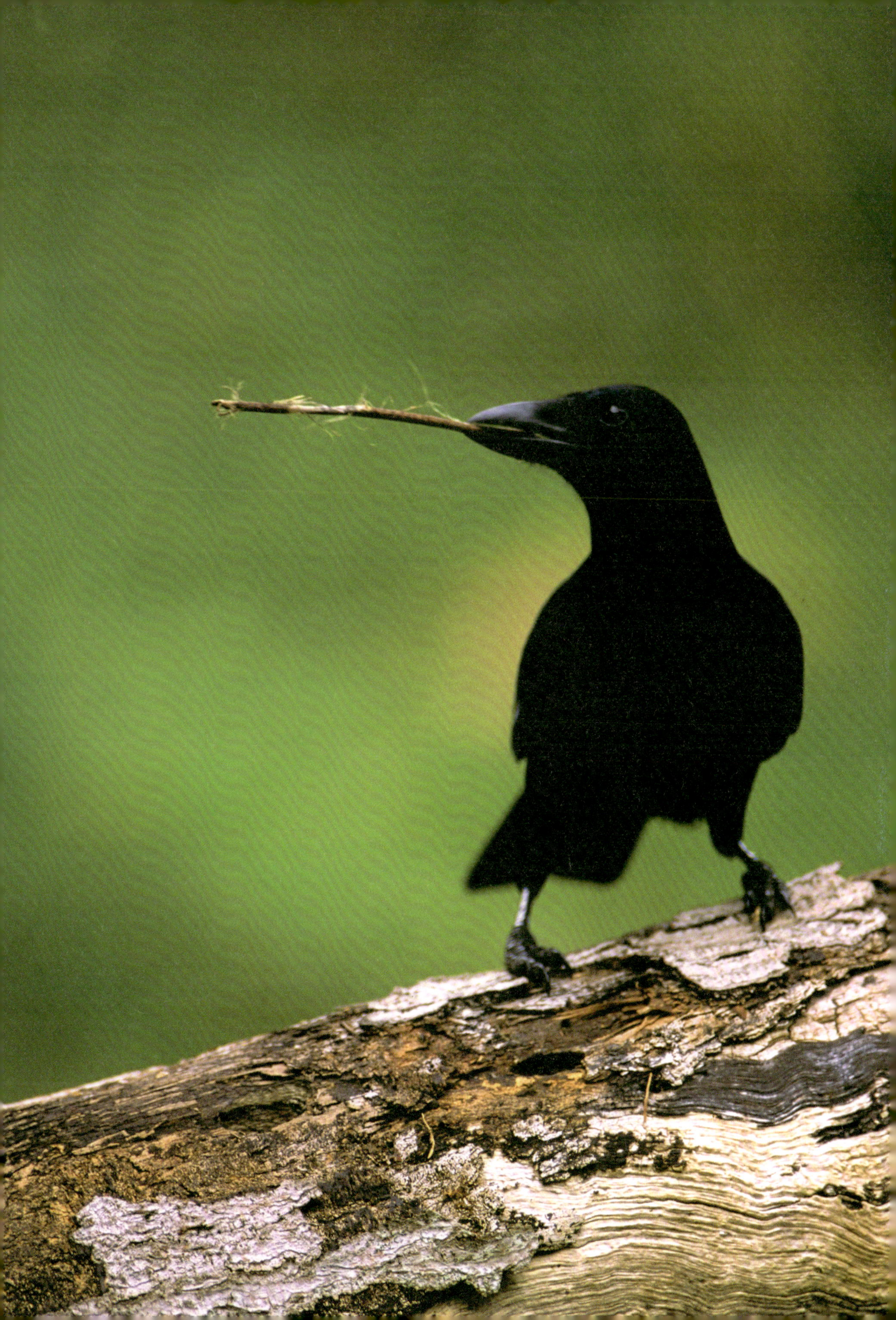

三隻腳更好

烏鴉在中國神話中與太陽密不可分，牠們棲息在太陽之中，是太陽的靈魂，負責駕馭太陽橫越天際。早期的故事提到天上曾有十個太陽，每個太陽都有一隻烏鴉相伴，但當十個太陽同時升起時，天地炙熱難耐，草原與森林被焚燒殆盡。為此，九個太陽被射落，隨同的烏鴉也跟著死去。這些太陽之鴉有時被描繪為三足鳥，因為太陽象徵著「陽」（光明），而數字三就是「陽」的代表。日本也有關於三足烏鴉的神話。據說，一隻三足烏鴉曾陪同日本首位天皇神武天皇出征，並在關鍵時刻提供建議與協助。

間傳說中，黑頭鴉或稱「羅伊斯頓烏鴉」（Royston crows）被認為是妖精的化身，與牠們互動應特別謹慎。如果有一隻黑頭鴉停在屋頂上，代表那一戶會有人逝世，或遭遇其他不幸。

朋友與敵人

賞鳥人士都知道，只要烏鴉跟猛禽共棲一地，就很容易看見烏鴉追逐、圍攻猛禽的場景。這種對立源自雙方的天性——猛禽會獵食烏鴉，烏鴉則會偷取猛禽巢中的蛋與雛鳥。澳洲原住民的一則傳說就解釋了鷲鷹跟烏鴉之間的恩怨情仇。某天，楔尾鵰要外出狩獵，便把雛鳥托付給鄰居烏鴉照顧。結果小鷹哭鬧不休，讓本就不情願當保母的烏鴉澈底失去耐性，竟將牠殺死。楔尾鵰回來時，烏鴉謊稱幼雛正在睡覺，但楔尾鵰很快就識破謊言，盛怒之下一路追趕烏鴉至濃密的桉樹叢中，點火焚林逼牠現身，濃煙與火焰將烏鴉的羽毛燻得漆

黑。楔尾鵰認為這是殺子兇手應得的懲罰，從此兩鳥結下仇怨，至今仍是死對頭。

另一則夢時代傳說則提到，烏鴉和貓聯手打造第一個捕魚的陷阱，這裡的「貓」指的是當地的袋鼬，或稱「斑尾虎鼬」。然而，牠們捕到的第一個獵物竟是烏鴉的親戚，一隻叫「巴林」（Balin）的澳洲尖吻鱸。當烏鴉跟貓趕到現場時，社群中其他成員早已將巴林宰殺並吃掉。牠們悲慟不已，便把巴林的骨頭帶到天上，安葬在米倫古亞河（Milnguya，也就是銀河）之中，並決定留下永遠陪伴巴林。牠們升起的營火，以及貓身上的斑點，化為銀河中的繁星；而銀河中那片幽暗，則是烏鴉展開的雙翼。

歐洲則流傳著另一種說法，認為烏鴉與鸛之間有一種特別的聯繫。鸛鳥在遷徙的時候，烏鴉也會與其同飛。據說，烏鴉統治著鸛鳥，但是溫和的統治者；如果有其他鳥類前來騷擾鸛鳥，烏鴉就會驅趕這些侵擾者。

愛與家庭

雖然烏鴉經常被描繪成頑皮甚至帶有惡意的形象，但牠們也擁有一些令人敬佩的特質，尤其是對家庭的重視。烏鴉對伴侶十分忠誠；據說雌鳥一旦失去伴侶，便終身不再跟其他烏鴉交配。牠們也非常照顧幼雛，十二世紀的《亞伯丁動物寓言集》（*Aberdeen Bestiary*）就提到：

「人類應從烏鴉身上學習牠的責任感，學習如何愛護自己的孩子……相比之下，人類女性一旦能讓孩子斷奶，往往立刻就這麼做，即使是自己所愛的孩子也不例外……若是貧窮人家，甚至會遺棄嬰兒；而富人則可能在孩子尚未出生時就剝奪其生命，只為了避免財產被過多繼承人分光……除了人類，哪種生物會認為孩子可以被隨意丟棄？除了人類，哪種生物會賦予父母如此野蠻的權利？除了人類，哪種生物會在自然產生的手足關係中，偏心其中一位孩子？」

從白轉黑

雖然在北美的古老傳說中，渡鴉（raven）比起其他體型較小的鴉科近親更常擔任主角，但仍有一些故事講述的是烏鴉（crow），主要是短嘴鴉（*Corvus brachyrhynchos*），某些特定文化群體甚至以「烏鴉」為族名。阿爾岡昆族崇敬烏鴉，甚至容忍牠們破壞農作物，因為他們相信最初的穀物和蔬菜是烏鴉帶來的。克洛族（Crow Indian）是北方平原上的一支原住民族，在他們的語言中，這個族名也代表「鳥人」。對於美國南部的納瓦荷族而言，「烏鴉」則是對前來拜訪部落、身穿黑衣的傳教士的暱稱。

美國加州有一則故事，提到在天地初開之際，老鷹和烏鴉各自創造出一座山脈，不過烏鴉的山較高大，因為牠趁老鷹不注意時，偷走對方一部分土地。

上圖 戴著羽毛頭飾的克洛族印第安人，由愛德華・謝里夫・柯蒂斯（Edward Sheriff Curtis）所拍攝，收錄在《北美印第安人》(*The North American Indian*，1907~1930 年）。

　　老鷹決定報復，便把自己的山脈旋轉成一個圈，圍住並取代了烏鴉的山脈。加拿大東部的契帕瓦人（Chipewyan）也將烏鴉視為騙子；北美大平原的基奧瓦人（Kiowa）則提到，烏鴉原本是白色的鳥，但因為啄食蛇的眼睛，羽毛才變黑；這個故事可能出自該部落不吃蛇的習慣，除非是在極端情況下，因為他們認為蛇是「不潔的」動物。

　　希臘神話也提到，烏鴉原本一身潔白。太陽神阿波羅派牠去取一杯水，結果烏鴉在路上磨蹭，讓太陽神久等，回來時還撒謊掩飾自己的過失。憤怒的阿波羅把烏鴉固定在天穹之中作為懲罰，變成星座烏鴉座（Corvus），地上的烏鴉同胞也從白色變成黑色。另一個關於烏鴉變為黑色的故事出自澳洲原住民。故事中，五位名叫「卡蘭古克」（Kanatgurk）的女性是唯一知道如何生火的人；烏鴉決定偷走她們的炭火。當其他部落成員請求烏鴉分享生火的祕密時，烏鴉卻把燒紅的炭火丟向他們，嚇壞眾人；族人為了報復，也將炭火丟回烏鴉身上，從此，烏鴉的羽毛就變成燒焦的黑色。

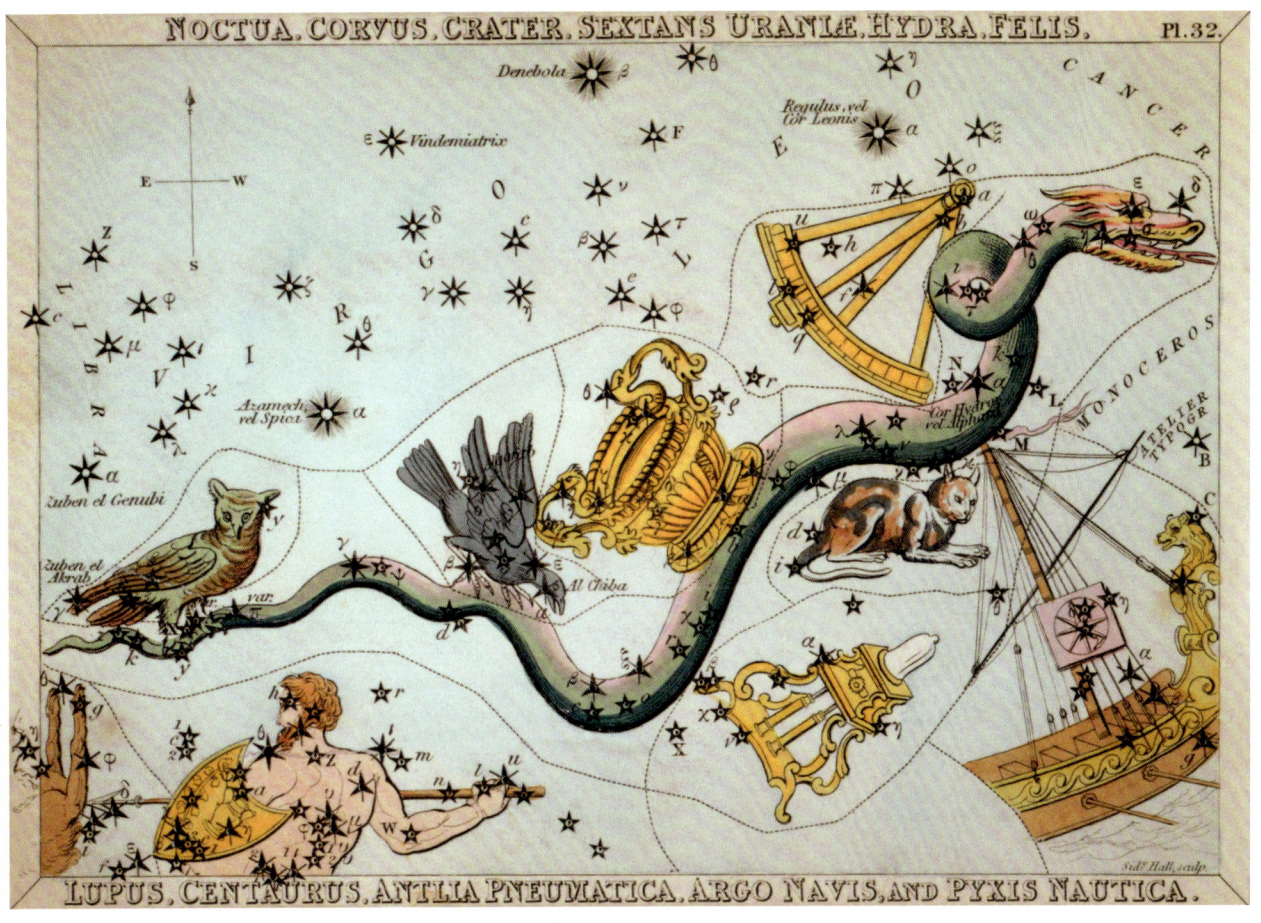

上圖 出自《烏拉尼亞的鏡子》（*Urania's Mirror*，1824 年）的「星座卡」，共三十二張；上頭顯示星座的形狀，而這些形狀與它們所命名的物體和生物相似，包括烏鴉座。

觀鳥問兆

在古老的印度習俗中，出海航行時應帶上一隻烏鴉作為導航，因為只要將牠放飛，牠就會往陸地飛去。凱爾特人則相信，烏鴉青睞的地點就是適合建立新城市的吉地；同時，他們也會使用烏鴉來解決爭端，方法是準備兩堆食物，分別代表爭執雙方，讓烏鴉選擇啄食；哪一堆食物被啄得更分散，其代表的一方就算勝訴。

在東亞地區，烏鴉築巢的位置也被視為預兆，可以用來預測作物豐收、軍事勝利，甚至病重的君主是否能痊癒。有些文化還發展出一套精細的系統，根據烏鴉叫聲傳來的方向辨吉凶。

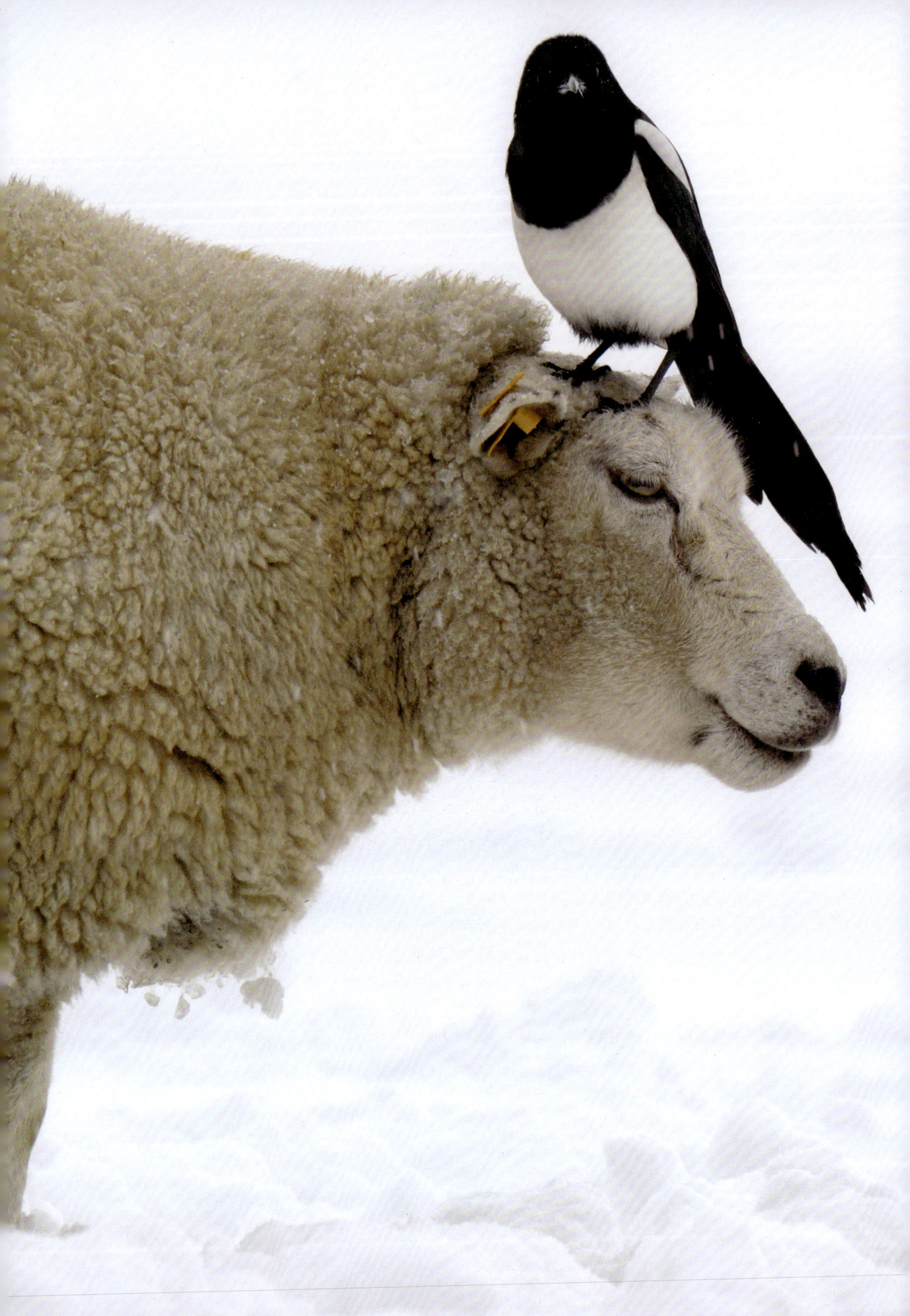

喜鵲 MAGPIE

鴉科 *Corvidae*

在英國民間傳說中，尾巴細長、羽色對比鮮明的歐亞喜鵲（*Pica pica*，左圖）是好運，也是壞運的象徵，取決於你一次看到幾隻喜鵲。有許多地區都流傳著類似的童謠，其中一版如下：

一叫寓憂愁；二鳴樂綿綿。
三聲慶結緣；四啾報新生。
五吱銀鈴搖；六喳金光閃。
七啼則為密言藏心賞。
八嚶通天堂；九響地獄往。
十鳥齊聚便為魔鬼顯露來。

為了破解看到不祥喜鵲數量所帶來的不幸，人們提出許多解決的方法，包括脫帽向喜鵲鞠躬三次、對著喜鵲敬禮、畫一個十字架，以及吐口水後大喊：「魔鬼、魔鬼，我蔑視你」等。

神奇之鳥

喜鵲遍布整個歐洲大陸與斯堪地那維亞半島地區，在北非、亞洲以及遠東地區都有其亞種。古羅馬人認為這種鳥跟魔法有關，並且就跟其他鴉科鳥類一樣，會用來進行鳥卜術，十八世紀詩人查爾斯・邱吉爾（Charles Churchill）就寫道：

帝國的命運常常
取決於喜鵲之舌。

同樣地，喜鵲和其他鴉科成員一樣，無法擺脫與魔鬼的聯想，有些人覺得這是牠罪有應得，因為牠們在現實生活中會掠奪其他鳴禽的蛋與幼雛，儘管這對鳴禽族群數量的影響甚微。在瑞典，人們相信每年 4 月 30 日是瓦爾普吉斯之夜（Walpurgis Night），即象徵夏季開始的聖瓦爾普加日（St Walpurga's Day）的前夕，巫師會前往魔鬼舉行集會的草原布拉庫拉（Blåkulla），然後變成喜鵲。當喜鵲在季夏換羽時，人們認為那是因為牠們在幫魔鬼收割乾草，羽毛被磨損而脫落。

上圖 因歌劇《鵲賊》而聲名大噪的鳥。位於法國凡爾賽（Versailles）附近的帕萊索（Palaiseau）的竊賊喜鵲，嘴上正叼著一支湯匙和叉子。

在北歐其他地區，也流傳著女巫會騎乘喜鵲，或直接變成喜鵲的說法。德國人將喜鵲視為冥界之鳥；布列塔尼人則認為喜鵲頭上長有七根惡魔的毛髮。在蘇格蘭，據說喜鵲的舌頭上有一滴魔鬼的血液；還有人認為，如果劃傷喜鵲的舌頭並滴上人血，牠就會開口說話。

鴉科話匣子

事實上，喜鵲確實能學會說話。老普林尼在《自然史》中曾寫道：「牠講出的話比鸚鵡還要流利清晰」，甚至認為喜鵲熱愛人類語言，「不僅學得快，還樂在其中。」不過，這種說法顯然有些誇張。羅馬人會訓練喜鵲接待訪客，甚至將鳥籠掛在門口迎賓。跟其他鴉科鳥類一樣，喜鵲非常聰明；有研究顯示，牠們能認出鏡中的自己。

在野外，喜鵲經常喧鬧嘈雜、喋喋不休，也因此衍生出許多傳說和迷信。據說，喜鵲因為拒絕進入諾亞的方舟，反而坐在方舟頂上，一邊看著世界淹沒，一邊不停地嘰嘰嗚叫，因此受到詛咒；「chatterpie」（嘮叨派）也成了牠在英國某些地區的俗稱。這種鳥也常跟八卦有關，法語中有個流行至今的說法：「bavarder comme une pie」，意思是「像喜鵲一樣喋喋不休」。在愛爾蘭，據說那些邪惡又愛嚼舌根的女人死後，靈魂會被喜鵲帶走。

半吊子的哀悼

在某些地方，喜鵲的叫聲或牠啄窗的行為都被視為死亡將至的預兆，只不過牠的羽色跟其他象徵死亡的黑色鴉科鳥類不同。民間傳說也對牠雙色羽毛多有微詞；事實上，喜鵲的羽色並不僅是黑白，還帶有在陽光下閃爍的藍綠光澤。據說，因為基督受難時喜鵲沒有完全哀悼，因而遭到譴責，被迫要先把自己懸掛在樹枝上九次，才可以產蛋。

這些說法固然是幻想，但喜鵲夫妻確實會花費大量心力築巢。牠們建造的大型穹頂巢穴平均需時約四十天。還有人說喜鵲會撿拾亮晶晶的物品來裝飾鳥巢（實際上並沒有），這一說法也成為羅西尼（Rossini）的歌劇《鵲賊》（*The Thieving Magpie*）的靈感來源。

幸福的象徵

在世界其他地方，喜鵲的形象則正面得多。在北美的傳說中，外型與歐亞喜鵲相似、擁有漂亮長尾羽的黑嘴喜鵲（*Pica hudsonia*），被視為人類的朋友，會跟族人一樣從事狩獵與採集。在夏安族（Cheyenne）的傳說中，黑嘴喜鵲贏得一場決定人類命運的關鍵性的比賽──比賽的結果將決定是人類獵食野牛，還是成為野牛的獵物。喜鵲跟其他幾種鳥類代表人類出賽，對抗動物界中跑得最快的「快跑瘦野牛女」（Running Slim Buffalo Woman），結果喜鵲超越所有選手，贏得比賽，從此成為夏安族保護的鳥類。

在韓國，喜鵲是報喜之鳥；而在中國，牠是象徵幸福的吉祥鳥，預示好運到來。在中國東北的滿族文化中，喜鵲甚至是神聖的鳥類。傳說中，天神福庫倫（Fokulon）吃下喜鵲掉落的一顆果實，生下名叫布庫里雍順的男孩，後來成為滿族人的祖先。

喜鵲廳

葡萄牙辛特拉宮（Palácio Nacional de Sintra）裡，有一間非常特殊的房間，畫滿喋喋不休的喜鵲，據說之所以會這樣裝飾，是因為一樁皇室風流韻事。宮內其他房間是以天鵝跟鴿子作為裝飾，喜鵲廳（Sala das Pegas）則在天花板上畫了一百三十六隻喜鵲，每隻鳥都銜著一朵玫瑰和一條捲軸，上面寫著「Por bem」（為你好）。這件作品創作於十五世紀初，據說當時的國王約翰一世（King João I）被抓包親吻並送玫瑰給一位侍女，結果惹毛了王后蘭開斯特的菲莉琶（Philippa of Lancaster）。這些畫作可能是國王或是菲莉琶王后下令繪製，用來代表宮內每一位女性，藉此暗諷她們愛講閒話。事實上，這些畫作很可能出自王后本人之手，因為這裡有個巧妙的雙關：在葡萄牙文中，「pega」還有「妓女」的意思。

渡鴉 RAVEN

鴉科 *Corvidae*

對許多英國人來說，他們第一次、也是唯一一次看到渡鴉（*Corvus corax*，左圖），是在倫敦塔（Tower of London），因為野生渡鴉通常偏好生活在遠離市中心的荒郊野外。相傳只要渡鴉離開倫敦塔，英國王權就會隨之崩解。為了防止這種事發生，倫敦塔裡的渡鴉全都被剪了翅膀，確保牠們無法飛離。民間傳說還說，真正的野生渡鴉自古以來就住在塔中，以被王室處決的敵人屍體為食。關於倫敦塔為何會圈養這些渡鴉，還有其他說法，但都無法證實；可以確定的是，牠們至少從十九世紀末起就已住在那裡。二戰期間，倫敦塔的渡鴉只有一隻倖存，當時的首相邱吉爾（Churchill）便下令重新引進一批渡鴉到倫敦塔中。

世界創造者與世界探索者

「raven」（渡鴉）跟「crow」（烏鴉）這兩個名稱在鳥類學上並無明確的區分。大多數屬於「鴉屬」的大型黑色鴉科鳥類，其英文名稱都會帶有「crow」或「raven」，通常體型較大的會叫「raven」。但這類鳥在外觀和習

奧丁的夥伴

在北歐神話中，奧丁只有一隻眼睛，蓄著長鬍子，身邊伴隨著一雙狼，名叫基利（Geri）和庫力奇（Freki）；以及一對渡鴉，名叫福金和霧尼。這兩隻渡鴉分別象徵「思考」與「記憶」，每天早上會飛遍世界，回來的時候會停在奧丁的肩膀上，低聲地分享著外出所看到的一切。透過這些渡鴉的報告，奧丁成為眾神中最有智慧的存在，並因此獲得「渡鴉之神」（Rafnagud）的稱號。渡鴉的形象也常常出現在丹麥戰士的盾牌和旗幟上，此一景象對英國的士兵來說尤為熟悉，因為在1015 年，丹麥的克努特大帝（Canute）就曾出兵攻打英格蘭南部的海岸。北歐的船員在探索北方海域時，會帶上渡鴉作領航員，放飛牠們去尋找陸地。

性上非常相似，因此許多傳說和民間故事並沒有特別區分兩者。關於渡鴉的特定故事包括聖經中的諾亞方舟。諾亞派出一隻渡鴉（如右圖）去尋找乾燥的土地，但這隻渡鴉一去不返；隨後，諾亞又派出一隻鴿子，而鴿子帶回了一根橄欖枝，表示洪水正在退去。這段記載在西元九世紀穆斯林學者伊本・賈里爾・塔巴里（Ibn Jarir al-Tabari）所編寫的先知與國王的歷史紀錄中被擴寫如下：

「諾亞離開方舟後，在山上停留了四十天，直到所有的水都退入海中。諾亞對渡鴉說：『去吧，踏上大地，看看水退得如何？』渡鴉隨即出發，卻在路上發現一具屍體，並留在那裡吃著屍體的腐肉，沒有回去。諾亞為此勃然大怒，詛咒渡鴉說：『願上帝讓你成為人們眼中卑賤的存在，以腐肉為食！』」

在許多美洲原住民的傳說中，渡鴉十分貪婪（「raven」跟貪婪的英文「ravenous」同字源），也是不道德的惡作劇者。牠在創世神話中經常扮演主角，但並不是特別高尚或是具有野心的形象，反而是目光短淺、自私自利的生物。渡鴉創造世界通常是無意之舉，僅僅是為了滿足自己的基本需求，例如尋找食物或是打發無聊，我們世界就因此「意外」地誕生了。在許多故事裡，地球生命所需的水跟光，都是渡鴉從另一個世界用詭計和狡猾手段偷過來的。此外，還有很多傳說提到，渡鴉一開始是白色的鳥，卻因為遭遇跟火有關的意外而變成黑色。

因紐特人對於渡鴉的評價就高一點，對他們來說，第一隻渡鴉是在黑暗與虛空的世界中誕生；牠因孤獨而開始創造生命。最終，人類也誕生到這個世界，並且接受渡鴉的教導，學會如何生存、繁衍，以及尊重其他生命。雖然渡鴉因為食腐的習性，在許多文化中被輕視，《舊約》甚至將牠列為「不潔」的鳥類，但祆教徒卻體認到渡鴉食腐的價值，認為這種鳥能清除世上的汙穢，是象徵潔淨的鳥類。

邪惡的過去

如今，渡鴉深受賞鳥人士的喜愛。牠們在空中靈活的飛行技巧特別令人讚嘆，特別是在每年春天，一對對渡鴉伴侶（通常是終身相伴）會透過戲劇性的編隊飛行、驚人的俯衝與翻滾動作來鞏固牠們的關係。然而，在比較艱苦的時期，因為人們的壽命不長、生活也困難重重，所以在許多文化中，渡鴉跟死亡、邪惡與謀殺有著強烈的連結，甚至有人將之視為魔鬼的鳥。這些觀念至今仍然存在於文學作品中，例如，在 2015 年科幻電視劇《超時空奇俠》（Doctor Who）某一集，就出現渡鴉進行暴力的死亡懲罰。

《古蘭經》第五章提到，一隻渡鴉教該隱如何掩埋他剛殺死的弟弟亞伯。該隱對此感到震驚，並說道：「我真悲哀！難道我要像這隻渡鴉一樣嗎？」於是，他為自己犯下的罪行感到懊悔，沒有按照渡鴉的建議掩蓋罪行。英國人認

上圖 出自 1905 年埃爾默・博伊德・史密斯（E. Boyd Smith）創作的兒童繪本《諾亞方舟的故事》（The Story of Noah's Ark）的插圖，描繪諾亞放出渡鴉，偵查洪水是否已經退去的場景。

為，渡鴉可以嗅到病人和垂死者的氣味；因此，如果牠們聞到某棟房子散發出這種氣味時，就會在附近徘徊，期待那位不幸之人死後可以成為牠們的食物。眾所皆知的是，渡鴉在查看一具上吊而死的屍體時，第一件事就是啄出屍身的眼睛，因此，聖經的《箴言》就有這樣的可怕警告：「那戲笑父親，並且藐視、不順從母親的人，谷中的渡鴉必將啄出他的眼睛……」

信天翁 ALBATROSS

信天翁科 *Diomedeidae*

目前已知最長壽的野生鳥類，是名叫「智慧」（Wisdom）的雌性黑背信天翁（*Phoebastria immutabilis*）。這隻令人肅然起敬的鳥是在 1951 年孵化，並於 1956 年由研究人員戴上腳環。自那以來，「智慧」已育有約四十隻後代，腳環也更換了六次；在非繁殖季的時候，牠在海上遨遊的距離估計已達 480 萬公里。「長壽」只是信天翁眾多特質中的其中一項。這些了不起的海鳥還以驚人的長翼展著稱，最大型的漂泊信天翁（*Diomedea exulans*）翼展可達 3.7 公尺；此外，牠們照顧幼雛的時間也比別的鳥類還長，配偶關係也極為穩定長久。

罪惡的重擔

大多數人是透過山繆‧泰勒‧柯勒律治（Samuel Taylor Coleridge）的詩作《古舟子詠》（The Rime of the Ancient Mariner）認識信天翁。詩中講述一艘船被困在南極浮冰中，直到對水手而言是幸運之鳥的信天翁到達後，船才得以脫困。

終於飛來一隻信天翁，
　　穿過海上瀰漫的雲霧；
　　彷彿就也是個基督徒，
　　我們以上帝之名歡呼。

　　牠吃從未吃過的食物，
　　又繞著船兒盤旋飛舞。
　　堅實冰層霹靂裂開來；
　　舵手把船引上了新途！

　　但故事並未就此結束。不幸的是，詩中敘述者毫無來由地用十字弓射殺了信天翁，此舉勢必會招來厄運。果然，船隻立即陷入無風的停滯狀態。船員們將死去的信天翁掛在兇手脖子上作為懲罰，但這個懲罰並沒有帶來救贖──船員們陸續死於口渴與飢餓，最後只剩敘述者一人倖存，等到救援到來。

　　「掛在脖子上的信天翁」（albatross around one's neck）這個說法就出自這首詩，意指一種詛咒或是沉重的負擔。水手通常會將活著的信天翁看作是幸運的象徵，也尊重牠們的智慧和預測天氣的能力；但如果信天翁在船隻附近遊蕩太久，則代表一場惡劣的天氣即將到來。

　　信天翁可以長時間待在海上而不需要仰賴淡水，因為牠們跟許多海鳥一樣，能透過鼻孔排出高濃度的鹽分，所以可以直接飲用海水。根據毛利人的傳說，沿著信天翁嘴喙流下的鹽水，是牠們渴望回到海洋上的家園的眼淚；我們推測這裡提到的信天翁是遭人圈養的鳥。信天翁的眼淚也以各種形式出現在毛利人的歌曲、故事甚至是室內裝飾中。

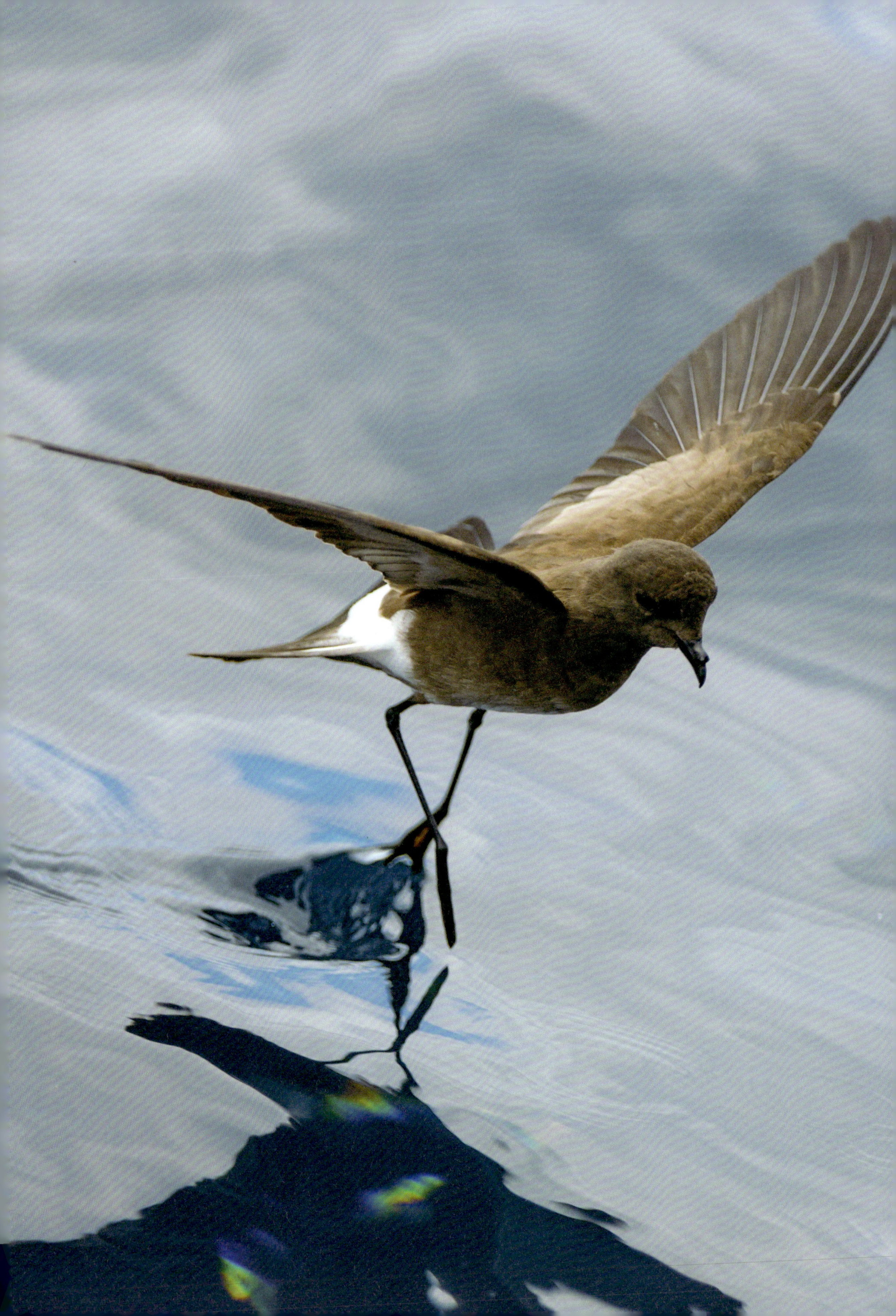

風暴海燕 STORM-PETREL

海燕科 *Hydrobatidae*

雖然大部分人所熟知的是耶穌基督能夠在水面上行走,但根據《馬太福音》(Gospel of Matthew)的記載,他的門徒彼得也曾短暫地達成這項壯舉。這位後來被尊為聖彼得(St Peter)的漁夫,把自己的名字賜予一群同樣也可以在水面上行走的海鳥;當然,牠們是靠著拍動翅膀而漂浮在水面上,而非神力的庇佑。風暴海燕是體型嬌小的海鳥,主要在水面上覓食。牠們在找尋食物的時候,會慢速飛行,雙腿懸垂,並用腳輕觸海浪的波頂(如左圖)。

風暴騎士、風暴使者

看到歐洲風暴海燕(*Hydrobates pelagicus*)在暴風海面的波鋒上掠過,會讓人感到一陣強烈的感官震撼,畢竟牠的體型幾乎跟麻雀一樣小巧輕盈,感覺十分脆弱,應該沒辦法在這種狂暴的環境中生存。然而,這些嬌小的鳥類是強壯信天翁的近親,跟信天翁一樣十分頑強,能夠在遠離陸地數千公里的海上自在飛行。牠們的壽命也遠超過同樣體型的陸鳥,許多海燕都可以活到至少三十歲。水手對海燕充滿敬畏,有些人認為這種鳥能夠預知,甚至可以引發風暴。

歐洲風暴海燕的古老名稱是「Mother Carey's chicken」。據說,這個名字源自拉丁文「mater cara」,意思是「親愛的母親」,也就是指聖母瑪利亞;水手在海上遇上暴風的時候,會呼求聖母瑪利亞的名諱,以祈求庇佑。另外,「風暴海燕」(stormy petrel)這個詞已成為革命者和無政府主義者的代名詞,這出自於馬克西姆・高爾基(Maxim Gorky)在1901年創作的詩詞《風暴海燕之歌》(The Song of the Stormy Petrel)。這位俄羅斯革命家將海燕描述成自由與勇氣的化身,接受並挑戰革命的雷暴,其他鳥兒則畏縮躲避。這個詞的使用逐漸傳播到俄羅斯以外的地方,「風暴海燕」至今仍是英國和愛爾蘭無政府主義聯盟出版品牌的名稱。

由於海燕白天都在遠離海岸好幾公里遠的地方活動,在偏遠的島嶼上築巢,且只在夜間返回陸地,所以這種鳥類群體至今仍鮮為人知、研究也相當有限。即使到今天,研究人員仍會發現新的種群和物種。例如,黃蹼洋海燕(*Oceanites pincoyae*)最早是在2009年於智利海域觀察到,2013年正式記錄為科學新種;其英文名稱為「Pincoya Storm-petrel」,當中的「Pincoya」是傳說中守護智利奇洛埃海域(Chilotan Sea)的精靈,相傳他會協助漁民以及海難者。

鷗 GULL

鷗科 *Laridae*

聰明、大膽、適應力強又堅韌，鷗就是在海邊生活的「烏鴉」，同樣引起與牠們生活在同一個環境的人們複雜而矛盾的情感。特別是那些在海濱城市定居的鷗，總能激發人類強烈的觀感，並催生出與鷗有關的現代神話，其中有些說法的奇特程度絲毫不輸給古老的信仰與傳說。

迷失的水手

對水手來說，鷗象徵著那些迷失在大海中的靈魂，不可與之對視，否則牠們會毫不猶豫地啄瞎直視者的雙眼。如果三隻鷗一起飛翔，就是極為不祥的徵兆；若是看到一群黑脊鷗（*Larus argentatus*）往陸地方向飛行，代表海上風暴即將來襲。不過，英國的歐亞海鷗（*Larus canus*）據說常常出現在牧場覓食；也就是說，人們早就知道至少有一些鷗是樂於遠離大海生活。

多數鷗的羽毛是白色跟灰色，翼尖通常是黑色。關於這項特徵，阿拉斯加

錯誤的名稱

鷗遍布世界各地，連極地地區也有牠們的足跡。牠們的體型差異極大，從如鴿子般嬌小的小鷗（*Hydrocoloeus minutus*），到體重為鷲鳥兩倍的大黑背鷗（*Larus marinus*），此外還有五十多種不同物種。鷗通常需要五年的時間才會完全長出成鳥的羽毛，辨識各種不同羽期的鷗，對某些賞鳥人士來說是有趣的挑戰。然而，許多人會把整個科的鳥類都簡稱為「海鷗」（seagull），這其實是一種誤稱，因為沒有任何一個物種叫「海鷗」（雖然大黑背鷗的學名直接翻譯過來真的就是「海鷗」sea gull），而且有些種類的「海鷗」其實跟海沒有什麼關係。

的民間傳說提供了解釋：渡鴉抓了些魚烤來吃，並邀請鷗一起享用，結果來了一大群鷗，打算吃光所有的魚，一點也不留給渡鴉。渡鴉一氣之下把牠們通通扔進火裡，牠們的翅膀就燒焦了。事實上，鷗的翼尖呈黑色，是因為黑色羽毛中的黑色素能提供更強韌的結構，有助於減少磨損，這些位置是最容易受損的羽區。美國原住民奇奴克族（Chinook）的故事提到另一場渡鴉跟鷗的衝突。當時，渡鴉率領陸鳥大軍前去對抗鷗與其他海鳥，鷗好不容易殺死渡鴉，但渡鴉的姐妹烏鴉卻接手指揮軍隊，最後成功擊退海鳥軍團。作為戰勝的獎勵，烏鴉要求在黎明之際於海濱線上覓食的權利；如今，我們可以在世界各地的潮線上看到各種鷗和烏鴉共同覓食的場面。

鷗與聖人

在聖肯尼斯（St. Cenydd）的傳說中，這位威爾斯王子在大約550年時，還在襁褓中就被放逐到海上。他被放在柳條編的籃子裡隨波漂流時，一隻可能是紅嘴鷗（*Chroicocephalus ridibundus*）的鷗發現了他，接著就和其他鷗一起把嬰兒帶到了高爾半島（Gower Peninsula）上。這群鷗紛紛拔下身上的羽毛，為他鋪了張柔軟的床，還找來溫馴的母鹿提供奶水。由鷗養大的嬰兒肯尼斯（Kenneth），長大後成了個快樂且虔誠的人，雖然有點吵鬧，但還是深受島上人民的敬重，最終被尊為聖人。

另一位跟鷗有關的聖人是聖巴多羅買（St Bartholomew），跟聖肯尼斯差

> **痛擊蟋蟀大軍**
>
> 　成群昆蟲時常會對成熟的農作物造成嚴重破壞，美國猶他州一則民間故事就提到，某年出現大規模的蟋蟀災害，眼看所有收成都要被吃掉了，結果一大群鷗突然出現，把蟋蟀吃個精光，拯救了農作物，也拯救了當地人民。為了感謝這群鷗，猶他州將這種鷗，也就是加州鷗（*Larus californicus*）定為州鳥。有趣的是，加州反而沒選加州鷗，而是選珠頸翎鶉（*Callipepla californica*）作為州鳥。
>
> 　我們常以為鷗是吃魚的（還有你手中的薯條），但牠們的飲食和覓食策略其實非常多元，還可以在飛行狀態下捕捉昆蟲。夏日午後在屋頂上飛舞的飛蟻，不僅是椋鳥、燕子以及其他小型食蟲鳥類的食物來源，好幾種鷗也會加入搶食行列。

不多時期，他住在諾森伯蘭（Northumberland）附近的法恩島（Farne Islands）上，過著隱士般的生活，卻與當地鳥類做朋友，特別是鷗；他耐心地馴化鷗，這隻鷗甚至敢直接從他手中取食。有一天，一隻老鷹殺死了這隻鷗，聖巴多羅買氣得抓住這隻老鷹還把牠關起來，但他很快地就意識到這種行為並不公正，便將鷹放回野外。

現代威脅？

　李察‧巴哈（Richard Bach）於1970年代出版的《天地一沙鷗》（*Jonathan Livingston Seagull*）十分暢銷。這本書文字簡潔，搭配精美的印象派照片，是一部透過一隻年輕的鷗努力精進飛行技巧的故事，來講述自我探索與人生哲理的寓言故事。對於飛行與自由的讚頌，也出現在羅伯特‧威廉‧塞維斯（Robert William Service）的詩作《灰鷗》（Grey Gull）中：

　我由海與天孕育而生，
　其元素於我體內交融；
　作為飄翔的竊盜之鳥，
　我享有最自由的自由。

　然而，幾十年過去，鷗如今在許多地方都變成不受歡迎的存在。城市中的鷗造成許多問題，像是弄髒公共區域、從遊客手上搶食，或對靠近鳥巢的人俯衝攻擊。然而，隨著人類過度開發且汙染海洋環境，許多鷗的物種跟其他的海鳥一樣，數量快速下跌中。其實，只需要簡單的衛生措施以及妥善管理財物，以及對這些懂得在街頭生存的海鳥多一點點包容，就足以讓牠們不再成為海濱城市的「麻煩製造者」。

271

黃鸝 ORIOLE

黃鸝科 *Oriolidae*

上圖 約翰‧古爾德的《大英鳥類全集》中的插畫，呈現金黃鸝光彩炫目的黃色。

黃鸝因一身奪目的黃色羽毛得名;「oriole」出自拉丁文「*aureolus*」,意指「金黃的」或「輝煌的」,也呼應其陽光形象。歐洲、非洲以及亞洲的二十九個物種中,雄鳥大多有著金黃色的羽毛,帶有黑色的翅膀和尾羽,有些頭部或眼睛周圍會有黑色斑紋;雌鳥體型偏小,羽毛是綠黃色。

在英國,金黃鸝(*Oriolus oriolus*,左圖)又被稱為「金鶲鳥」(Golden Thrush)或「Witwol」,詩人喬叟則稱其為「Wodewale」,因其能發出悠遠、如長笛般的鳴叫聲,通常從樹梢傳來,卻不見鳥的蹤影。十二世紀,作家威爾斯的傑拉德(Gerald of Wales)記載他在英國梅奈海峽(Menai Strait)附近的森林中,聽到名為「aureolus」的鳥類發出甜美的啼聲。

金黃鸝在英國不常見,但曾有段時間,有不少黃鸝在此繁殖,在東盎格利亞的沼澤地和其他為了火柴產業種植的楊樹上築巢。隨著火柴產業衰落,再加上楊樹都被砍伐光光,以轉為更具經濟效益的耕地,因此到了1980年代,金黃鸝的數量迅速減少。此後,保育人士不斷鼓勵人們重新種植楊樹;最近,在英國薩弗克(Suffolk)境內,由英國皇家鳥類保護協會(Royal Society for the Protection of Birds, RSPB)管理的萊肯希思沼澤保護區(Lakenheath Fen reserve)中的楊樹林,再次出現金黃鸝在此繁殖。

和諧與音樂

在法國,成排的楊樹常吸引金黃鸝前來築巢,雄鳥和雌鳥共同餵養、照護幼雛的行為,也讓這種鳥成為家庭和諧的象徵。在北高加索地區古老的瓦依納赫(Vainakh)神話中,金黃鸝是女神「塞拉莎特」(Seelasat)的象徵,據說這位守護貞潔女子的女神有著如太陽般閃耀的美麗容顏。

黑枕黃鸝(*Oriolus chinensis*)常出現在中國藝術中,象徵歡樂、音樂以及美滿婚姻。在明朝時期,黃鸝圖騰會出現在文官服飾上,後來成為宮廷樂師的徽章。

在北美,橙腹擬黃鸝(*Icterus galbula*)是馬里蘭州的州鳥,以美麗的外貌和悅耳的歌聲聞名。這種新世界黃鸝雖然也有相似的橙黃色羽毛以及黑色斑紋,卻跟舊世界黃鸝一點關係都沒有,牠們屬於「擬黃鸝科」(Icteridae)。對於普埃布洛族而言,黃鸝代表太陽,而且至少有十首詩歌在歌頌牠們。艾蜜莉‧狄金生(Emily Dickinson)也寫過兩首讚頌黃鸝的詩,其中一句是:「牠們是邁達斯國王曾碰觸過的其中一個」(譯按:邁達斯(Midas)是希臘神話中擁有「點石成金」能力的國王),只是這裡所提到的鳥類可能是新世界的擬黃鸝,也可能是舊世界的黃鸝。她還寫道:

聽見黃鸝高歌
可能是種尋常,也可能是種神聖。

麻雀 SPARROW

麻雀科 *Passeridae*

聖經提到很多種鳥，包括常見的麻雀。聖路加（St Luke）在他的福音書裡寫道：「五隻麻雀不是賣兩分錢嗎？但在上帝面前，沒有一隻會被忘記。」《馬太福音》也有這句話，只是寫法稍微不同。這裡並非強調上帝有多喜歡麻雀，而是用牠來比喻：再普通卑微的生物，全能的上帝都一樣會照顧。

謙卑且平凡

在世界許多地方，無論哪種麻雀都是我們在城市與鄉間常見的夥伴，所以我們會覺得麻雀是最尋常的鳥類。事實上，所有鳴禽所屬的分類名——雀形目（Passeriformes），正是以麻雀為名。真正的麻雀歸在麻雀屬（*Passer*）下，跟織布鳥是近親，都是高度群居。大多數物種不僅成群築巢，還會成群結隊、吵鬧地一起覓食。穀類作物和糧倉，以及繁忙城鎮街道上人們四處丟棄的食物殘渣，為麻雀提供了豐富的食物來源。

人們通常對麻雀抱有好感。愛爾蘭人相信麻雀會乘載死者的靈魂，所以殺死麻雀是禁忌。麻雀也被賦予預言以及預測天氣的能力；如果你看到麻雀在路上跳躍並大聲鳴叫，代表壞天氣即將來臨。然而，麻雀在聖經中卻被描繪成出賣耶穌的叛徒，因此被詛咒。耶穌在客西馬尼園（Garden of Gethsemane）即將被捕時，一隻多嘴的麻雀暴露了他的藏身之處；當耶穌被釘在十字架上垂死之際，麻雀又叫喊著「耶穌還活著」，使他繼續遭受折磨。

獎賞與報應

日本有則民間傳說，講述一隻受委屈的麻雀，主角應該是樹麻雀（*Passer montanus*），而不是大多數人所熟知的「街頭麻雀」，因為日本境內沒有家麻雀。故事中，一對老夫婦在家門口看到一隻迷路的麻雀，便提供食物並照顧牠，這隻麻雀為報恩，每天早上都唱歌給他們聽。不料，住在附近的一位刻薄老太太並不喜歡這隻「小鳥鬧鐘」，便

愛情與性慾

古希臘人注意到家麻雀（*Passer domesticus*，右圖）繁殖力旺盛，一年能孵出三窩小麻雀，因此被視為愛神阿芙蘿黛蒂的神聖之鳥。麻雀被認為能預示婚禮將近，其肉具有壯陽效果；根據中國的說法，麻雀蛋能治療陽痿。羅馬作家卡杜勒斯（Catullus）曾在詩中表達自己充滿情慾的渴望，希望能夠跟所愛慕的女子膝上那隻麻雀交換位置；詩句開頭寫道：「麻雀啊，我女孩的歡愉。」今日義大利文中的「passerina」源自「passero」（麻雀），是用來代指女性陰部的粗俗俚語。

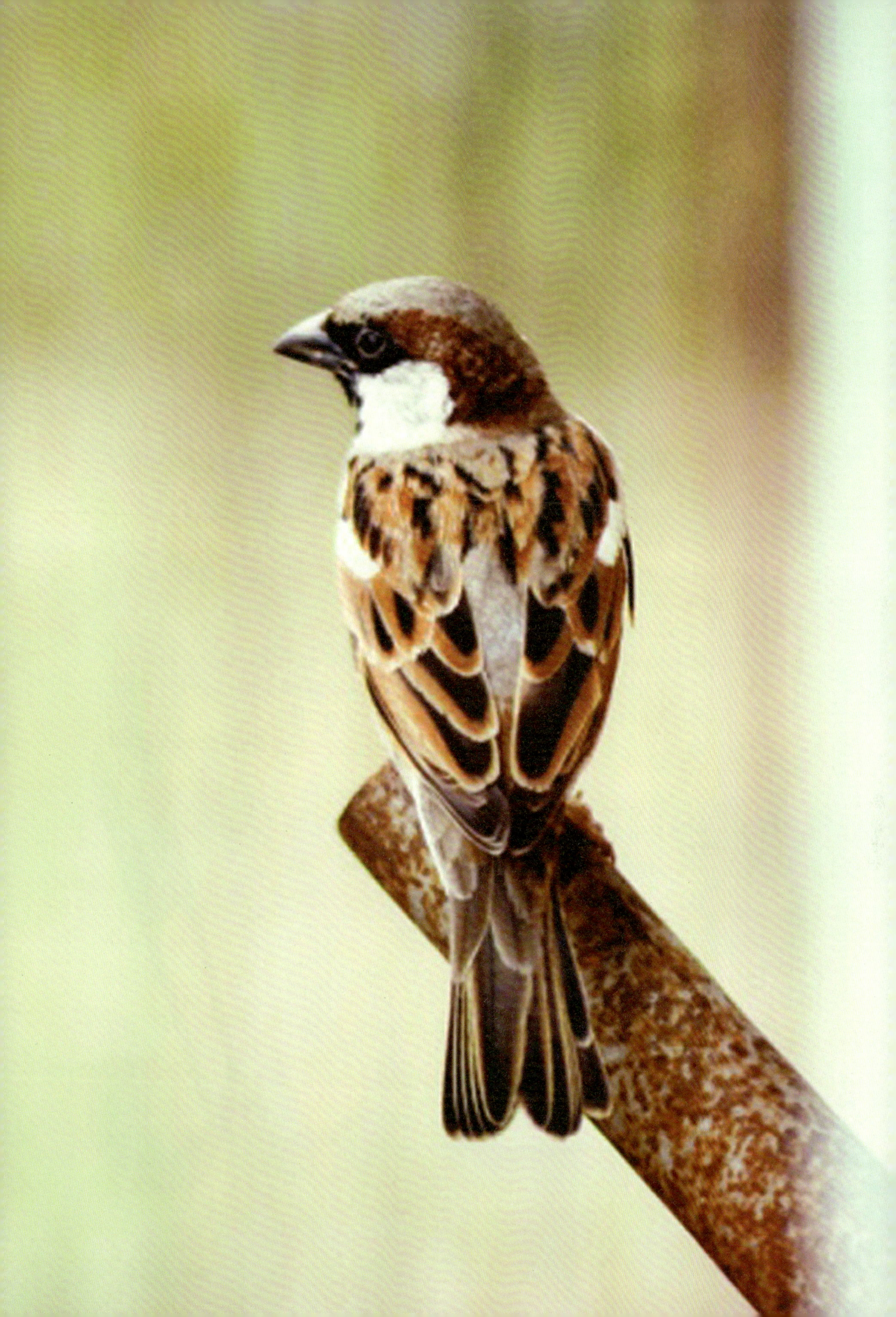

抓住麻雀，把牠的舌頭割開，讓牠從此只能發出單調的啾啾聲。受傷又羞愧的麻雀因此躲回山中。

老夫婦十分想念牠，便一路追到牠藏身的山林。麻雀與家人熱情接待，不僅準備豐盛的食物，還表演獨特的麻雀之舞，最後拿出兩個密封籃子，讓他們任選一個作為禮物。老夫婦選了較輕的那個，回家一開，發現裡頭竟裝滿了絲綢與黃金。

那位割掉麻雀舌頭的鄰居看到後心生嫉妒，也親自上山尋找麻雀。麻雀與其家人並未記仇，同樣熱情款待她，也同樣拿出籃子讓她選。貪心的老婦人毫不猶豫地選擇較重的一個，沒想到打開後，裡面竟是毒蛇與兇猛野獸，最終落得應得的下場——完美印證了「惡有惡報」的普世原則。

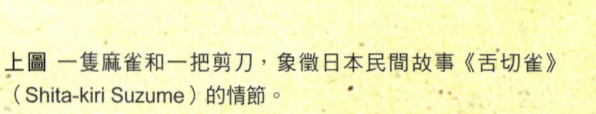

上圖 一隻麻雀和一把剪刀，象徵日本民間故事《舌切雀》（Shita-kiri Suzume）的情節。

世界之王？

針對家麻雀進行的鳥類標記研究顯示，牠們是非常戀家的鳥類，幼鳥很少會離開自己出生的族群。儘管如此，家麻雀還是遍布全球各大洲，除了南極洲之外皆可見其蹤影。牠們原生於歐亞大陸和北非，後來被引入北美洲、南美洲、非洲南部以及澳洲東部與紐西蘭，繁衍興盛。有些地區是刻意引進，像是北美洲的家麻雀，就源自美國馴化協會的一個計畫，當時他們希望將莎士比亞作品中提到的所有鳥類都帶進美國。這些外來族群卻造成麻煩，牠們會大量啄食當地穀物作物，還會與本土鳥類搶奪築巢的地點。

有鑑於此，許多國家都不歡迎「英國麻雀」（家麻雀）。然而，在歐洲這個原生地，家麻雀數量卻急劇下降，令人擔憂。特別是在英國，家麻雀已從許多地區消失，包括曾經充滿麻雀的倫敦，引起人們極大關注。家麻雀之所以能在某些地區成功繁衍，關鍵在於牠們能在人類居住地附近建立大型且繁殖力強的群落。然而，牠們不願意離開群落的習性，使得環境一旦突然變得不適宜時，將難以應對。目前，城市地區家麻雀數量下降的具體原因尚未明朗，但很有可能與老屋翻新、清除灌木叢和常春藤，以及庭園地面鋪設地板等趨勢有關，讓牠們缺乏自然的食物來源和築巢場所。另外，牠們在繁殖上也顯示出高度的社群依賴性，當族群變得太小時，每對家麻雀的繁殖成功率就會急劇下降。

鸕鷀 CORMORANT

鸕鷀科 *Phalacrocoracidae*

末日使者

對英國人和愛爾蘭人來說，停在教堂尖塔上的鸕鷀是不祥之兆。1860 年 9 月 8 日星期天，一隻鸕鷀降落在英格蘭林肯郡（Lincolnshire）波士頓地區的教堂尖塔上一動也不動，直到隔天清才被看守教堂的人員擊落，引起當地居民一陣恐慌。

當時的報導指出，這些「迷信者的恐慌奇異地得到證實」，因為不久就傳來一則駭人聽聞的沉船消息：「艾爾金夫人號」（Lady Elgin）在北美密西根湖（Lake Michigan）沉沒，造成三百人不幸罹難，其中包括倫敦新聞畫報（*The Illustrated London News*）創辦人兼波士頓自由黨國會議員赫伯特・英格拉姆（Herbert Ingram）。

由於這艘船是在週日沉船，而非鸕鷀遭到無情射殺的週一，所以人們將這場災難歸咎於鸕鷀本身，而非射殺牠所帶來的不幸。這隻倒楣小鳥可能是大鸕鷀（*Phalacrocorax carbo*），或是體型較小的長冠鸕鷀（*Phalacrocorax aristotelis*），因為英國只有這兩種。

鸕鷀有著高超潛水技巧及捕魚能力，可以在世界各地的海岸和水域大顯身手，但跟這種鳥有關的信仰或故事往往都聚焦在一個特徵上──牠的深色羽毛。鸕鷀的俗名是「corvus marinus」，其中「corvus」是「渡鴉」的拉丁文；而「marinus」則指「海洋的、海上的」。雖然在親緣上八竿子打不著，諸如大鸕鷀（左圖）及其他相關物種，卻常與渡鴉一樣，被視為邪惡與死亡的象徵。牠那略似爬蟲類般、細長的蛇狀脖頸，加上常常棲息在岩石或碼頭上，展開形似披風的翅膀晾曬羽毛的姿態，更強化了其陰森詭異的形象。

在約翰‧米爾頓（John Milton）的《失樂園》（Paradise Lost）中，撒旦接近伊甸園時就化身成鸕鷀，棲息在生命樹上，並「……策劃死亡，降臨於仍活著的眾生。」挪威北部的古老信仰提到，鸕鷀會捎來亡者的訊息。也有人認為，那些死於海上、屍骨未尋的人，其靈魂會永遠留在一座無法到達的島嶼烏特羅斯特島（Utrøst），但能化身為鸕鷀飛回家。

自古以來，人們也認為鸕鷀跟風暴有關，若看見牠棲息在石頭上，代表將發生船難。不過，荷馬在作品中讓這種鳥兒成為奧德修斯（Odysseus）的救星；內容寫到一位海仙女變成鸕鷀，給他一條魔法束帶，救他免於溺死。

顏色的盲區

關於鸕鷀羽色有諸多傳說。例如，南美洲阿拉瓦克族（Arawak）認為，其他鳥類之所以擁有鮮豔羽毛，是因為從一條被鸕鷀殺死的巨大彩色水蛇身上挑選各種顏色；而謙虛的鸕鷀，可能是斑翅鸕鷀（*Phalacrocorax brasilianus*），只挑了水蛇頭部的黑色。

在溫哥華島以及英屬哥倫比亞大陸上生活的夸基烏特爾族（Kwakiutl）則認為，他們的祖先曾負責為所有鳥類上色，但輪到鸕鷀時顏料都用完了，只剩下炭黑色；這裡提到的物種可能是雙冠鸕鷀（*Phalacrocorax auritus*）。

這些故事顯然都低估了鸕鷀的美麗。就如其名，雙冠鸕鷀不只一身黑，牠們在繁殖期時，不論是雄鳥還是雌鳥，臉上都會長出一對華麗的白色眉狀冠羽。這些由纖羽組成的冠羽在繁殖期開始後不久就會脫落。同樣地，斑翅鸕鷀在繁殖期頭部兩側也會長出絲線狀的纖羽；喉部還有一塊黃棕色的斑塊。鸕鷀家族約三十五個物種，許多看似一身黑，但其實在光線照射下，會呈現出耀眼的綠色、藍色或紫色的光澤，有時甚至閃爍著青銅般的光彩。另外，有些物種還有白色的腹部，或是在其翅膀、頭部及頸部帶有白色斑紋。有些物種在繁殖期時甚至會在眼睛、臉部或是鳥喙周圍出現色彩鮮豔的皮膚。

捕魚技巧

英屬哥倫比亞外海的海達瓜依（Haida Gwaii）群島流傳一則充滿想像的傳說，提到鸕鶿跟渡鴉一同外出捕魚，鸕鶿捕到非常多魚，渡鴉卻鎩羽而歸，渡鴉一氣之下就拔掉了同伴的舌頭。鸕鶿的確大多時候都不太發出聲音，但在繁殖期時，會發出響亮的喉音咕嚕聲和嘶啞叫聲。

鸕鶿幾乎完全吃魚，而且捕魚功夫一流。其流線型的身軀潛入水中，一次可長達4分鐘，靠著有力的蹼足快速划動來捕魚。據說有些物種能下潛至30公尺深，不過牠們更擅長在淺水區捕魚。跟多數潛水鳥不同的是，鸕鶿的羽毛不防水，但這反而讓牠們更容易克服浮力，用更少的力氣在水裡移動、抓魚。也因為羽毛會濕，所以牠們每次潛完水後，會張開翅膀站在那邊曬乾。

人們一直認為鸕鶿是對魚類資源的威脅，至今偶爾還是會捕殺。然而，人類也成功地利用鸕鶿卓越的捕魚技術。在遠東地區，大約從西元前300年開始，甚至可能更早，人們就開始訓練馴養的鸕鶿幫忙捕魚，並將抓到的魚交給主人；牠們脖子上會套著繩套或是圓環，避免牠們把抓到的魚直接吞下肚。

在歐洲，這種做法在十六世紀的威尼斯有所記載；十七世紀初，詹姆士一世（James I）還設立「皇家鸕鶿總管」（Master of the Royal Cormorants）一職，讓這種模式在英國廣為流傳。

到了二十世紀，鸕鶿捕魚在歐洲幾乎消失殆盡，但在中國及日本十三個地方仍然延續著。在日本長良川沿岸，這種傳承一千三百年的古老技術已成為一項觀光景點。日本在1890年頒發「皇室漁夫」的頭銜，由父傳子、代代相傳。每到傍晚時分，觀光船和岸邊的遊客都會聚集過來，觀看皇室漁夫與被馴養的丹氏鸕鶿（*Phalacrocorax capillatus*）一起出航。每艘漁船前方都掛著火籠，火光會吸引魚群前來，訓練有素的鸕鶿則不斷地潛入水中捕魚，成為獨特的景觀。

珍貴的糞便

在祕魯，現已近危的南美鸕鶿（*Phalacrocorax bougainvilliorum*）曾幫助許多人致富，且自己本身沒有受到任何損害。自印加帝國時代以來，鸕鶿的群落排泄出大量鳥糞，這種富含礦物質的天然肥料曾在十九世紀大量出口，直到現代化肥料問世才逐漸被取代。祕魯人似乎很早就知道這種鳥糞的價值，其信奉的農業之神名為「華滿塔克塔克」（Huamantantac），據說意思就是「使鸕鶿聚集者」。

下圖 中國廣西省陽朔縣的灕江上,漁夫正耐心地等待他訓練有素的鸕鶿幫手潛水捕魚。

地啄木 WRYNECK

啄木鳥科 *Picidae*

在古代，啄木鳥科中曾有一位小小成員被人們賦予魔法力量，並用於愛情咒語中。這段神祕背景隱藏在地啄木（*Jynx torquilla*，右圖）的學名中；牠會從非洲和南亞遷徙到西歐、東南亞及日本繁殖。其學名中的「Jynx」一詞，據說便是現代英文「jinx」的來源，意即施展厄運的咒語。

在希臘神話中，伊印克斯（Iynx）是牧神潘（Pan）以及山嶽神女回聲（Echo）的女兒。她曾轉動魔法輪，讓宙斯愛上純潔少女伊俄（Io）。宙斯的元配赫拉勃然大怒，一氣之下就把伊印克斯變成一隻地啄木。另一個版本中，伊印克斯與她的八位姊妹挑戰繆斯女神（Muses）進行藝術才能比賽，結果落敗。她們紛紛被變成鳥，其中伊音克斯成了地啄木。

希臘神話中的愛與美之神阿芙蘿黛蒂將一隻象徵浪漫激情的小鳥送給阿爾戈英雄（Argonauts）的領袖伊阿宋（Jason）；伊阿宋轉動這隻鳥、念了一串咒語，便贏得女巫美狄亞（Medea）的芳心。

魔法特性的受害者

這些神話衍生出一種名為「伊印克斯」（iynx）的裝置，這是一個伴隨著咒語而旋轉的輪子或陀螺，用來喚起性慾。據說，為了強化魔法力量，地啄木會被展開翅膀釘在「伊音克斯」上；另一種說法是，這種鳥是被附魔的使者，任務是確保咒語能命中目標。

這些信仰和做法，顯然與地啄木本身的特質有關。人們曾經認為這些特質十分奇特不凡。正如其俗名「Wryneck」（扭頸）及學名「*torquilla*」（意指「扭轉、轉動」）所暗示的，灰褐斑駁的地啄木在受到驚嚇的時，會搖動並扭轉其靈活的脖子，同時豎起羽冠，發出跟蛇一樣的嘶嘶聲；當牠們覺得受到威脅時，則會癱軟身體，裝死自保。

生活在撒哈拉沙漠以南非洲、不會進行季節性遷徙的褐頸地啄木（*Jynx ruficollis*）是地啄木的近親，這兩種鳥相較於自身體型，都擁有鳥類中最長的舌頭。地啄木不會在樹上鑿洞，但會像其他啄木鳥一樣，伸出長而帶黏性的舌頭，從樹皮或是地上捕捉螞蟻和其他昆蟲。

有趣的是，雖然地啄木現在很少造訪英國，但牠過去在英國各地擁有許多當地特有的名稱，而且全都與牠在神話中的黑暗形象無關。相反地，由於牠們在初夏會比杜鵑早些到達，所以地啄木又被稱為杜鵑的伴侶、仕女、僕人或是信使等；不過，現在杜鵑鳥也已經不太常見了。

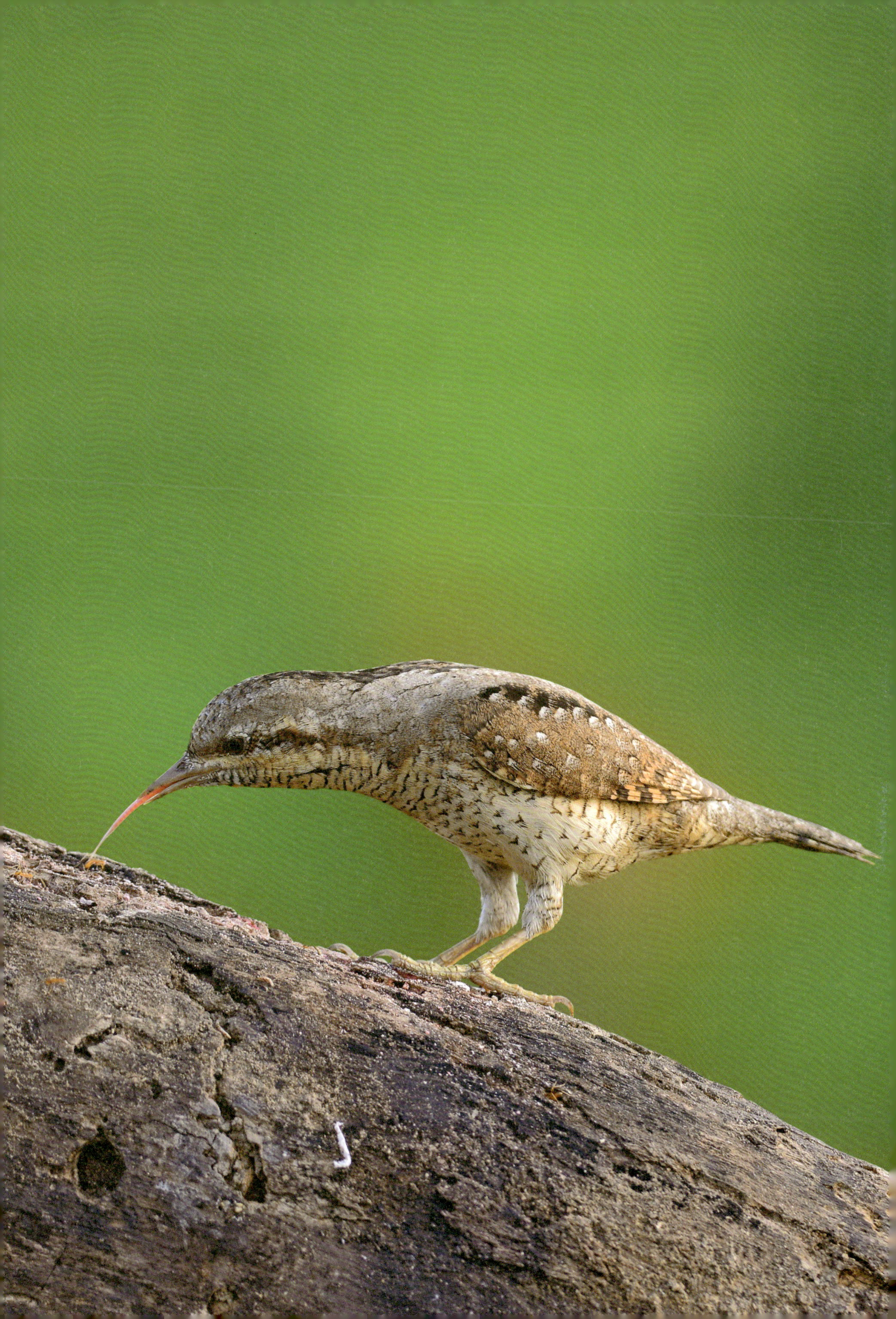

杓鷸 CURLEW

鷸科 *Scolopacidae*

大杓鷸（*Numenius arquata*，右圖）有著顫抖、氣泡般的鳴叫聲，以淒美的聲調著稱，但並不是那種會讓人振奮的鳥鳴聲。這種鳥在凱爾特語中叫「Guilbhron」，意為「悲痛的哀號」。牠與仙境領主達盧亞（Dalua）有關，這位「暗黑愚者」代表著人類性格中的陰暗面。愛爾蘭民間傳說把大杓鷸及其近親杓鷸（*Numenius phaeopus*）描繪成帶來厄運的鳥類，尤其是在牠們夜間啼叫時。

杓鷸屬（*Numenius*）包含八種非常相似的涉禽，都擁有棕褐色羽毛，鳥喙長而下彎。牠們與悲傷的連結不無道理，因為這八種中有兩種在過去兩百年數量銳減，現在可能已經滅絕：細嘴杓鷸（*Numenius tenuirostris*）以及愛斯基摩杓鷸（*Numenius borealis*）。其餘六種中，有三種被認為瀕危或接近瀕危，大杓鷸就被列為「近危物種」。

「七」與「七」的祕密

中杓鷸常在夜裡發出七音節鳴叫聲，所以在英國鄉間有「七鳴鳥」（seven-whistler）的別名。據說，六隻中杓鷸總是會一起飛翔，不斷呼喚著失蹤的第七位同伴。在萊斯特郡（Leicestershire），中杓鷸的夜間叫聲讓礦工感到恐懼，他們相信這個鳴啼聲預示著嚴重的地下災難。在蘇格蘭部分地區，大杓鷸被暱稱為「whaup」，這也是當地一種喜歡在夜間惡作劇的長鼻地精的名字。

愛爾蘭傳說解釋了為何人們難以找到杓鷸的巢穴。據說聖派翠克（St Patrick）造訪曼島（Isle of Man）時，某天外出聽到一隻杓鷸的叫

聲，這隻鳥引領他來到一隻跌落懸崖、受困在岩棚中的小山羊身邊。聖派翠克救了這隻羊，並賜福杓鷸，讓牠的巢穴永遠不會被人類發現。事實上，杓鷸喜愛棲息在遼闊的沼澤地，牠們的巢確實非常難以發現。

石鴴科（Burhinidae）主要是一群棲息於沙漠地區的夜行性鳥類，牠們有著跟杓鷸一樣令人感到淒涼的鳴叫聲。澳洲的叢石鴴（*Burhinus grallarius*）與死亡有著密切關聯，據說牠身上寄宿著一位原住民女性的悲傷靈魂，她的孩子因被獨留在烈日下太久而死去。

這個悲傷的傳說在 2005 年至 2006 年間又再次引起人們關注，當時提維群島（Tiwi Islands）發生多起青少年自殺事件，有些受害者聲稱他們曾被叢石鴴附身。

貓頭鷹 OWL

鴟鴞科 *Strigidae*、草鴞科 *Tytonidae*

放眼世界各地，很少有鳥類像貓頭鷹一樣，具有如此豐富且矛盾的文化象徵意義。莎士比亞的悲劇《馬克白》（Macbeth）中，當馬克白謀殺蘇格蘭國王鄧肯（Duncan）時，馬克白夫人叫喊道：「是那貓頭鷹在叫，那致命的報喪者。」人們自古以來就把這些神祕的夜間獵捕者視為不祥之兆。在古埃及，看到貓頭鷹或是聽到牠們的叫聲都跟死亡有關；在聖經裡，這種鳥代表荒蕪。《以賽亞書》（Book of Isaiah）預言道：「巴比倫必像神所傾覆的所多瑪、蛾摩拉一樣……貓頭鷹將棲息於此，薩提爾（野山羊）將在此地跳舞。」在古羅馬，據說貓頭鷹曾預言多位凱撒之死，包括羅馬帝國皇帝奧古斯都。老普林尼則用「極度可憎」來描述這種鳥。對於貓頭鷹的恐懼與害怕也同樣深植在美洲原住民、非洲以及許多亞洲文化中。

千面之鳥

然而在古希臘，縱紋腹小鴞（*Athene noctua*）卻顛覆了這種陰暗形象，成為深受人民愛戴的智慧女神雅典娜（Athene）的象徵，甚至會相伴其右。約西元前 500 年發行的雅典四德拉克馬（tetradrachma）硬幣，一面刻有雅典娜肖像，另一面則是貓頭鷹與橄欖樹枝（下圖）；這個形象如今也出現在希臘的 1 歐元硬幣上。在薩拉米斯戰役（Battle of Salamis）中，一隻貓頭鷹停在將軍特米斯托克利（Themistocles）船艦的船桅上，這讓趨於劣勢的希臘人相信，雅典娜正守護著他們，士氣為之一振，最終戰勝波斯人。

「智慧老貓頭鷹」不僅是種慣用說法，更是兒童文學中受歡迎的經典角色。其中最著名的莫過於艾倫・亞歷山大・米恩（Alan Alexander Milne）的《小熊維尼》（Winnie-the-Pooh）故事中的貓頭鷹；牠善良且嚴肅，當其他動物需要幫忙時，第一個就是向貓頭鷹求助，只不過牠並沒有大家，甚至是牠

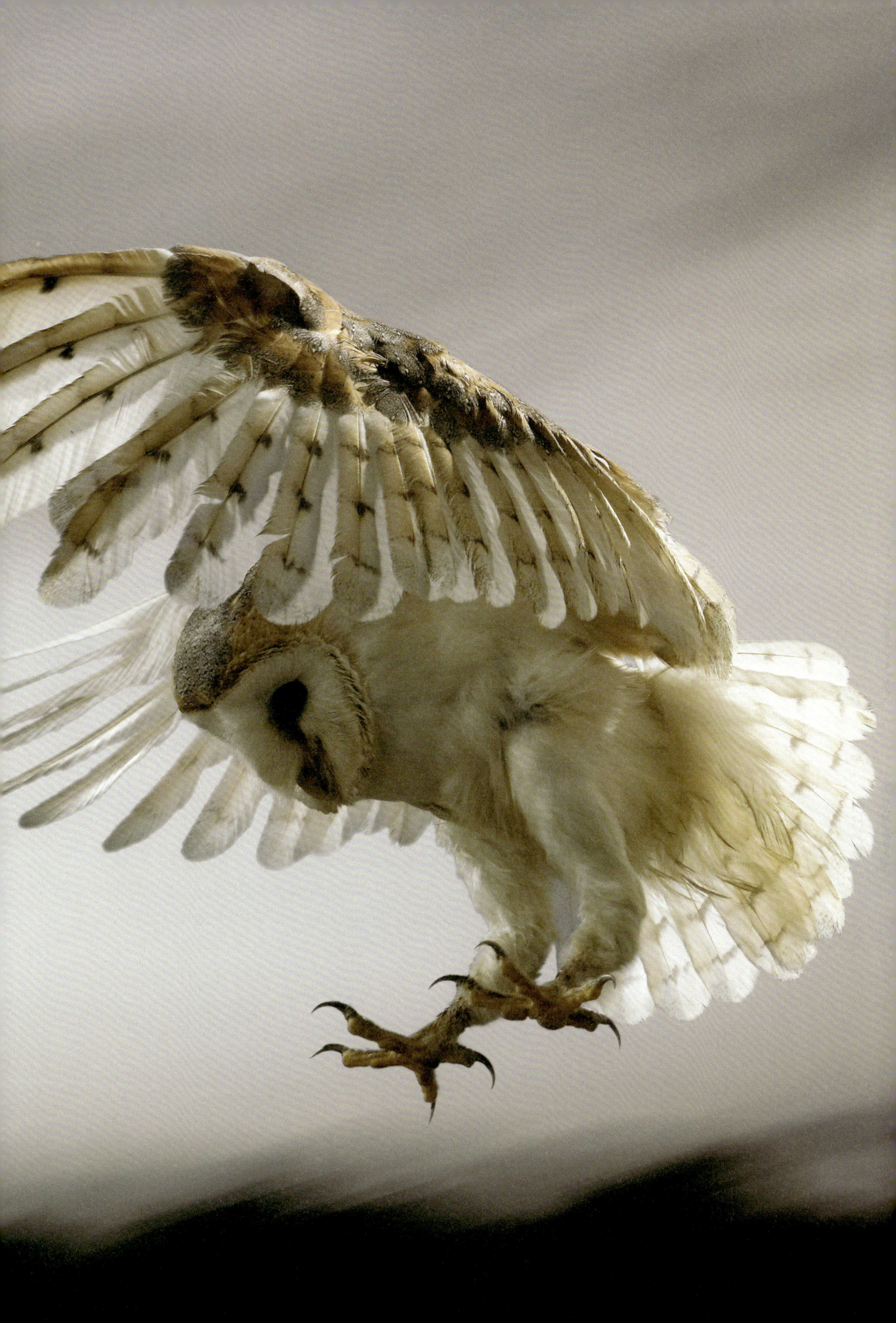

自己想像的那麼聰明就是了。在迪士尼動畫《狐狸與獵犬》(*The Fox and the Hound*) 以及《小鹿斑比》(*Bambi*) 中，則出現住在北美森林裡、友善且樂於助人的可愛大角鴞 (*Bubo virginianus*)，這種描繪與貓頭鷹作為死亡預兆的傳統形象相去甚遠。

根據不同的情境，我們可能會對貓頭鷹產生愛意、敬意或是懷疑。牠們扁平的臉以及明顯看向前方的雙眼，讓牠們看起來表情豐富，甚至有點像人類；儘管其表情會因物種而異。依據眼睛形狀、顏色以及臉部上的斑紋，貓頭鷹可以看起來溫和、嚴肅、憂鬱、莊重，甚至有些無趣。近距離觀察貓頭鷹，會發現牠們特別迷人，尤其是體型較小的物種，跟眼睛張得大大的小貓咪一樣可愛。但我們與牠們的相遇往往稍縱即逝，發生在暮色低垂之際，也因此增添了一層神祕與詭異感。在歐亞地區，有些大型強壯的貓頭鷹物種，像是長尾林鴞 (*Strix uralensis*)，以無情攻擊所有接近其巢穴的人類而著名；另外還有一些物種叫聲特別刺耳，讓人們格外戒慎，例如北美的東美角鴞 (*Megascops asio*) 以及西方鳴角鴞 (*Megascops kennicottii*)。

貓頭鷹的神祕魅力在於牠們遊走於恐懼與智慧之間的形象。牠們能無聲飛行、在黑暗中精準獵食、頭部幾乎可以旋轉一整圈；難怪貓頭鷹常被認為是超脫世俗規則的生物，想要利用貓頭鷹魔力的人比比皆是。在日本，貓頭鷹的形象被用來防止飢荒和瘟疫；中亞地區會用牠的羽毛製成護身符抵禦邪靈；對某些美洲原住民而言，配戴貓頭鷹羽毛代表著勇氣，並且可以帶來好運。雖然歐洲傳統上將貓頭鷹視為女巫的魔寵，但在亞瑟王傳說中，牠是巫師梅林的夥伴，這種象徵善良魔法的形象至今仍存在於兒童文學中，例如 J.K. 羅琳 (JK Rowling) 的哈利波特系列。

貓頭鷹的鳴叫

貓頭鷹的鳴叫聲千變萬化，有詭異的尖叫，也有溫和的低鳴；從低沉的轟鳴到尖銳的啁啾、嘶嘶聲和哨音，有時甚至會被誤認為是與牠們共棲森林的樹蛙在叫。由於大部分動物在夜晚會安靜下來，貓頭鷹的叫聲就會顯得特別引人注目，也常被視為某種預兆。在英國民間傳說中，灰林鴞 (*Strix aluco*) 的鳴叫聲代表某地剛有一名年輕女子失去童貞；若是懷孕的女子聽到，則預示她將生女兒；但若是在分娩當下聽到牠們的叫聲，則表示這孩子將命運多舛。

棕櫚鬼鴞 (*Aegolius acadicus*) 是一種外表看起來有點「生氣」的小型北美貓頭鷹，叫聲尖銳。根據魁北克 (Quebec) 因紐族人 (Innu) 的說法，牠原本是所有貓頭鷹中體型最大、聲音最渾厚的那一位，為此自豪不已。當然，正如許多傳說故事中「驕矜必招來懲罰」的設定，這隻貓頭鷹為了模仿瀑布的轟鳴聲而冒犯到偉大神靈，結果就被變成只能發出尖細叫聲的小鴞。

驚人的超級感官

貓頭鷹那些讓人覺得詭異的特徵，其實是牠們為了夜間匿蹤狩獵所演化出的極致適應。對大多數貓頭鷹來說，聽覺比視覺更重要。牠們扁平的臉部以及周圍的「鬃毛」，能最大程度地把聲音導入耳孔；左右不對稱的耳孔，讓牠們能精準地判別聲音來源。即使在全黑的環境、茂密植被或積雪下，牠們也能找到獵物。為了不讓拍翅聲干擾聽覺，牠們的羽毛具特殊結構，能破壞氣流，讓飛行幾乎無聲。

貓頭鷹雙眼朝前方，有助於加強立體感。其視網膜密布偵測明暗對比的視桿細胞，即便在極暗的光線中也能呈現清晰的影像。此外，貓頭鷹的眼球是管狀而非圓狀，可以在有限的空間容納更大的視網膜。這種眼球形狀限制了眼球在眼窩內的活動範圍，但貓頭鷹靠極靈活的脖子補足這點，能幾乎轉動一圈查看背後，讓頭部看起來像是倒過來一樣。

對克里族原住民而言，鬼鴞（*Aegolius funereus*）的哨聲可能是來自靈界的厄運召喚聲。若有人聽到牠的聲音，可以選擇模仿這種哨聲作為回應，但如果貓頭鷹並沒有再次回傳哨聲，就代表模仿者即將死亡。

布布克鷹鴞（*Ninox novaeseelandiae*）是紐西蘭的本土物種，其英文名稱「Morepork」與毛利語名字「ruru」都是擬聲詞，用來形容牠的雙音節叫聲。這種聲音過去被認為來自冥界，如今則多半被視為好消息的預兆。不過，如果牠發出尖銳的單音節警示聲，代表有壞消息；如果牠飛進屋內，則預示家中即

上圖 愛德華・李爾（Edward Lear）親自為其詩作《貓頭鷹與小貓咪》（The Owl and the Pussy-Cat）畫下這幅作品。浪漫的貓頭鷹一邊彈奏吉他，一邊在「美麗的豆綠色小船上」為小貓咪獻唱情歌。

將有人過世。毛利人認為布布克鷹鴞是家庭守護靈的化身，能提供建議並及時發出警告。

在印度南部，不知道是哪種貓頭鷹，牠們發出的叫聲次數各自代表不同意涵：一聲預示死亡；兩聲代表某項計畫將會成功；三聲象徵家中將要娶媳婦；四聲比較含糊，表示會出現「某種動盪」；五聲意指聽到的人將要出遠門；六聲預告訪客正在路上；七聲表示你會出現精神上的困擾；八聲預示突如其來的死亡。不過，如果叫聲有九次，是非常吉利的預兆。

迫害貓頭鷹

幾乎全世界各個國家都有與貓頭鷹相關的神話傳說。然而，在某些文化中，與貓頭鷹有關的迷信卻對牠們造成了嚴重傷害。在牙買加，人們認為貓頭鷹極為不祥，因此儘管法律明文禁止，但島上兩種原生貓頭鷹，西倉鴞（*Tyto alba*）與牙買加鴞（*Pseudoscops grammicus*），仍經常遭人傷害與殺害，通常都是被石頭襲擊。巴西原生種烏耳鴞（*Asio stygius*）也因被視為「魔鬼之鳥」（devil's bird）而遭到嚴重迫害。生長在印度的林斑小鴞（*Heteroglaux blewitti*）已被列為「極危物種」，但仍遭當地人刻意獵殺，因為當地習俗和儀式都需要用到牠的身體部位。雖然民間傳說與神話充滿魅力，但唯有對貓頭鷹的生態與其在生態系中的角色有更真實的認識，才能有效保護牠們免於這些不必要的傷害。

真實的嘿美

哈利波特的寵物嘿美（Hedwig）是一隻雪鴞（*Bubo scandiacus*，上圖），這種大型、羽毛近乎純白的美麗貓頭鷹，原生於遙遠的北極地區。牠們適應生活在無樹、終年覆雪的環境，比起棲息於森林、仰賴潛伏和突襲來捕獵的其他貓頭鷹，雪鴞的狩獵行為更為主動。由於在開闊的凍原難以藏匿巢穴，雪鴞會積極監視並猛烈攻擊任何可能威脅鳥巢的動物，包括人類。在加拿大、斯堪地那維亞以及西伯利亞地區的人類與雪鴞共享棲地，對其充滿敬畏，認為牠們是勇氣的象徵；又因為雪鴞能在黑暗中發現獵物，所以也視作真理的揭示者。雪鴞有許多地方性暱稱，其中一個便是「北境的白色惡夢」（White Terror of the North）。根據一則因紐特傳說，雪鴞跟其他貓頭鷹的起源跟一位小女孩有關。她被人施了魔法，變成了一隻長嘴鳥，她因驚慌而四處亂飛，結果撞上屋子牆壁，臉部被壓扁、嘴喙被撞彎，變成世界上第一隻貓頭鷹。

鷦鷯 WREN

鷦鷯科 *Troglodytidae*

鷦鷯（*Troglodytes troglodytes*，右圖）是嘈雜、好鬥且領地意識強烈的鳥，但在森林中通常行蹤隱密。牠在民間傳說與神話中同樣有著矛盾的形象，有時被稱為「眾鳥之王」，在基督教傳統中則被尊為「聖母之雞」（Our Lady's Hen）；然而，在「鷦鷯獵」（hunting the wren）這項殘酷的冬季儀式中，牠卻又成為無情獵捕的對象，長達數世紀。

這種小鳥在冬季不易被發現。牠是鷦鷯科七十九個物種中，唯一棲息於歐洲的代表。全身羽色呈斑駁的棕灰色，能巧妙隱匿於林地與蘆葦叢中。不過一到春天，牠們便強烈地宣示存在感。每年2月至7月，雄鳥會特別活躍，發出尖銳刺耳的叫聲，聲音之大可傳播超過半英里。據估計，若以體重比例來看，重量只有6至12克的鷦鷯，叫聲強度是公雞啼叫的十倍。

誤認的王者？

鷦鷯小巧可愛，但在古代某段時期卻被賦予了「眾鳥之王」的地位。據說，這種「王者形象」可能是因為人們把牠跟另一種毫無關聯的鳥類戴菊（*Regulus regulus*）搞混，因為這種鳥又稱作「金冠鷦鷯」。亞里斯多德及老普林尼等人，也將一種看起來很像鷦鷯的鳥類稱作「trochilos」或是「trochilus」，這個詞源自希臘語，有「奔跑」的意思，這對圓滾滾的小鷦鷯來說也十分貼切，因為牠會用細長的腿迅速跳躍、追逐昆蟲，偶爾也會追著蝌蚪和幼蛙。

古老傳說中的「trochilos」因兩件事聞名：一是會幫尼羅河鱷魚剔牙，但這可能是誤把埃及鴴（Pluvianus aegyptius）當成鷦鷯，但不管是哪種鳥，這都是錯誤的描述；二是牠在力量競賽中打敗了跟老鷹。普魯塔克在《道德論集》中也引用了伊索寓言中老鷹跟鷦鷯的故事。當時所有鳥類為了爭奪誰才是萬鳥之王而比賽，強壯的老鷹果然飛得比大家都高，眼看就要獲勝，沒想到一隻鷦鷯躲在老鷹的羽毛下，等老鷹飛到最高點時突然衝出來，飛得比老鷹還高，然後大聲宣布自己是眾鳥之王。

這個故事在歐洲流傳了幾個世紀，出現過許多不同的版本。其中一個後續版本說，憤怒的老鷹把鷦鷯摔到地上，這就是為什麼鷦鷯的尾巴又短又小。在格林童話《柳樹鷦鷯》（The Willow-wren）中，其他鳥類對鷦鷯以詐取勝感到憤怒，於是又出了一道考題，比誰能鑽進地底最深的地方。結果，鷦鷯又再次勝出。

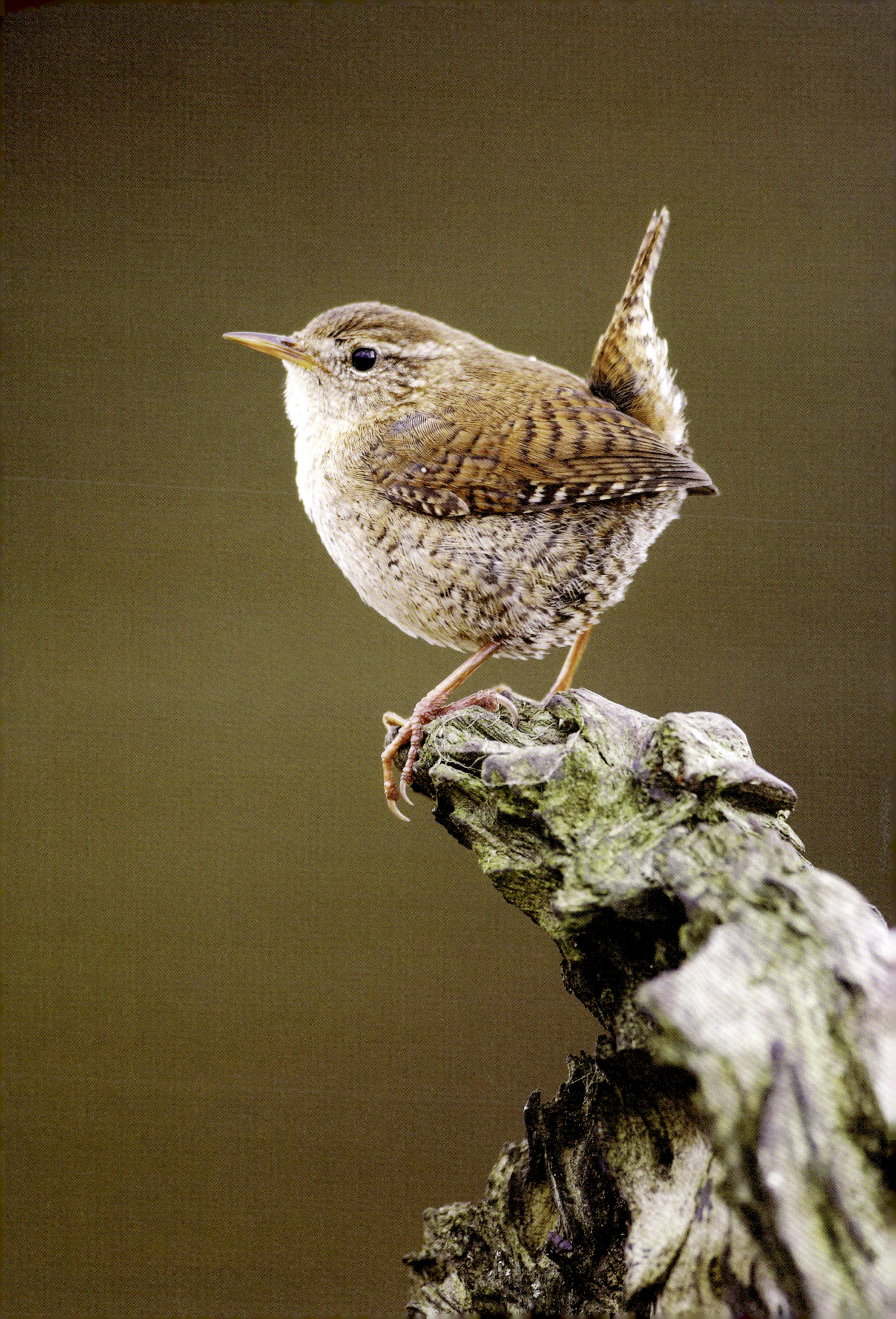

上圖 知更鳥羅賓以及鷦鷯珍妮的婚禮，由 F.M.B. 布雷基（FMB Blaikie）所繪，出自二十世紀初的童謠繪本。

從科名「Troglodytidae」（意指穴居者）就可看出，鷦鷯善於鑽入樹洞、裂縫或是灌木叢下的空隙。在這些地方，雄鳥會用苔癬、植物碎屑、羽毛或是毛髮築成圓頂狀的巢，而且通常會蓋好幾個讓雌鳥選。在極度寒冷時，鷦鷯有時會擠在狹小的空間裡一起過夜，由群體中主導的雄鳥負責選擇地點。

神聖還是不潔？

在英國民間傳說中，鷦鷯常被稱為鷦鷯珍妮（Jenny Wren），並且會跟知更鳥結為連理。一首古老童謠也將這兩種鳥聯繫在一起，並祝福牠們：

知更鳥與鷦鷯，
乃全能上帝的公雞與母雞。

鷦鷯在諾曼第（Normandy）的小名是「上帝的小母雞」（la poulette au bon Dieu）；據說，耶穌出生時鷦鷯也在現場，並帶來苔蘚和羽毛，為聖嬰做了條小毯子。在法國和英國，鷦鷯都被視為神聖鳥類而受到保護。如果有人破壞鷦鷯或其巢穴，據說會有可怕的報應：像是乳牛不產奶，反而會一直流血；竊巢賊會被雷劈，或手指萎縮，或全身上下長滿皮疹和痘瘡。

但在一年一度的「鷦鷯獵」活動中，這些小鳥會被獵捕、射殺，屍體還會被遊街展示。活動通常在 12 月舉行，有些地區會持續數日；最終會在 12 月 26 日（聖斯德望日）以變裝遊行作結。遊行中，人們會唱著一首有許多不同版本的歌，但歌詞開頭都是：

鷦鷯，鷦鷯，眾鳥之王；
聖斯德望日逃不出荊棘的魔爪……

鷦鷯的汙名

有些人認為獵捕鷦鷯的習俗源自凱爾特德魯伊信仰：國王必須在全盛時期被殺，才能夠傳遞其重要精神。也有人主張，這是因為鷦鷯犯了錯。傳說聖斯

德望（St Stephen）本可以逃過處決，卻因為鷦鷯的背叛而失敗。當他試圖悄悄逃跑時，鷦鷯卻飛到熟睡的獄卒臉上，把人吵醒。據說耶穌躲在客西馬尼園時也因鷦鷯的叫聲而被發現（麻雀也有類似的故事，詳見 274 頁）。然而，人們卻認為被殺死的鷦鷯的羽毛能帶來好運；在曼島，「鷦鷯獵」結束後，船員會保存鷦鷯羽毛當作護身符，保護自己免於船難。

在愛爾蘭克雷爾郡（County Clare）的杜林（Doolin）戰役中，人們指控鷦鷯因發聲暴露了愛爾蘭戰士的位置，使敵對的維京人得以察覺；數百年後，這些小鳥又對克倫威爾（Cromwell）的軍隊做出類似行徑，牠們啄擊愛爾蘭的戰鼓，讓敵軍發現了所在位置。「鷦鷯獵」在英國已持續數百年，在部分城鎮中，「鷦鷯男孩」（Wren Boys）仍會盛裝打扮，並帶著一隻假鳥在禮節日（Boxing Day）當天遊行。

在法國的卡卡孫（Carcassonne），任何人只要能在持續整個 12 月的「鷦鷯之宴」（fête du roitelet）期間殺死鷦鷯，就會被尊為「國王」，身穿王室服裝，手執插著小鳥屍體的權杖接受加冕。據說在 1785 年，有位老婦人打斷加冕儀式，預言真正的國王將在八年內被斬首，王朝將覆亡。果然，1789 年法國大革命爆發，路易十六在 1793 年被送上斷頭台。

戰士鷦鷯

鷦鷯科大部分物種都生活在美洲新大陸，當地人有時候會將其尊為「戰爭之鳥」。普埃布洛族認為看到鷦鷯可以激發男人的勇氣，在他們的「割頭皮儀式」中，一支填充好的墨西哥岩鷦鷯（Catherpes mexicanus，右圖）會放在祭壇上，戰士們也會將這種鳥掛在脖子上，以增加勇氣。其他部落則認為普通岩鷦鷯（Salpinctes obsoletus）與危險魔法有關；而對於居住在北美大平原的波尼族來說，鷦鷯單純只象徵快樂。

烏鶇 BLACKBIRD

鶇科 Turdidae

烏鶇（*Turdus merula*，右圖）那悠揚如笛的鳴唱，是動人的晨間喚醒曲；正如維多利亞時代晚期詩人威廉・歐內斯特・亨利（William Ernest Henley）所寫：「牠的歌聲充滿生命的喜悅。」從春天至夏日，牠們的鳴唱愈發頻繁；即使在冬季，仍能在灌木叢間聽見牠們低聲吟唱。

這種甜美的聲音是鶇科鳥類的共同特徵。跟其他鳴禽一樣，烏鶇有時候也成為古怪烹飪習俗中的食材，而這種習俗又因童謠《唱一首六便士之歌》（Sing a Song of Sixpence）而廣為人知。幾乎可以確定的是，歌中所提及的二十四隻烏鶇並非真的「被烤進餡餅裡」，而是活生生地藏在餡餅皮下，等到有人把餡餅切開，牠們就會飛出來。這種用來在貴族宴會上博人眼球的誇張菜餚，可見於喬凡尼・德・羅塞利（Giovanni de Rosselli）所著的《宴饗錄，或義大利的宴席》（*Epulario, or The Italian Banquet*）一書中，英譯本於 1598 年在英國出版。

神聖與祝福

在凱爾特神話中，女神瑞安儂（Rhiannon）身邊有三隻烏鶇；牠們的歌聲能讓死者復生，也能讓生者陷入死亡之眠。據說這種鳥還負責在人間與冥界之間傳遞神祕訊息。一則更為黑暗的愛爾蘭迷信認為，烏鶇會把靈魂困在煉獄中，直到審判日；如果牠們的歌聲聽起來很刺耳，那便是焦渴的靈魂在呼喚雨水。

西元七世紀關於愛爾蘭聖人凱文的傳說則提到，他在樹林中禱告時，一隻烏鶇停在他伸出的手上，並築巢下蛋，這位虔誠的聖人就這樣耐心等

左圖 童謠中的「二十四隻」烏鶇從餡餅中飛出來。

待，直到小鳥孵化後離開，才把手收回來。當然，大多數雌烏鶇會選擇尋常的地方築巢，通常是籬笆或灌木叢裡；牠們會用小樹枝或雜草築成杯狀巢穴，並用泥巴固定。

關於烏鶇的羽色有許多傳說，解釋牠是如何從原本一身白，變成如今一身黑。事實上，大部分雄烏鶇確實一身黑羽，配有黃色的鳥喙與眼環，但也有一些雄鳥是白色羽毛，白化症跟白變症在這類鳥身上十分常見；而雌烏鶇則是深褐色鳥羽。

一則法國民間故事提到，有隻歐亞喜鵲自誇有錢，便引誘一身雪白的烏鶇走進黑暗洞穴，聲稱那裡藏著「財富王子」。雖然烏鶇受到警告，不可觸碰眼前堆積如山的黃金，牠仍難抵誘惑，結果一團煙霧狀的惡魔立刻撲向前，把牠變成黑色後趕出洞穴。

另一則義大利故事則說，某一個寒冷的冬天，白色的烏鶇為取暖而爬進煙囪，出來時全身羽毛已被煙灰染成黑色。直到今天，義大利仍稱每年 1 月的最後三天為「烏鶇日」（giorni della merla），因為這幾天通常是一年中最寒冷、最陰暗的日子。

探索飛行

希臘劇作家埃斯庫羅斯（Aeschylus）曾說過一段至理名言：「不被他人嫉妒的人，亦難受人景仰。」我們對鳥類懷有深深敬意，從人類對牠們的各種讚頌便可見一斑——無論是讚美牠們的外貌、悅耳的歌聲、築巢的技巧，或是其穩定而持久的社交與家庭連結。然而，最讓人類欽佩與嫉妒的，是牠們能在天空翱翔的能力，一種我們生來便無法企及的能力。

掙脫重力的束縛

若要實現動力飛行，甚至僅是滑翔，人類的身體結構勢必要改造至幾乎無法辨識的程度，才能達到飛翔所需的功率與重量比。但過去兩千多年來，人類始終不放棄嘗試各種人造翅膀，成效各異。

羅馬詩人奧維德曾講述一則故事，提到工匠代達洛斯（Daedalus）與其子伊卡魯斯利用自己精心製作的羽毛翅膀，成功逃離克里特島；然而，伊卡魯斯飛得太靠近太陽，炙熱高溫融化了固定羽毛的蠟，導致他墜落身亡。世界各地皆有類似的「鳥人」傳說，而可以確定的是，若真有人在現實中效仿伊卡魯斯，結果恐怕也同樣迅速而慘烈。

風箏可能是人類最早的飛行器，古代中國早在西元前 250 年便有可載人的大型風箏記載，是一種極危險的原始滑翔裝置。這或許就是為什麼把人綁在載人風箏上成了一種懲罰方式。九世紀，西班牙的阿拔斯．伊本．弗納斯（Abbas ibn Firnas）從懸崖一躍而下，據說靠著自製的滑翔翼在空中滑行約十分鐘後才重重墜地。

升力與重力；推力與阻力

對鳥類解剖構造與飛行原理的深入研究，對於日後打造能持續滑翔，甚至實現空中飛行的機器，具有關鍵性的影響。李奧納多．達文西（Leonardo da Vinci）就對人類動力飛行充滿熱情，設計出多款撲翼機，由駕駛者透過手柄和腳踏板來拍動翅膀；他還在 1505 年著手撰寫《鳥類飛行手稿》（*Codex on the Flight of Birds*）一書。然而，由於人體構造的限制，達文西設計的撲翼機最終只是紙上談兵。儘管如此，至今仍有許多飛行愛好者自製小型的撲翼機，用橡皮筋提供動力飛行。

鳥類一直是發明家的靈感來源。鳥翼以及單個飛羽的翼型結構，是提供升力的關鍵，現代飛機機翼的設計也借鑒了這一點。奧托馬．安舒茲（Ottomar Anschütz）於 1884 年拍攝的創新連續動作照，捕捉鸛鳥滑翔的瞬間，啟發了

人類最欽佩與嫉妒的
鳥類特質是……
牠們能夠在天空
翱翔的能力

奧托・李林塔爾（Otto Lilienthal）於十九世紀末設計出實驗滑翔機，如上圖。

在升力問題逐漸被解決後，下個挑戰便是尋找一種比人類手臂更強大的動力來提供推力。隨著蒸汽引擎問世，首批真正的飛行器終於誕生，其中包含海勒姆・馬克沁爵士（Sir Hiram Maxim）的無人飛行裝置，該裝置使用雙蒸汽引擎驅動螺旋槳，產生足夠的升力從地面起飛。1903 年，萊特兄弟（Wright brothers）駕駛著雙翼、以汽油驅動的「萊特飛行器」（Wright Flyer），完成公認的首次由人類駕駛且可控的重於空氣飛行紀錄。

自那以後，航空科技快速發展；如今，搭乘載有數百名乘客、以時速 800 公里飛行的飛機已成為日常。另一方面，引擎尺寸的縮小，也讓人能駕駛外型類似滑翔翼，卻具備動力的超輕型飛行器。或許，這是我們目前能做到、最接近鳥類飛行體驗的方式；然而再過兩百年，飛行技術勢必會達到更高的境界。

信念之躍

能量飲料品牌紅牛（Red Bull）的廣告標語是：「Red Bull 給你一對翅膀」。自 1991 年起，紅牛每年都會舉辦「Flugtag」（飛行日）活動，參賽者需駕駛自製、自行驅動的無動力飛行器，從約 9 公尺高的碼頭上躍出，挑戰最遠飛行距離。2013 年，一支由航空與機械工程師組成的團隊「雞語者」（The Chicken Whisperers），創下「Flugtag」的最遠紀錄。他們設計的滑翔翼小巧優雅，由勞拉・沙恩（Laura Shane）穿著蓬鬆的小雞裝駕駛，成功飛行了 78.64 公尺。

圖片來源

1 © V&A Images/Alamy Stock Photo; 2-3 Tom Winstead/Moment/Getty Images; 5 makar/Shutterstock.com; 6-7 pio3/Shutterstock.com;
8-9 Kite-Kit/Shutterstock.com; 10-11 © David Pattyn/naturepl.com; 12 trevorwhite/RooM/Getty Images; 13 Agustin Esmoris/Shutterstock.com; 14 De Agostini Picture Library/Getty Images; 17 PWernicke/Picture Press/Getty Images; 18 Erlend Haarberg/National Geographic/Getty Images; 19 Hulton Archive/Getty Images; 21 Mary Evans Picture Library; 22-3 Arie v.d. Wolde/Shutterstock.com; 24 Popperfoto/Getty Images; 26-7 wiki commons; 29 Mary Evans/Natural History Museum; 30 © blickwinkel/Alamy Stock Photo; 32 © blickwinkel/Alamy Stock Photo; 34-5 AndreAnita/Shutterstock.com; 37 Sylvain Cordier/Photographer's Choice/Getty Images; 39 Time Life Pictures/Mansell/Time Life Pictures/Getty Images;
40 Ton Nagtegaal/Minden Pictures/FLPA; 43 Florilegius/Hulton Archive/Getty Images; 44 © Ross Hoddinott/naturepl.com; 45 De Agostini Picture Library/De Agostini/Getty Images; 47 Friedhelm Adam/Getty Images; 48-9 Kristian Bell/Moment/Getty Images; 51 Buyenlarge/Getty Images;
53 tratong/Shutterstock.com; 55 b SantiPhotoSS/Shutterstock.com; 55 t DEA / A. DAGLI ORTI/De Agostini/Getty Images; 57 Margus Muts/Oxford Scientific/Getty Images; 58 b CM Dixon/Print Collector/Getty Images; 58 t Osipovfoto/Shutterstock.com; 59 GGRIGOROV/Shutterstock.com;
60 Tim Flach/Stone/Getty Images; 61 Alex Wilson/Dorling Kindersley/Getty Images; 63 Mary Evans Picture Library/Interfoto Agentur; 65 Jukka Palm/Shutterstock.com; 66 Mary Evans/Natural History Museum; 68-9 Cyndi Monaghan/Moment/Getty Images; 71 Mike Powles/Oxford Scientific/Getty Images; 72 Katherine Pocklington/Moment/Getty Images; 75 David Tipling/Lonely Planet Images/Getty Images; 77 Bart Breet/Nature in Stock/FLPA; 79 Mary Evans/Natural History Museum; 80 © Duncan Usher/Alamy Stock Photo; 82 BSIP/UIG via Getty Images; 85 Saranga Deva De Alwis/Moment Open/Getty Images; 86-7 Tim Flach/Stone/Getty Images; 88 Andrew B. Graham/Getty Images; 89 Riccardo Savi/The Image Bank/Getty Images; 90 Mary Evans Picture Library; 93 Michelle Gilders/age fotostock/Getty Images; 94 Andrew_Howe/Vetta/Getty Images; 95 Mark Smith/Moment/Getty Images; 96 Mary Evans/Natural History Museum; 99 © David Kjaer/naturepl.com; 100 © Sergey Gorshkov/naturepl.com; 103 Mary Evans Picture Library; 104-5 Mary Evans Picture Library; 106 yan gong/Moment/Getty Images; 108 Mary Evans Picture Library/ARTHUR RACKHAM; 109 Roine Magnusson/Stone/Getty Images; 110 Ammit Jack/Shutterstock.com; 111 © Claudio Contreras Koob/naturepl.com;
112 © Jeremy Horner/Alamy Stock Photo; 115 © Markus Varesvuo/naturepl.com; 116 © Lebrecht Music and Arts Photo Library/Alamy Stock Photo; 117 © Tony Lilley/Alamy Stock Photo; 119 GABRIEL BOUYS/AFP/Getty Images; 120 © BERNARD CASTELEIN/naturepl.com; 121 Culture Club/Getty Images; 122 Mary Evans/Natural History Museum; 123 Jared Hobbs/All Canada Photos/Getty Images; 124 BODY Philippe/hemis.fr/Getty Images; 126 © Markus Varesvuo/naturepl.com; 129 Mary Evans/Natural History Museum; 130 © Danny Green/naturepl.com; 132 Roberta Olenick/
All Canada Photos/Getty Images; 133 Mary Evans / Natural History Museum; 135 Daniele Occhiato/Minden Pictures/FLPA; 136 Mark Hamblin/Oxford Scientific/Getty Images; 139 Mary Evans Picture Library; 141 Buyenlarge/Getty Images; 143 Fred de NoyelleMore/Getty Images; 144 © Natural Visions/Alamy Stock Photo; 145 iStock.com/GlobalP; 146 Mary Evans Picture Library; 148-9 Piotr Krzeslak/Shutterstock.com; 151 iStock.com/alistaircotton; 152 DEA PICTURE LIBRARY/Getty Images; 154-5 Mary Evans Picture Library; 157 Ming Thein/mingthein.com/Moment/Getty Images; 158 Dorling Kindersley/Getty Images; 159 Mary Evans/Natural History Museum; 161 © KEVIN ELSBY/Alamy Stock Photo; 162 Universal Education/Universal Images Group via Getty Images; 164-5 Tim Platt/Stone/Getty Images; 166 Joel Sartore/National Geographic/Getty Images; 167 © Bill Bachman/Alamy Stock Photo; 168-9 Wolfgang Kaehler/LightRocket via Getty Images; 170 Joel Sartore/National Geographic/Getty Images; 171 © Florilegius/Mary Evans; 172 wiki commons; 175 © The Natural History Museum/Alamy Stock Photo; 177 Sheridan Libraries/Levy/Gado/Getty Images; 178 Larry Keller, Lititz Pa./ Moment/Getty Images; 180 b © liszt collection/Alamy Stock Photo; 180 t © The Natural History Museum/Alamy Stock Photo; 183 Sergey Uryadnikov/Shutterstock.com; 184-5 INTERFOTO/Sammlung Rauch / Mary Evans; 186 Alan Murphy, BIA/Minden Pictures/FLPA; 187 De Agostini Picture Library/De Agostini/Getty Images; 188 t © Motoring Picture Library/Alamy Stock Photo; 188-9 Birds and Dragons/Shutterstock.com; 190 tc © John Cancalosi/naturepl.com; 190 tl © John Cancalosi/naturepl.com; 191 tr © John Cancalosi/naturepl.com; 192 The Print Collector/Print Collector/Getty Images; 193 Matteo Colombo/Moment/Getty Images; 194 Jerry Young/Dorling Kindersley/Getty Images; 195 iStock.com/dovate; 196 Wolfgang Kaehler/LightRocket via Getty Images; 199 Walter A. Weber/National Geographic/Getty Images; 200 © Florilegius/Alamy Stock Photo; 202 iStock.com/FlaviaMorlachetti; 203 Australian Scenics/Photolibrary/Getty Images;
204 Silver Screen Collection/Getty Images; 205 © David Tipling/naturepl.com; 207 © The Natural History Museum/Alamy Stock Photo; 209 Mary Evans/Natural History Museum; 210 Mary Evans/Natural History Museum; 211 Mary Evans Picture Library/BRENDA HARTILL; 212-13 © jackie ellis/Alamy Stock Photo; 214-15 © Marie Read/naturepl.com; 217 aaltair/Shutterstock.com; 218 © blickwinkel/Alamy Stock Photo; 219 © Dave Watts/naturepl.com; 220 iStock.com/vividpixels; 221 © Jane Burton/naturepl.com; 222 © Klein & Hubert/naturepl.com; 224-5 INTERFOTO/Sammlung Rauch/Mary Evans; 227 © Konard Wothe/naturepl.com; 228 ©Photo Researchers/Mary Evans Picture Library; 229 © J.Enrique Molina/Alamy Stock Photo; 230-1 Tim Flach/Stone/Getty Images; 232 Robert Harding/robertharding/Getty Images; 233 Dorling Kindersley/Getty Images; 235 iStock.com/LarryKnupp; 236 © Fergus Gill/2020VISION/naturepl.com; 239 Print Collector/Getty Images; 240 © Markus Varesvuo/naturepl.com; 242 © david tipling/Alamy Stock Photo; 243 © David Tipling/naturepl.com; 245 Mary Evans/Natural History Museum; 246-7 iStock.com/Andrew_Howe; 248 © Kevin Schafer/Alamy Stock Photo; 251 Auscape;/ Universal Images Group/Getty Images; 252 Mary Evans Picture Library/ROBERT GILLMOR; 254 GraphicaArtis/Getty Images; 255 © RGB Ventures/SuperStock/Alamy Stock Photo; 256 Do Van Dijck/Minden Pictures/FLPA; 258 Mary Evans Picture Library; 259 Martin Moos/Lonely Planet Images/Getty Images; 260 John Gay/Historic England / Mary Evans;
261 INTERFOTO/Sammlung Rauch / Mary Evans; 263 Mary Evans Picture Library; 264-5 Frank Krahmer/Photographer's Choice/Getty Images; 266 © Tui De Roy/naturepl.com; 268-9 iStock.com/RyanJLane; 271 © Markus Varesvuo/naturepl.com; 272 Mary Evans/Natural History Museum; 275 Deepak Rathod/EyeEm/Getty Images; 276 wiki commons; 277 Jose B. Ruiz/naturepl.com; 278-9 iStock.com/musicinside; 281 iStock.com/konstantin32; 283 Butterfly Hunter/Shutterstock.com; 284-5 Jan Baks/Nature in Stock/FLPA; 286-7 Digital Zoo/ DigitalVision/Getty Images;
286 b De Agostini/G.Cigolini/Getty Images; 289 Yves Adams/Stone/Getty Images; 290 Mary Evans Picture Library; 291 Ben Cranke/The Image Bank/Getty Images; 293 Mark Hamblin/Oxford Scientific/Getty Images; 294 Mary Evans Picture Library/John Maclellan; 295 Glenn Bartley/All Canada Photos/Getty Images; 296 Time Life Pictures/Mansell/The LIFE Picture Collection/Getty Images; 297 © Ross Hoddinott/naturepl.com;
298-9 Keystone-France/Gamma-Keystone via Getty Images

鳥類傳說

從羽翼到寓意，鳥的神話、象徵、生態奧祕與人類千年想像
BIRDS: MYTH, LORE AND LEGEND

BIRDS: MYTH, LORE AND LEGEND by RACHEL WARREN-CHADD and MARIANNE TAYLOR
© Rachel Warren Chadd and Marianne Taylor, 2016
This Traditional Chinese translation of BIRDS: MYTH, LORE AND LEGEND published by Sunrise Press, a division of AND Publishing Ltd. by arrangement with Bloomsbury Publishing Plc via BIG APPLE AGENCY, INC. LABUAN, MALAYSIA.

作　　者	瑞秋・華倫・查德（Rachel Warren Chadd）
	瑪麗安・泰勒（Marianne Taylor）
譯　　者	顏冠睿
責任編輯	李明瑾
封面設計	謝佳穎
內頁排版	陳佩君

發 行 人	蘇拾平
總 編 輯	蘇拾平
副總編輯	王辰元
資深主編	夏于翔
主　　編	李明瑾
行　　銷	廖倚萱
業　　務	王綬晨、邱紹溢、劉文雅
出　　版	日出出版
發　　行	大雁文化事業股份有限公司
	地址：新北市新店區北新路三段 207-3 號 5 樓
	電話：(02) 8913-1005 傳真：(02) 8913-1056
	劃撥帳號：19983379 戶名：大雁文化事業股份有限公司

初版一刷　2025 年 6 月
定　　價　1120 元
版權所有・翻印必究
ISBN 978-626-7714-20-1

Printed in Taiwan・All Rights Reserved
本書如遇缺頁、購買時即破損等瑕疵，請寄回本社更換

國家圖書館出版品預行編目(CIP)資料

鳥類傳說：從羽翼到寓意，鳥的神話、象徵、生態奧祕與人類千年想像 / 瑞秋・華倫・查德（Rachel Warren Chadd），瑪麗安・泰勒（Marianne Taylor）著；顏冠睿 譯 .-- 初版 .-- 新北市：日出出版：大雁出版基地發行, 2025.06
304 面；19*26 公分
譯自：BIRDS: MYTH, LORE AND LEGEND.
ISBN 978-626-7714-20-1（平裝）

1.CST: 鳥類

388.8　　　　　　　　　　　　　　114007737